李鑫 杨桢 李艳 等著

复合煤岩受载破裂多场耦合机理

Multi-field Coupling Mechanism of Composite Coal-rock Fracture Under Load

化学工业出版社
·北京·

内容简介

本书以煤岩变形破裂过程中产生的电磁辐射、电荷、红外辐射等信号为出发点，深入研究了可有效快捷预测冲击地压、煤与瓦斯突出等动力灾害的方法，实现非接触式连续动态预测；结合损伤力学、电磁场理论等交叉学科理论，推导了复合煤岩在加卸荷过程中多物理场耦合数学模型，并探究多物理场变化规律及耦合机制、复合煤岩循环加卸荷能量演化机制、复合煤岩加卸荷过程中各部分表面平均红外温度和能量演化规律及能量变化，推导建立了耗散能-红外辐射能耦合数学模型、应力-电荷感应信号耦合关系、耗散能-电磁辐射能耦合数学模型；开发了复合煤岩受载破裂多参数监测实验系统，并在冲击地压预测、煤与瓦斯突出预测、矿山压力观测及评估等方面进行了较为广泛的实际应用研究。

本书可供从事煤岩、混凝土等动力灾害现象（如冲击地压、煤与瓦斯突出、滑坡、冒顶、地震、隧道和坝基结构失稳等）及煤岩物理力学性质、岩土工程等领域研究的科技工作者、研究生、本科生以及矿山安全和矿山电气工程相关技术人员参考。

图书在版编目（CIP）数据

复合煤岩受载破裂多场耦合机理/李鑫等著．—北京：化学工业出版社，2023.10

ISBN 978-7-122-43774-7

Ⅰ.①复…　Ⅱ.①李…　Ⅲ.①煤岩-岩石破裂-研究　Ⅳ.①P618.11

中国国家版本馆 CIP 数据核字（2023）第 122279 号

责任编辑：张　赛　　文字编辑：陈立璞
责任校对：刘曦阳　　装帧设计：史利平

出版发行：化学工业出版社（北京市东城区青年湖南街 13 号　邮政编码 100011）
印　　装：北京天宇星印刷厂
710mm×1000mm　1/16　印张 12　字数 230 千字　2023 年 9 月北京第 1 版第 1 次印刷

购书咨询：010-64518888　　售后服务：010-64518899
网　　址：http://www.cip.com.cn
凡购买本书，如有缺损质量问题，本社销售中心负责调换。

定　　价：**88.00 元**

前言

煤岩动力灾害现象是煤岩体在载荷作用下变形破裂逐渐演化而发生的突发性破坏或失稳现象，具有动力效应和破坏性灾害后果。在许多工程领域都存在煤岩动力灾害现象，如地震、滑坡、岩石混凝土结构失稳等。长期以来，我国煤矿由于煤层赋存与地质条件复杂多样，煤岩动力灾害事故频发，损失严重，因此，科学、有效的动力灾害监测预警方法成为众多学者和安全工作者研究的焦点。

在我国，典型的煤岩动力灾害包括煤与瓦斯突出和冲击地压。一般研究认为，这两种典型的动力灾害是由于煤岩体受载破坏从而导致煤岩体与围岩力学系统平衡被打破。当应力超过煤岩的强度限时，聚积在煤岩体中的能量突然释放，以求达到新的平衡状态，原有的动力平衡条件被破坏，从而发生煤岩动力灾害。受载破裂多物理场能量演化规律研究在预测煤岩动力灾害现象、地震、地质滑坡、测量煤岩体应力状态等方面具有广泛的应用前景。因此，本书采用多学科交叉理论，从应用基础理论、技术开发等方面对煤岩受载破裂规律及多物理场耦合机制进行深入分析和研究，为煤岩开采动力灾害预测预报提供了理论基础。对于进一步揭示煤岩变形破裂机理、煤岩物理力学特性、煤岩动力灾害演化机理、监测预警煤岩动力灾害及保证煤矿生产和人员人身财产安全具有重要的实际意义。

作者在国家自然科学基金项目“深部复合煤岩卸荷破裂热红外辐射机理及多场耦合模型研究（51604141）”、国家自然科学基金项目“受载复合煤岩体破裂电磁辐射机理及力电热耦合模型研究（51204087）”、辽宁省自然科学基金项目“深部复合煤岩卸荷破裂能量演化特征及多场耦合机理研究（20170540427）”、辽宁“百千万人才工程”培养经费资助项目“深部复合煤岩卸荷破裂多物理场能量演化规律及耦合机理研究（2021921083）”、辽宁工程技术大学创新团队项目“矿山电磁智能感知预警技术及装备创新团队”（LNTU20TD-29）、辽宁省应用基础研究计划项目“矿井超宽带生命探测雷达信号传播规律及耦合机制研究”（2023JH2/101300138）等课题资助下，经过多年来坚持不懈地探索和研究，在煤岩受载破裂非接触预警技术、多物理场理论、应用技术与装备开发和实验应用方面取得了突破性进展，以及大量有益的成果。如发明了复合煤岩受载破裂多参数监测实验系统研究的技术方法，从理论上建立了煤岩动力灾害多参数预警准则，阐明了复合煤岩变形破裂温度-应力-电磁多场耦合机制，且理论和实验结果证明三者与煤岩破裂机制存在内在联系等。本书对这些内容进行了比较详尽的论述，希望能对从事此方面及相关领域研究的科技工作者有所启示。

本书主要介绍了作者团队关于煤岩破裂过程中的复合煤岩受载破裂多物理场现象、规律以及复合煤岩受载破裂多物理场技术现场应用等方面的研究成果。本书首次在损伤力学、岩石力学、统计理论和热力学基础上提出并建立了应力-电荷-红外辐射耦合模型、温度-应力-电磁多场耦合模型、应力-电磁辐射数值模型、复合煤岩卸荷热力耦合模型、复合煤岩卸荷多场耦合数学模型、耗散能-红外辐射能耦合数学模型及耗散能-电磁辐射能耦合数学模型，并在此基础上进行数值模拟与实验，研究了多物理场变化规律及耦合机制、复合煤岩循环加卸荷能量演化机制、复合煤岩加卸荷过程中各部分表面平均红外温度及能量演化规律及能量变化、受载复合煤岩变形破裂过程中耗散能与电磁辐射能耦合机制等内容。

全书共分9章，第1、4、5章及结语由李鑫副教授编写；第2、8章由杨桢教授编写；第6、7章由李艳博士编写；第9章由李昊博士编写；第3章由韩磊硕士编写。在本书的编写过程中，感谢辽宁工程技术大学相关专家的大力支持；感谢力学与工程学院赵扬锋教授、赵娜副教授，煤炭科学技术研究院安全分院科研中心实验室副主任孙中学等专家学者对本书的指导和在进行实验研究过程中给予的无私帮助；感谢电气与控制工程学院庄佳钰硕士、宋重霄硕士、苏小平硕士、王雪硕士、左辉硕士、李航硕士、王雪娇硕士等同学对本书初稿资料的整理、汇总与校核。本书的编写参阅了大量的国内外有关复合煤岩多物理场耦合机制理论及相关方面的专业文献，谨此向文献的作者表示感谢。

在复合煤岩受载破裂多物理场能量演化规律研究应用方面，我们虽然取得了大量的成果，但很多内容还有待今后进一步研究和完善。由于作者水平有限，书中不足之处在所难免，敬请读者不吝赐教。

编者

2022 年 12 月

目录

第3章 复合煤岩受载破裂多参数监测装置与实验系统研究 38

第4章 复合煤岩受载破裂应力-电荷-红外辐射耦合模型研究 59

第5章 复合煤岩受载破裂温度-应力-电磁多场耦合模型研究 76

第1章 绪论

1.1 研究背景

随着我国对能源需求的增加及几十年不断的煤炭开采，使得各地现存浅部矿产资源不断减少。当前，中国煤炭产量中的90%以上都来自地下开采，埋深超过1000m的煤炭资源量占已探明的5.57×10^{12}t煤炭资源的53%。随着我国煤炭开采深度以平均每年10～25m的速度快速延深，许多煤矿相继进入1000～2000m的深部开采。与浅部煤层相比，深部煤层环境具有高地应力、高瓦斯压力、高地温的特点，这使得深部开采时扰动与时效的附加属性更加强烈，从而更易促使煤与瓦斯突出、冲击地压等煤岩动力灾害的发生[1,2]。由相关文献可知，2016～2021年我国发生冲击地压的矿井数累积达900多个[3]。综上可见，深部煤岩开采较浅部煤岩开采引起的煤岩动力灾害机理更为复杂，这也给煤矿安全生产及灾害防治带来了挑战。

煤岩动力灾害本质上是一种复杂的动力现象，根据灾害表现分为冲击地压、煤与瓦斯突出两种具体类型。随着开采深度延深，冲击地压、煤与瓦斯突出互相影响、互相诱发、互相复合，形成复合型动力灾害。复合型动力灾害兼具冲击地压、煤与瓦斯突出两者的部分特征[4]。深部煤层多夹于岩层间，这造成了顶板、煤、底板多层结构的复合煤岩体的产生。本质上深部煤岩动力灾害可看作在外界强烈干扰下“岩-煤-岩”型组合系统受载，最终形变破裂的系统失稳过程，此过程中复合煤岩应力多处于蠕变、应力松弛等复杂状态。由此可见，研究深部复合煤岩受载失稳机制有助于深入阐释深部复合煤岩受载变形破裂机理。

地下煤岩开采及其所诱导的顶、底板岩层运移是外力对煤岩体做功的过程，煤岩体受载所获的外部机械能与地层形成时存留的内能一部分会转化为弹性应变能，另一部分以其他形式的能量释放，如电磁能、热能、声能等[5-7]。煤岩动力灾害实际上是煤岩体在复杂多场耦合综合作用下失稳破裂的结果，这一过程是典型的能量耗散过程[8]。现有研究结果表明，通过监测煤岩受载时的电磁辐射、红外辐射、声发射等信号变化有助于了解煤岩体应力状态，对预测煤岩动力灾害有积极作用[9-12]。从能量角度分析，这些信号参数变化与其对应的场能量演化密不可分，各场能量间相互影响转化致使岩体发生宏观变化。目前已有部分国内外学者以单一应力场模型为基础初步建立了能量场模型，分析了应力场作用下能量场的演化规律，从能量角度初步阐释了煤岩受载失稳破裂机制。辐射信号、声发射信号、应力等参数变化均为能量间相互作用的结果，其间存在明显的耦合关系，因而揭示各特征参数对应的物理场能量间耦合关系，并在此基础上分析能量演化规律对深入研究深部复合煤岩受载失稳机制具有重要科学意义。

本书拟基于能量理论、电磁场理论、损伤力学、煤岩电磁动力学等学科交叉理论，深入研究应力场能量、辐射场能量、声场能量间的耦合路径及其构成的复合能量场的演化规律，并在此基础上揭示基于复合能量场的深部复合煤岩受载失稳机制，同时将从能量场角度深入揭示深部煤岩动力灾害机理。研究成果对矿山岩石力学、矿山电磁动力学等学科的发展具有巨大推动作用，并可为保证深部矿产资源安全开发、生产等提供重要的理论基础和技术支撑。

1.2 研究现状

1.2.1 深部煤岩能量演化理论及受载破裂失稳机制研究现状

煤岩层赋存条件决定了煤矿深部开采条件下煤岩动力灾害的发生机理更趋复杂，防控难度显著增大，因此能否解决煤矿深部开采煤岩动力灾害防控问题，将直接影响我国煤矿的安全生产和能源的有效供给。国内外对深部煤岩失稳机制及损伤演化规律已进行了大量研究，结果表明，在高应力作用下深部岩体的力学特性明显区别于浅部岩体的脆性破坏。

浅部岩体变形破坏的本构模型一般以 Mohr-Coulomb 准则为主，而深部岩体则用非线性化修正的 Mohr-Coulomb 准则、Hoek-Brown 强度准则等非线性强度准则更符合实际[13,14]。Chiara Colombero 等[15] 对岩石的不稳定性进行了初步的地质力学研究，给出了监测岩石破坏前缓慢变形的综合方法。Justin Pogacnik 等[16] 将断裂力学与损伤力学相结合应用数值软件计算确定了渗透率与损伤变形的关系。

Mao Kummatani 等[17] 结合断裂力学建立了准脆性材料的各向同性损伤模型，并应用其分析了混凝土的裂纹扩展规律。随后，国内也逐渐发展研究了损伤力学，并取得了一定的成就。Wang[18] 分析了三维模糊随机损伤力学，并应用概率分布计算论证了线性空间内的广义损伤场。齐消寒等[19] 为探究不同温度冲击后煤的热损伤与力学性能变化的相关性，开展试验，研究了不同温度热冲击作用下的煤岩细观损伤演化及力学特征。李波波等[20] 为模拟高地温环境下的煤岩损伤演化过程，利用含瓦斯煤热-流-固耦合三轴伺服渗流试验装置开展了不同温度下的煤岩三轴压缩试验研究；同时基于 Mohr-Coulomb 破坏准则，引入损伤修正系数，建立了考虑温度效应的煤岩损伤本构模型，并结合试验结果，研究了不同 Weibull 分布参数和损伤修正系数对本构模型的影响规律。经来旺等[21] 通过分级循环加卸载试验研究了煤岩损伤力学特性；应用 Weibull 统计分布函数，并引入损伤变量 D，基于煤岩微元体强度符合 Mises 屈服准则，建立了适用于煤岩加卸载阶段的损伤本构模型。Du 等[22] 运用 RLW-500G 系统的三轴试验对煤岩组合体进行了研究。试验结果表明，与常规三轴压缩（CTC）试验相比，煤岩组合变形更明显，揭示了煤岩受载时的形变特性。

工程尺度上的煤岩体裂隙扩展破坏，与煤岩体宏细观结构特征密不可分。国内相关学者对煤岩受载破裂宏细观结构变化和辐射、声发射等信号之间的关系也进行了相关研究。崔力等[23] 为研究不同围压条件下煤岩的损伤变形，对煤样进行了不同围压下的三轴压缩声发射定位试验，对加载过程中的应力应变、AE 计数等特征参数进行了对比分析，构建了基于 AE 计数的损伤模型。杨科等[24] 开展了煤岩组合试件的单轴压缩试验和 PFC2D 数值模拟试验，并基于 RCR 组合体声发射信号和宏观破坏特征分析，获得了组合体界面效应影响下的渐进失稳特征和声发射能量演化规律。王岗等[25] 研究了煤样冲击倾向性、物理力学特征以及电荷信号规律，重点分析了不同冲击倾向性煤样破坏全程电荷信号分布特征以及冲击倾向性指标与电荷相关参量的量化关系。李小军等[26] 为研究加载速率对煤岩损伤及声发射特征的影响，利用 RFPA2D 数值模拟软件，以加载速率 0.001mm/步、0.003mm/步、0.005mm/步对煤岩试样进行了数值模拟试验。王晓等[27] 借助细观颗粒流 PFC2D 软件平台建立了煤岩单轴压缩模型，模拟了不同加载速度对煤岩损伤演化声发射特征的影响。

近些年，随着岩体地下开采工程活动深度的增加，工程开挖引起的应力集中现象越加凸显，地应力也越来越大，同时地温逐步升高。受温度和地应力的耦合作用，应力状态下岩体损伤破坏本质上是由能量传递与交换驱动的一种状态失稳现象。自然条件下，煤岩体受载时外部机械做功致使其内能增加，同时其能量不断转化与耗散释放造成岩体承载能力逐渐降低，从而失稳破坏，由此导致煤矿井下发生煤与瓦斯突出、冲击地压等动力灾害。据此煤岩动力灾害的发生可理解为从量变到质变的转化，其本质是内部能量的转化与释放。同时许多突发性灾害的研究表明，积累有足够多的不稳定能量是突发性灾害能够发生、发展和维持的必要条件。因此可知从能量角度研究岩体变形破坏规律更接近岩体变形破坏本质，且结论具有一定普适性。

岩体在加卸载作用下的能量耗散与强度、变形破坏之间存在内在联系，对此，国内外学者开展了一系列的研究。Yamamoto 等[28] 采用三轴压缩试验研究了低温环境中岩土试样应力、应变及声发射参数的变化。David 等[29] 在对大量岩石三轴试验的基础上研究了岩石受载时应力-应变曲线与试样非线性裂纹发展间的关系。Yang 等[30] 通过对页岩试样在常规三轴压缩下的强度、变形、破坏等各向异性行为进行试验分析，采用不同的脆性指数，得出脆性顺序，揭示了岩体破坏过程中岩体的应力和应变规律。Tian 等[31] 研究了采矿引起的岩体破坏裂缝的分布特征和演化规律，并详细分析了相同面积的双 V 形预制缺陷的倾角对试样力学参数和压裂过程的影响。Shou 等[32] 在研究岩体破坏时引入了非常态水力耦合动力学模型，验证了耦合水力学周动力模型的正确性，发现目前的数值结果与解析解吻合。Hu 等[33] 利用真三轴系统研究了循环扰动在能量收支过程中的应变突发及由循环扰动引起的应变爆发发展过程中的能量收支，结果发现循环扰动可以明显激活和加速岩石损伤，从而诱发岩体应变冲击。Han 等[34] 研究了由岩体破坏引起的电磁辐射，建立了电偶极矩和裂纹尖端应力变化率与裂纹扩展特性之间的关系。Zhang 等[35] 基于声发射信号主频特性的统计分析，得到声发射波形的主导频率，确定了分布在低和高主导频段（I 型和 H 型波形）的波形比例。陈洋等[36] 针对高应力岩体破坏问题，自制了一台轴向加卸载试验测试平台，通过试验测试获得了岩体破坏过程中岩杆的动态应变以及破坏过程应变能密度的时空辐射特征，建立了应变能密度与各阶段应变率的变化规律。刘新荣等[37] 为研究深埋、高水压条件下的岩体破坏特性，以砂岩为研究对象，开展了不同水压及初始岩体破坏水平条件下的三轴加卸荷试验，研究了卸荷下砂岩的应力-应变特征、强度变形特征等，并推导了岩体破坏本构模型。金长宇等[38] 利用 D-CRDM 分析方法对柱状节理玄武岩岩体破坏过程进行了计算分析，同时结合现场声波测试结果分析了柱状节理玄武岩的破坏机理与模式。研究表明，在岩体破坏过程中，岩体产生的声波会诱发岩体的整体失稳。刘泉声等[39] 研究了岩体破坏条件下的变形、强度、参数及破坏特征。Zhurkov 等[40] 的研究结果表明，材料在一定的应力作用下，其寿命不仅和应力有关，还与温度有关。固体在应力作用下发生变形，并导致内部质点位移，从而引起热力学温度的变化[41,42]。Aksenov[43] 及 Martino 等[44] 学者将能量耗散理论运用于岩石破断及地下岩体开挖方面，为能量耗散与岩石力学领域的融合奠定了坚实的基础。Lindin 等[45] 研究发现深部岩体开挖过程中能量会从开挖面远区向近区转移，进而导致开挖面附近围岩应变能的积聚。罗承浩[46] 研究了热处理后的岩体在卸荷下的力学破坏特性和声发射特征，初步分析了岩石内部损伤扩展规律。Meng 等[47] 利用 MTS 815 岩石力学试验系统，研究了岩性和加载速率对加载岩石能量演化过程的影响规律，揭示了弹性能回弹密度随应力的演化过程和分布规律，提出了加载岩石能量密度随轴向应力变化的非线性演化模型（Logistic 方程）。张垚[48] 对黄砂岩进行单轴加载，提出了应力变化率与红外辐射之间的关系。马立强等[49] 研究了煤岩在应力破裂过程中伴随着应力调整发生的红外辐射变化，结果表明应力对单轴加载煤样的红外辐射普遍具有控制效应。Guo 等[50] 基于热力学理论和合成应力-应变曲线分析，提出了一种根据加卸载曲线特征计算岩石能量密度的方法，测定了不同加卸载速率下岩石试样的能量密度。Chang 等[51] 的循环加卸载试验结果表明，煤变形过程中的应变能可分为三部分：塑性应变能、断裂应变能和基材应变能。

国内方面，谢和平等[52] 从能量的角度讨论了岩石变形破坏过程中能量耗散、释放与岩石强度的内在联系。Liu 等[53] 从能量损耗角度建立了岩石损伤本构模型。张尧等[54] 对三轴应力下煤岩的变形破坏特征及损伤过程中的能量演化机制进行了研究，并建立了煤岩损伤本构模型，结果表明能量耗散是造成煤岩内部结构产生损伤的主要原因，耗散能随损伤变量的增大总体上呈 S 形变化。张朝俊等[55] 探究了煤岩体各受载阶段中能量的演化规律，揭示了受载过程中岩石弹性能和耗散能的演化及分配规律。李波波等[56] 分析了煤岩在压缩破坏过程中的损伤演化行为，揭示了煤岩能量耗散与损伤变形特性之间的关系。孙友杰等[57] 采用分离式霍普金森压杆装置对带预制裂纹的半圆盘三点弯试样进行动态加载，并结合高速摄像机等设备，对大理岩在动态作用下的断裂能和动能进行了定量研究。荣海等[58] 研究了煤岩动力系统的能量特征及其与冲击地压显现关系，分析了自重应力场和构造应力场下煤岩动力系统的能量特征，在此基础上提出了典型冲击地压矿井的临界深度计算方法。王宏伟等[59] 为深入研究冲击地压灾害的产生与断层属性之间的内在联系，模拟了开采扰动对断层活化的影响规律，研究了断层落差、倾角和沿上下盘开采等因素对滑移失稳的影响以及工作面开采过程中断层应力场和能量场的分布特征。张岚斌等[60] 基于平顶山煤不同赋存深度下的煤岩试样三轴压缩试验结果，分析了煤岩破坏过程中的能量演化特点及深度特征，提出了新的脆性度指标，并进行了煤岩脆塑性分析。Li 等[61] 对煤岩进行了单轴加载实验，揭示了复合煤岩加载变形破裂过程中红外辐射能与耗散能之间的耦合关系。来兴平等[62] 为研究单轴压缩过程中不同含水状态煤岩样损伤演化过程的能量释放规律，利用岩石力学试验系统和全信息声发射信息分析仪，对不同含水状态煤岩样本的力学特性、能量释放规律、破坏模式以及关键部位孕灾声发射信号进行了拾取。试验结果表明，不同含水状态煤岩样的力学性质各不相同，含水率增大能有效弱化煤岩样强度。

由上述研究可见，近年来国内外学者对岩体受载破裂过程的能量转化及作用机制等已展开了大量研究。结果表明在不考虑热传导的情况下煤岩受载，外部机械能将转化为弹性应变能、耗散能等多种能量形式，而电磁辐射能、红外辐射能、声发射能等非力学参数对应的能量本质上属于耗散能。此类研究多以应力场应力来推算煤岩失稳破裂时的能量状态，并以其演化过程作为煤岩体失稳破坏判据的主要依据。由于深部岩体赋存在高应力环境中，因此其在受载时的能量特性及变形破坏模式不仅与浅部岩体不同，而且其受载失稳过程中的能量转化更为复杂。由相关文献可知，现有能量理论研究在原有基础上逐步开展了声发射、电磁辐射、红外辐射等能量演化规律的研究，这些研究将进一步全面地阐释深部复合煤岩受载过程中能量演化对岩体变形破裂的影响。目前由于相关领域的研究仍处于起步阶段，尚未形成相对完善的理论体系，因此，深部复合煤岩受载过程中的能量演化理论仍具备很大的研究空间。

1.2.2 煤岩受载岩体辐射场、声场能量演化规律研究现状

岩体受载破裂过程中伴随着红外辐射、电磁辐射、声发射等特征参数的变化，这些信号变化与岩体应力、应变力学参数具有一定的相关性。深部煤矿开采时，岩石赋存环境十分复杂，其力学行为特征与浅部相比发生了明显变化。深部煤矿的巷道围岩在破坏时表现出突然、剧烈的特征，且破坏前兆不明显，这给有效预测预报带来了很大的挑战[63]。在20世纪70～80年代，因为地震预测问题，人们开始关注起岩石中产生的电磁辐射现象。苏联的米哈尔科夫和切尔尼亚夫斯基在库尔沙勃地震前3～4h记录到了天然电场的扰动。此后，日本、美国等的学者对地震及岩石破裂产生的电磁辐射现象进行了大量的研究工作。1976年唐山7.8级地震后，我国开始开展这方面的研究工作。

国内外学者对基于电磁辐射、红外辐射、声发射等方式的非接触式地球物理监测预警方法进行了大量研究。受载岩体破裂辐射场主要包含电磁辐射、红外辐射两种，二者本质上为不同频率的电磁波[64]。煤岩具有非均质性，在受到外力时，其内部缺陷处会产生应力集中并发生破裂，释放瞬态高能弹性波并向外传播，从而产生声发射[65]。电磁辐射、红外辐射、声发射三者不仅作为无损监测技术在岩石力学与工程中应用广泛，而且它们也是比较有效的监测冲击地压等煤岩动力灾害的地球物理预测方法。近年来，国内外对电磁辐射、红外辐射、声发射等电、声信号相关性及物理场演化规律进行了研究。大量研究结果表明[66-68]，煤岩动力灾害现象是煤岩体在内外物理化学及应力综合作用下快速破裂的结果，是典型的不可逆能量耗散过程。在此过程中，煤岩体会产生大量的物理信号，如电磁辐射、光信号等，通过这些形式将能量耗散。

国内外专家与学者对电磁辐射机理进行了较为深入的研究，并提出了不同的观点。目前，关于煤岩破裂电磁辐射机理的认识分歧仍比较大。美国学者 Nitson[69] 最先提出，压电效应是产生电磁辐射的原因。但另外一些实验结果，如佩列利曼[70]、李均之等[71] 的实验结果表明，含与不含压电材料的岩石均存在电磁辐射现象。波诺马廖夫等[72] 认为，产生电磁辐射的原因可能是岩石的力电效应（包括摩擦起电、压电效应、斯捷潘诺夫效应等）和动电效应。Frid[73] 曾通过检测岩石微裂缝发出的高频电磁辐射来感知顶板坍塌的萌芽阶段。Cress 等[74] 认为，岩石破裂时会产生表面带有静电荷的碎石片，这种碎石片的振动、变速运动是低频电磁辐射信号产生的主要原因；而高频电磁辐射信号是由于岩石断裂面上电荷分离产生强电场使空气击穿产生的。艾迪昊等[75] 为研究型煤在单轴压缩破裂过程中产生的微震、电磁辐射信号与裂纹演化特征的对应关系，提出了一种煤体裂纹快速提取方法，并计算了型煤裂纹面积的变化规律。赵伏军等[76] 为研究岩石破碎声发射和电磁辐射特征，利用压力试验机进行刀具静力侵入花岗岩破碎试验，采集声发射和电磁辐射信号，开展了声发射和电磁辐射特性及加载速率对刀具破岩过程影响的研究。乔联等[77] 从电磁辐射研究对象、产生机理、频谱特性等几个方面对煤岩破碎电磁辐射预测技术的研究进展进行了分析总结。陈凯等[78] 对煤与瓦斯突出声电实时监测预警系统进行了分析，结果表明在煤与瓦斯突出危险性较高时或突出发生前声发射、电磁辐射或瓦斯参数等有异常反应。李回贵等[79] 以神东矿区布尔台煤矿基本顶粉砂岩和煤岩组合体试样为研究对象，研究了煤岩组合体中煤厚对其破裂过程声发射特征的影响规律。Frid 等[80] 分析了微裂纹尺寸和岩石弹性特性相关的三个断裂感应电磁辐射参数（频率范围、强度/灵敏度和活性），给出了采矿应力状态评估的方法。Kong、王恩元等[81,82] 对受载煤岩电磁辐射机理进行了深入研究，发现电磁辐射具有可定向非接触测试的优点，其可应用在煤与瓦斯突出预警、预测冲击地压、监测预报等方面。沈荣喜等[83] 对含预制平行双裂纹的干燥与饱水砂岩进行单轴压缩实验，同步采集电磁辐射信号，分析了电磁辐射时-频特征，并讨论了裂纹扩展与电磁辐射信号之间的关系。王恩元和孔彪[84] 认为煤在受热的同时会产生不同频率的电磁辐射信号，并且两者呈正相关。胡少斌等[85] 研究发现受载煤体的电磁辐射由应力水平及加载速率共同决定，煤的强度越高、加载速率或应力水平越大，电磁辐射非线性特征越明显。张雪娟等[86] 为探索震前电磁异常现象的物理机制，分析了岩石破裂过程中产生的电磁辐射信号特征。潘一山、罗浩等[87,88] 利用研制的电荷传感器对煤岩变形破裂过程中产生的电荷感应信号进行了检测实验，证实电荷的产生和煤岩的破裂有很大的关系，电荷的产生机理与电磁辐射密切相关。吴小兵[89] 提出煤岩受载破坏的过程中会产生电磁辐射信号，且电磁辐射信号的大小与加载状态和破坏过程有关；电磁辐射信号增大，煤岩体内部会发生损伤，引发动力灾害事故。Song 等[90] 提出利用电磁辐射强度来反映煤的压力状态。

Wang 等[91] 通过研究发现电磁辐射产生时总伴随着煤岩变形和破裂。王恩元和李学龙等[92] 通过建立体元-区域-系统冲击地压模型对煤矿电磁辐射数据进行了分析。关于电磁辐射的频段，Yamada 等[93] 在花岗岩破裂实验中记录了低频电磁辐射和声发射，其中电磁辐射的频率为 0.5～1.0MHz。李鑫和杨桢等[94] 研究了复合煤岩受载破裂产生的电磁辐射频段。李学龙[95] 通过将电磁辐射法与微震法结合并对煤矿的挖掘进行监测，分析得出冲击危险与煤岩裂隙之间存在内部联系。杨桢和李鑫等[96] 研究了复合煤岩的弹性和温度之间的关系，结果表明两者呈负相关。任学坤和王恩元等[97] 通过对不同倾斜角花岗岩板进行不同加载速率单轴压缩得出，电磁辐射能量与电位增量、变异系数等可以作为煤岩被破坏前的特征指标。李朋园[98] 通过对煤岩破裂过程中的多个参量进行研究发现，在煤岩破裂的过程中电磁辐射值会先增大（极大值）再减小（极小值），然后再次增大。李学龙等[99] 通过研究煤岩在单轴载荷下的电磁辐射特性得出了电磁辐射会随着载荷增加而增大的结论。宋晓燕和李学龙等[100] 对加载下裂隙岩石的电磁辐射特性进行了研究，结果表明裂隙岩石的电磁辐射信号有着阶段性和波动的特征。

煤岩体是各种矿物质的集合体，是一种典型复杂的非均质介质。在漫长的地质变迁中不同地理环境形成的煤岩成分、结构、性质都会有所差异。煤岩的物理性质包括微、宏观结构、成分、力学性质（弹性模量、泊松比、三轴抗压强度、单轴抗压强度等)、电学性质（电阻率、介电常数等）等，具有各向异性。煤岩是一种混合物质，由环状大分子（芳香族结构为主）和低分子化合物（链状结构为主）组成。在动态冲击下煤岩会发生破裂，并且破裂的煤块具有分形特性。煤岩的破碎和脆性程度可以通过分形维数来反映。随着对煤岩冲击加载的速度增大，煤岩的破碎块度减小，破碎能耗增大。在煤岩被冲击破坏的过程中会产生电磁辐射信号，并且随着破碎程度的增大煤岩的电磁辐射信号也逐渐增大。复合煤岩本身的复杂性决定了电磁辐射机理的复杂性，需要进一步研究复合煤岩体受载变形破裂电磁辐射基础理论，为下一步的实际应用打下基础。

随着煤矿采掘深度的不断加大，煤与瓦斯突出、冲击地压等煤岩动力灾害愈发严重。煤矿开采过程本质上是卸荷的过程，这个力学过程会造成煤岩体产生大量的热红外辐射并伴有温度变化，且随开采深度的不断增大，其温度变化越发剧烈。同时，开采过程中的温度变化也会进一步对岩石材料的物性参数与力学性质产生影响，进而使实际的卸荷过程更为复杂。而国内外相关成果表明通过研究热红外辐射在复合煤岩中的分布及变化规律，可以有效预测煤岩动力灾害。He、Gong 等[101,102] 利用红外热像仪对岩层开挖过程中造成的破坏过程进行了模拟试验研究，发现红外辐射温度能够反映不同深度岩层应力的变化，而红外热像能够反映岩体的破坏过程。Wang 等[103] 认为红外前兆主要表现为红外热像和平均红外辐射温度异常。Freund[104] 开展了花岗岩受力灾变的红外辐射观测试验，研究震前红外异常现象的机理，发现随着受力的不断变化其岩石外缘表面的红外辐射温度也在不断变化。马立强和张东升等[105] 对煤进行单轴加载提出了对红外辐射新的定量分析指标。马立强和王烁康等[106] 在单轴加载煤岩的条件下通过去噪得到了煤岩真实的红外变化特征。肖福坤和申志亮等[107] 对煤进行单轴加载得到了煤的红外辐射变化规律。杨少强等[108] 研究岩体受载变形过程中的红外辐射变化规律得到了岩体表面的红外辐射演化规律。吴立新等[109] 研究发现煤岩在加载的过程中有三种红外热像特征和三种红外辐射温度特征。程富起和李忠辉等[110] 对煤岩进行单轴加载并建立煤岩损伤模型，得到了煤岩损伤与其最高红外辐射温度积累量之间的联系。皇甫润等[111] 为探究不同层理方向岩石变形破坏过程中的红外异常，开展了单轴压缩下片麻岩红外辐射试验，结合应力、平均温度、方差、温度场分异速率、热像图多种指标研究了破裂过程红外辐射温度的演化特征。姜永鑫等[112] 为研究煤岩受载破坏过程中不同加载速率下的声发射和红外辐射特征以及破坏前兆信息，进行了不同加载速率下的煤岩单轴压缩试验。张科等[113] 对不同裂隙倾角的砂岩试件进行单轴压缩试验，引入标准差和近似导数定量地描述应变场和红外辐射温度场的分异程度和分异速率，分析了砂岩变形破裂过程中两个领域全场信息的演化规律、变化机制以及前兆异常特征，并探索了全场信息之间的相关关系。梁冰等[114] 为探究不同位移加载速率下突出煤体失稳破坏的红外前兆信息，以三种位移加载速率施加载荷，得到了突出煤体加载破坏过程中的红外辐射规律。李鑫等[115] 采用红外热成像仪研究了由煤和顶、底板岩组成的复合煤岩与泥岩受载变形直至破裂过程中表面红外辐射温度的演化特征。皇甫润等[116] 为探索片麻岩在红外热像仪下破裂失稳的特征，分析温度与力学的内在联系，对其进行了红外辐射单轴压缩试验，对岩石加载过程中的红外辐射温度场演化特征进行了分析。周子龙等[117] 为研究加载速率对岩石试样红外辐射效应的影响，对花岗岩进行了不同加载速率下的单轴压缩实验，监测其红外辐射的变化。杨桢等[118,119] 利用煤岩电磁辐射采集系统和红外测温仪，试验研究了由顶板岩、煤层、底板岩组成的复合煤岩体受载破裂的电磁辐射信号及煤层内部的红外辐射温度相关性，并推导电磁辐射脉冲数与电荷感应电压之间的数学关系，构建了 SCT（stress-charge-thermal）耦合模型。

基于以上研究成果，相关学者进行了煤岩的卸荷破裂相关研究和多场耦合研究，但是对各向异性组合煤岩体的热力耦合机制研究较少，对复合煤岩三轴卸荷条件下的热红外辐射研究还不够深入。本书拟在热力学、损伤力学基础上，研究复合煤岩卸荷破裂过程中热红外辐射温度的分布规律、煤岩表面热红外辐射的阶段变化及与应力的关系，为深部煤岩开采动力灾害预测预报提供理论基础。

声发射就是煤岩材料在受到外载荷作用时，材料内部会产生应力集中；当应力达到临界值时，材料产生裂纹或引起裂隙的扩展，发生能量转换，以弹性波或者应力波的形式向周围释放、扩散。声发射现象是煤岩压缩破裂失稳的前兆信息，因此被广泛应用于煤矿井下开采、隧道、边坡等岩土工程，是煤岩试验研究中的一项重要监测技术和手段。声发射波形是研究煤岩变形破坏过程中的局部化演化、宏微观裂隙扩展、破坏机制、能量演化等重要参数的依据，通过声发射波形数据分析，可实现煤岩破坏预测预报。声发射波形是目前煤岩试验中的一项重要研究内容。国外，Golosov[120] 通过单轴加载岩石试样分析微观裂纹结构产生与发展规律，发现岩石样品的变形与样品的声发射辐射特性有关。Sheinin 等[121] 通过单轴实验分析了石灰岩试样的应力、声发射、红外辐射变化特征，认为分析其变化可用于分析试样所处力学状态。国内，赵毅鑫等[122] 基于 DenseNet 骨架，结合分组卷积（GC）与注意力机制中的“压缩-激励”模块（SE），构建了能融合声发射时空特征的轻量化三维卷积预测模型。朱晨利等[123] 根据煤岩试验中声发射波形在不同加载阶段表现出不同特点，提出了一种声发射波形自动拾取方法，以实现加载全过程中声发射波形自动拾取，效果良好。唐巨鹏等[124] 为解决由于煤与瓦斯突出前兆规律不清所导致的灾害问题，对红阳三矿的突出煤层进行研究，结合声发射信号分析仪，开展了实验室尺寸深部煤与瓦斯突出相似模拟试验，再现了煤与瓦斯突出典型现象。冯志杰等[125] 利用 RMT-150B 伺服试验机对煤样进行冲击倾向性指数测试，在加载过程同步进行声发射信号检测，分析了煤样冲击倾向性指数、关联性及声发射特征。王恩元[126] 通过将电磁辐射和声发射相结合提高了对煤岩灾害的预测效果。余洁等[127] 利用 PCI-2 声发射系统对四川芙蓉白皎煤矿煤岩展开了不同围压（0MPa、8MPa、16MPa、25MPa）的声发射试验研究，旨在揭示不同围压下煤岩破坏过程的振铃计数率、声发射时空分布、声发射 b 值及破坏煤岩的损伤特性变化规律。丁鑫等[128] 以具有不同夹矸和原始裂隙煤岩压缩破坏声发射监测试验为基础，构建了煤岩裂隙扩展释放弹性能引起应力波的振幅、频率力学表达。韩军等[129] 为研究不同强度煤承载的声发射特征，选取平均单轴抗压强度分别为 30MPa（大同矿区忻州窑矿）和 10MPa（双鸭山矿区东荣二矿）的煤体试样进行了单轴压缩条件下的声发射试验，对其在单轴压缩过程各阶段的声发射能量、振铃计数等进行分析。刘斌等[130] 利用万能试验机系统和声发射监测系统分别对煤样进行了单轴压缩试验和巴西劈裂试验，并监测加载过程中的声发射参数，对比分析了煤样在两种加载方式（拉、压）下的变形破坏特征、煤样声发射时空演化规律及微观破坏机制。

综上，目前国内外学者关于煤岩受载破裂辐射场、声场演化规律的研究主要针对单一岩，通过对煤体受载破裂时产生的电磁辐射、红外辐射、声发射等信号的变化进行分析，从一定程度上揭示了声场、辐射场信号及其对应物理场的演化规律，但对以受载复合煤岩体为对象的各场信号变化规律研究成果较少。此外分析相关文献可知，在场能量演化方面，现有声发射能量研究成果虽较电磁辐射、红外辐射场能量略多，但其与两辐射场能量理论不尽相同，而且声发射能量与两辐射场能量相关理论尚不成熟，因而还有待进一步深入研究。

1.2.3 复合煤岩受载破裂多场耦合机制研究现状

目前，对深部复合煤岩加载破裂过程，深部复合煤岩的电性质、热力学等特性的研究鲜见报道。大量研究结果表明煤岩加载破裂产生的电磁辐射、红外辐射与煤岩的载荷热能和变形破裂程度紧密相关，煤岩变形破裂过程中温度场、电磁场及应力场的变化与变形破裂机制必然存在某些内部的联系，有待深入的研究。本书拟采用多学科交叉理论，从应用基础理论、技术开发等方面对煤岩受载破裂规律及多物理场耦合机制进行深入分析和研究，为煤岩开采动力灾害预测预报提供理论基础。

煤体受载破裂时，通过对其内部结构的变化进行分析可以知道：宏观上，煤体刚开始受载的情况下产生许多微裂纹，裂纹的形状逐渐变大最终导致破裂；微观上，裂纹缺陷是原子与分子之间的位置发生变化和缺漏的现象。煤岩破裂的影响因素有很多，如煤岩的种类、含水和气量，煤岩块的组成成分。在加载过程中裂缝扩展是影响煤岩电磁辐射（EMR）特征的主要因素，裂纹扩展速率变大，EMR 增强。煤岩的 EMR 不仅与煤岩的变形破裂密切相关，而且与煤岩的物理力学性质密切相关。EMR 主要集中在从试样快速断裂到完全破坏的阶段，其峰值出现时岩石屈服失效。在单轴载荷下，煤样应力集中，导致该位置发生断裂，从而引起应力下降。由于局部破裂，煤样表面的红外辐射温度场必然会被区分和离散化。煤岩的断裂程度越严重，煤表面辐射温度场的变化越大。

Wu 等[131,132] 发现煤岩在破裂之前，热像异常带的位置对应于破裂的位置，破裂的性质与红外辐射温度的变化密切相关；当煤岩加载到 70%的强度时，红外辐射温度的热效应会随着微裂纹的影响而增强。Guo[133] 研究了单轴加载和剪切条件下岩石的声发射和 EMR 特性。EMR 信号在样品刚加载时出现，其强度随着载荷的增加而增大。Li 等[134] 研究发现当煤在加载过程中损坏时，气体强烈影响煤的红外辐射温度。在无气体条件下，煤表面的红外辐射温度呈先逐渐下降后稳定上升的趋势；在含煤气的条件下，煤与煤表面之间存在热交换，煤表面的红外辐射温度呈现先递减后快速上升的趋势。路艳军等[135] 通过实验表明岩石的三轴破裂特征符合 Coulomb 强度准则，并结合 Coulomb-Mohr 强度准则采用 Terzaghi 有效应力理论对含瓦斯煤岩进行了分析，得出瓦斯气体的存在降低了煤岩强度的结论。Ma 等[136] 通过对煤岩加载过程中产生的红外辐射进行分析，揭示了裂缝的空间分布特征和演化过程，得到了煤层失效的前兆特征。

王恩元等[82] 以煤岩的声发射、电磁辐射等作为预警指标开发了煤与瓦斯突出的远程智能监测预警系统。Frid[137] 研究了在均质材料、硬岩等不同材料的断裂中产生的EMR，实现了对动态灾害的预测。Lai等[138] 通过急倾斜坚硬岩柱动态破裂“声-热”演化特征试验发现，在弹性变形破裂过程中温度辐射区域温度逐渐降低，AE能率储蓄增长。宋晓燕[139] 通过原子力显微镜研究了不同变质程度煤岩微表面电势及电荷密度等电性参数的变化规律。窦林名等[140] 通过大量的理论研究和实验发现，煤岩受载过程中会以电磁波的形式向外界辐射电磁能。陆智斐[141] 针对采掘工作面干扰源多，单一指标预警产生误报的问题，对滤除干扰的方法、实时监测预警系统的建立进行了研究，有效提高了突出预警的实时性及准确率，对保障煤矿的安全生产具有重要意义。撒占友等[142] 将电磁辐射自适应神经网络模型应用于煤与瓦斯突出危险性预测，实现了煤与瓦斯突出危险性的电磁辐射动态趋势预测。李祁等[143] 通过对工作面前方煤体压力、煤体电荷和煤体温度进行持续监测，判断出了煤体应力变化、瓦斯运移及煤体破裂的状况，从而确定煤层动力灾害危险程度。李鑫等[144] 推导了复合煤岩变形破裂温度场、应力场、电磁场多物理场耦合数学模型，建立了多场仿真模型，对煤岩受载变形破坏过程中这三个物理场的变化规律进行数值模拟，并进行实验验证研究。

综上所述，煤岩受载破裂产生的电磁辐射、红外辐射与岩体的变形破裂程度紧密相关，该过程中温度场、电磁场及应力场的变化与变形破裂机制存在某些内在联系。近年来，越来越多的学者开始从多个耦合场能量转化的角度研究煤岩受载破裂失稳机制，认为深部复合煤岩受载失稳是由多场能量共同作用造成的，并在应力场能量分析的基础上融合电磁辐射场能量、红外辐射场能量、声场能量的演化规律，揭示了深部煤岩体受载破裂宏细观演化机制。目前，此类从多场能量作用下分析深部复合煤岩受载破裂失稳机制的研究较少，理论还有待进一步完善，其研究成果将为煤岩动力灾害防治提供理论依据与技术支持。

1.3 研究概况

本书主要围绕深部复合煤岩受载破裂多场能量演化及失稳机制的科学问题，基于多组不同加载条件的复合煤岩受载实验，对深部复合煤岩受载时辐射场、声场、应力场特征物理参数的变化规律进行研究；在此基础上结合理论分析与数值模拟，确定受载时辐射场、声场中非力学特征参数的产生机理及在岩体介质中的传播衰减规律，明确辐射场、声场的能量化方法，建立包含辐射场、声场、应力场能量信息的复合能量场，并通过数值模拟研究复合能量场的时空演化规律；探究受载时复合煤岩各场能量贡献度评估方法，构建复合能量场能量特征因子，研究基于能量特征因子的深部复合煤岩受载状态感知方法，最终阐释复合能量场作用下的深部复合煤岩受载失稳机制。

（1）复合煤岩受载破裂多参数监测系统研究。对前期研制的电磁辐射监测装置进行升级，设计多参数监测系统，改进电磁信号接收端，检测系统的主控芯片采用DSP的TMS320系列；结合加载试验机对煤岩组合体的组分，受载变形过程中的力学、热力学、电磁、热红外辐射信号等参数进行测量，并进行深入分析；为避免外界的电磁干扰对测试结果的影响，在压力缸外围采用多目铜网设计屏蔽罩；在此实验系统基础上设计先进热红外辐射、电磁检测系统，为后续现场测试、应用推广提供基础。

（2）复合煤岩受载破裂电磁、电荷相关性研究。前人已经对煤岩破裂时出现的电磁辐射、电荷感应信号进行了大量的实验，但是没有对两者的相关性进行分析，故对复合煤岩受载变形破裂时出现的电磁辐射、电荷感应信号进行相关性分析；拟在三种不同速率（0.1mm/min、0.3mm/min、1mm/min）单轴加载下对复合煤岩试样进行加载实验，研究电磁辐射、电荷感应信号在加载过程中的变化规律。

（3）复合煤岩受载破裂SCT耦合模型研究。研究复合煤岩试样单轴加载变形破裂过程中电磁、电荷、温度信号的变化规律；结合复合煤岩破裂SET（stress-electricity-thermal）耦合模型，推导电磁辐射脉冲数与电荷感应电压之间的数学关系，构建SCT耦合模型；研究电磁辐射、电荷感应、温度变化产生机制。

（4）复合煤岩受载破裂应力-电荷-红外辐射耦合模型研究。在煤矿开采现场，煤岩体多为由煤体、顶板、底板组成的复合煤岩层，应力状态较单一煤巷复杂。课题前期研究成果初步建立了复合煤岩破裂SET耦合模型。目前对于复合煤岩受载破裂过程中电磁辐射、电荷感应两者内在联系的研究尚未见报道。因此笔者针对受载复合煤岩体在破裂失稳过程中电磁辐射、电荷感应两种信号的前兆变化规律进行研究，深入研究煤岩应力、电荷、温度三者的耦合关系。

（5）复合煤岩变形破裂温度-应力-电磁多场耦合机制研究。煤岩开采发生动力灾害时常伴随着大量的物理信号，如声发射、光信号、红外辐射、电磁辐射等。国内外许多研究者对煤岩破裂时产生的电磁辐射、温度、应力等参数进行了研究分析，最后都表明煤岩开采时的能量变化属于多场耦合。在此基础上建立了复合煤岩在加载破裂过程中的电磁场、温度场、应力场耦合模型，结合ANSYS软件，对煤岩加载破裂的过程进行电磁辐射信号和红外辐射信号的数据进行模拟，研究温度-应力-电磁多物理场耦合机制。

（6）考虑裂隙运动的受载复合煤岩应力-电磁辐射数值模型研究。闭环循环中复合煤岩体内部将不断产生多个不同方向的微电流，这进一步导致煤岩内部产生了多个交变电流源。交变电流源的交变微电流不断激发空间内电磁场的变化，多个电磁场的叠加形成了外部可测的电磁场信号变化，这直接促使了外部可测的电磁辐射信号的形成。以组合比 1∶1∶1 复合煤岩为研究对象，构建复合煤岩受载时的应力-电磁辐射数值模型，利用有限元仿真获取受载煤岩电磁辐射信号形式及其各应力阶段下特征和传播衰减规律，最后通过单轴实验验证理论与仿真结论。

(7) 循环加-卸下复合煤岩受载破裂红外辐射-能量演化及耦合机制研究。在煤矿中周期载荷是实际存在的，并且煤岩大多呈复合煤岩的状态，但对复合煤岩循环加卸过程中的红外辐射温度及能量演化规律研究鲜见报道。岩石变形破坏过程中的能量演化机制研究以能量演化作为变量，是一种较新的观点，但尚未成体系。本书拟针对复合煤岩进行循环加卸荷试验，深入研究红外辐射温度、能量耗散规律及相关性关系。

(8) 卸荷条件下复合煤岩受载破裂多场耦合模型研究。针对复合煤岩在加卸荷条件下的电磁辐射、应力、红外辐射信号变化规律的研究和从多物理场耦合角度分析卸荷破裂机制鲜见报道。本书在岩石力学、热力学、损伤力学的基础上进行复合煤岩加卸荷条件下的变化规律，深入研究了复合煤岩在加卸荷条件下的应力场、红外辐射温度场、电磁场演化规律以及三者之间的耦合关系。

(9) 复合煤岩受载破裂耗散能-辐射能耦合机制。耗散能改变作为煤岩破裂的重要内因，本书以其重要组成部分——红外辐射能和电磁辐射能为研究对象，在热力学、理论力学、统计理论等基础上分别尝试建立了受载复合煤岩变形破裂耗散能-红外辐射能耦合模型与受载复合煤岩变形破裂耗散能-电磁辐射能耦合模型，采用实验进一步验证分析，揭示电磁辐射能红外辐射能与复合煤岩耗散能间的关系，为预防煤岩动力灾害提供新思路。

1.3.1 研究方法

(1) 数据采集和数据处理信号系统的研究。本团队之前做了一些相关的实验，对之前的一些设备进行了改进，增加了对红外辐射的检测，并升级了实验芯片，采用 DSP 的 TMS320 系列的芯片进行实验数据的采集和处理分析，提高实验性能。

(2) 试验研究。对不同加载速率下的复合煤岩进行加载破裂实验，通过实验数据分析，得出煤岩的力学特性、强度、电特性以及热力学相关参数的变化规律，为接下来的实验提供理论基础。

(3) 理论研究。通过对实验数据的分析，在损伤力学、岩石力学的学科理论基础上建立复合煤岩加载破坏模型，对深部复合煤岩加载破裂规律进行更深入的研究，建立了应力-应变-红外辐射的耦合关系，研究复合煤岩加载的破裂机理及其损伤演化规律，内部的变化状态，红外辐射信号在复合煤岩内部的传播规律，从而建立加载电磁场、温度场、应力场耦合模型。

（4）仿真实验研究。首先采用有限元软件FLAC3D对复合煤岩加载力学过程进行建模，然后利用ANSYS对复合煤岩加载过程进行多场耦合建模，最后进行仿真模拟的数值分析和数据验证。

1.3.2 技术路线

（1）通过对之前的试验系统进行改进，再用上高灵敏度光纤传感器来采集红外辐射，设计了比较先进的信号采集实验系统和数据处理分析系统，进而实验系统的性能得到了较大的提升。

（2）首先在不同的加载条件下进行复合煤岩的破裂实验，然后分析压力强度等其他力学参数、电学参数以及热力学参数等变化情况，在岩石力学、电磁动力学、热力学基础上构建深部复合煤岩加载破坏准则，并建立一个温度场、应力场、电磁场的多场耦合模型，最后实验论证。

（3）通过对复合煤岩不同的加载条件、组成成分、应力等其他因素进行热红外辐射信号的采集数据及其分析，得到热红外辐射时空演化规律以及热红外辐射在煤岩中的传播规律。

（4）在力学、电学、热力学的基础上构建温度场、应力场、电磁场多场耦合模型，对实验得出的结果数值进行计算、验证。

1.3.3 应用前景

本书在揭示深部复合煤岩受载破裂多场能量演化规律，明确深部复合煤岩受载失稳机制，预防煤岩动力灾害安全事故，推动岩体能量损伤学、深部岩石力学、电磁动力学等学科发展等方面都有广阔的工程应用前景和巨大的科学研究价值。

参考文献 ▶▶

[1] 齐庆新，潘一山，李海涛，等．煤矿深部开采煤岩动力灾害防控理论基础与关键技术［J］．煤炭学报，2020，45（5）：1567-1584.

[2] 谢和平，苗鸿雁，周宏伟．我国矿业学科“十四五”发展战略研究［J］．中国科学基金，2021，35（6）：856-863.

[3] 窦林名，田鑫元，曹安业，等．我国煤矿冲击地压防治现状与难题［J］．煤炭学报，2022，47（1）：152-171.

[4] 王凯，杜锋．煤岩瓦斯复合动力灾害机理研究进展与展望［J］．安全，2022，43（1）：1-10.

[5] Liu C Y，Zhao G M，Xu W S，et al. Experimental investigation on failure process and spatio-temporal

evolution of rockburst in granite with a prefabricated circular hole [J]. Journal of Central South University, 2020, 27 (10): 2930-2944.

[6] Sun H, Ma L Q, Liu W, et al. The response mechanism of acoustic and thermal effect when stress causes rock damage [J]. Applied Acoustics, 2021, 180 (4): 108093.

[7] 唐巨鹏，郝娜，潘一山，等．基于声发射能量分析的煤与瓦斯突出前兆特征试验研究 [J]．岩石力学与工程学报，2021，40 (1)：31-42.

[8] 刘晓辉，薛洋，郑钰，等．冲击荷载下煤岩破碎过程能量释放研究 [J]．岩石力学与工程学报，2021，40 (S2)：3201-3211.

[9] Kaiser P K, Moss A. Deformation-based support design for highly stressed ground with a focus on rockburst damage mitigation [J]. Journal of Rock Mechanics and Geotechnical Engineering, 2022, 14 (1): 50-66.

[10] 唐一举，刘静，郝天轩，等．潮湿煤体压缩破裂过程中红外辐射演化特征研究 [J]．采矿与安全工程学报，2022，39 (1)：192-199.

[11] Lin P, Wei P C, Wang C, et al. Effect of rock mechanical properties on electromagnetic radiation mechanism of rock fracturing [J]. Journal of Rock Mechanics and Geotechnical Engineering, 2021, 13 (4): 798-810.

[12] Di Y, Wang E. Rock burst precursor electromagnetic radiation signal recognition method and early warning application based on recurrent neural networks [J]. Rock Mechanics and Rock Engineering, 2021, 54 (3): 1449-1461.

[13] Dems K, Mroz Z. Stablility conditions for brittle-plastic structures with propagating damage surfaces [J]. Journal of structural Mechanics, 2007, 13 (1): 95-122.

[14] Qiao L, Chen L, Dasgupta G, et al. Surface characterization and frictional energy dissipation characteristics of deep granite under high stress conditions [J]. Rock Mechanics and Rock Engineering, 2018, 52: 1-13.

[15] Colombero C, Comina C, Ferrero A M, et al. An integrated approach for monitoring slow deformations preceding dynamic failure in rock slopes: A preliminary study [J]. Engineering Geology for Society and Territory, 2015, 6: 699-703.

[16] Pogacnik J, Elsworth D, O'Sulliyan M, et al. A damage mechanics approach to the simulation of hydraulic fracturing shearing around a geothermal injection well [J]. Computer and Geotechnic, 2016, 71: 338-351.

[17] Kurumatani M, Terada K, Kato J, et al. An isotropic damage model based on fracture mechanics for concrete [J]. Engineering Fracture Mechanics, 2016, 155: 49-66.

[18] Wang Y J, Zhang C H. Fuzzy stochastic damage mechanics (FSDM) based fuzzy auto-adaptive control theory [J]. Water Science and Engineering, 2012, 5 (2): 230-242.

[19] 齐消寒，马恒，王晓琪，等．热冲击对煤岩细观损伤及力学特性影响研究 [J]．中国安全科学学报，2020，30 (12)：85-92.

[20] 李波波，任崇鸿，杨康，等．考虑温度效应的煤岩损伤本构模型及参数分析 [J]．安全与环境学报，2019，19 (6)：1947-1954.

[21] 经来旺，李学帅，严悦，等．分级循环加卸载作用下煤岩损伤本构模型研究 [J]．煤矿安全，2022，53 (1)：71-78.

[22] Du F, Wang K, Wang G D, et al. Investigation on acoustic emission characteristics during deformation

and failure of gas-bearing coal-rock combined bodies [J]. Journal of Loss Prevention in the Process Industry，2018，55：253-266.

[23] 崔力，张民波，王金宝，等．不同围压下煤岩损伤变形规律及声发射特征分析 [J]. 中国安全生产科学技术，2019，15 (10)：18-24.

[24] 杨科，刘文杰，窦礼同，等．煤岩组合体界面效应与渐进失稳特征试验 [J]. 煤炭学报，2020，45 (5)：1691-1700.

[25] 王岗，潘一山，肖晓春．冲击倾向性对受载破坏煤样电荷规律影响的试验研究 [J]. 煤炭科学技术，2019，47 (11)：247-254.

[26] 李小军，李回贵，袁瑞甫．加载速率对煤岩损伤及声发射特征影响的数值模拟研究 [J]. 河南理工大学学报（自然科学版），2016，35 (6)：765-770.

[27] 王晓，袁野，孟凡宝，等．加载速度对煤岩损伤演化声发射特征的影响分析 [J]. 煤矿安全，2016，47 (3)：179-181，186.

[28] Yamamoto Y，Springman S M. Triaxial stress path tests on artificially prepared analogue alpine permafrost soil [J]. Can Geotech J Editors'Choice，2020，1：1448-1460.

[29] David E C，Brantut N，Hirth G. Sliding crack model for nonlinearity and hysteresis in the triaxial stress-strain curve of rock，and application to antigorite deformation [J]. Journal of Geophysical Research：Solid Earth，2020，125 (19)：1-26.

[30] Yang S Q，Yin P F，Ranjith P G. Experimental study on mechanical behavior and brittleness characteristics of Longmaxi Formation shale in Changning，Sichuan Basin，China [J]. Rock Mechanics and Rock Engineering，2020，53：2461-2483.

[31] Tian J J，Xu D J，Liu T H. An experimental investigation of the fracturing behaviour of rock-like materials containing two V-shaped parallelogram flaws [J]. International Journal of Mining Science and Technology，2020，30 (6)：777-783.

[32] Shou Y D，Zhou X P. A coupled hydro-mechanical non-ordinary state-based peridynamics for the fissured porous rocks [J]. Engineering Analysis with Boundary Elements，2021，123：133-146.

[33] Hu L H，Li Y C，Liang X，et al. Rock damage and energy balance of strainbursts induced by low frequency seismic disturbance at high static stress [J]. Rock Mechanics and Rock Engineering，2020，53：4857-4872.

[34] Han J H，Huang S L，Zhao W，et al. Study on electromagnetic radiation in crack propagation produced by fracture of rocks [J]. Measurement，2018，131：125-131.

[35] Zhang Z H，Deng J H. A new method for determining the crack classification criterion in acoustic emission parameter analysis [J]. International Journal of Rock Mechanics and Mining Sciences，2020，130：104323.

[36] 陈洋，吴亮，陈明，等．高应力岩体爆破卸荷过程中应变率及应变能特征 [J]. 爆炸与冲击，2019，39 (10)：103202-1-11.

[37] 刘新荣，刘俊，李栋梁，等．不同水压与初始卸荷水平下砂岩的力学特性及卸荷本构模型 [J]. 煤炭学报，2017，42 (10)：2592-2600.

[38] 金长宇，侯晓乐，刘冬，等．柱状节理玄武岩卸荷力学特性的数值模拟 [J]. 东北大学学报（自然科学版），2016，37 (2)：243-247.

[39] 刘泉声，刘恺德，卢兴利，等．高应力下原煤三轴卸荷力学特性研究 [J]. 岩石力学与工程学报，2014，33 (S2)：3429-3438.

[40] Zhurkov S N, Kuksenko V S, Petrov V A. Principles of the kinetic approach of fractureprediction [J]. Theor Appl Frac Mech, 1984, 1: 271-274.

[41] 于永军，梁卫国，毕井龙，等．油页岩热物理特性试验与高温热破裂数值模拟研究［J］．岩石力学与工程，2015，34（6）：1106-1115.

[42] 左建平，谢和平，吴爱民，等．深部煤岩单体及组合体的破坏机制及力学特性研究［J］．岩石力学与工程学报，2011，30（1）：84-92.

[43] Aksenov V V, Efremenkov A B, Sadovets V Y, et al. Impact of the inclination angle of a blade of the geokhod cutting body on the energy intensity of rock destruction [J]. IOP Conference Series: Materials Science and Engineering, 2019, 656 (1): 012003.

[44] Martino J B, Chandler N A. Excavation-induced damage studies at the underground research laboratory [J]. International Journal of Rock Mechanics and Mining Science, 2004, 41 (8): 1413-1426.

[45] Lindin G L, Lobanova T V. Energy sources of rock-bursts [J]. Journal of Mining Science, 2013, 49 (1): 36-43.

[46] 罗承浩．热处理花冈岩三轴卸围压力学特性与声发射规律试验研究［D］．泉州：华侨大学，2016.

[47] Meng Q B, Zhang M W, Zhang Z Z, et al. Research on non-linear characteristics of rock energy evolution under uniaxial cyclic loading and unloading conditions [J]. Environmental Earth Sciences, 2019, 78 (23): 650-670.

[48] 张垚．黄砂岩单轴加载红外辐射特征实验研究［D］．徐州：中国矿业大学，2017.

[49] 马立强，张垚，孙海，等．煤岩破裂过程中应力对红外辐射的控制效应试验［J］．煤炭学报，2017，42（1）：140-147.

[50] Guo H J, Ji M, Liu D P, et al. The influence of fracture strain energy on the burst tendency of coal seams and field application [J]. Advances in Civil Engineering, 2021, 2021 (5): 1-10.

[51] Chang Y, Chen Z H, Ren F Q, et al. Strain energy dissipation and damage evolution of frozen migmatite under triaxial unloading [J]. Geotechnical and Geological Engineering, 2019, 37 (4): 3183-3192.

[52] 谢和平，彭瑞东，鞠杨，等．岩石破坏的能量分析初探［J］．岩石力学与工程学报，2005，24（15）：2603-2607.

[53] Liu X S, Ning J G, Tan Y L, et al. Damage constitutive model based on energy dissipation for intact rock subjected to cyclic loading [J]. International Journal of Rock Mechanics and Mining Sciences, 2016, 85 (1): 27-32.

[54] 张尧，李波波，许江，等．基于能量耗散的煤岩三轴受压损伤演化特征研究［J］．岩石力学与工程学报，2021，40（8）：1614-1627.

[55] 张朝俊，赵其华，娄琛，等．岩桥倾角对岩体能量演化规律影响研究［J］．水利与建筑工程学报，2019，17（1）：19-23.

[56] 李波波，张尧，任崇鸿，等．三轴应力下煤岩损伤-能量演化特征研究［J］．中国安全科学学报，2019，29（10）：98-104.

[57] 孙友杰，戚承志，朱华挺，等．岩石动态断裂过程的能量分析［J］．地下空间与工程学报，2020，16（1）：47-53.

[58] 荣海，于世棋，张宏伟，等．基于煤岩动力系统能量的冲击地压矿井临界深度判别［J］．煤炭学报，2021，46（4）：1263-1270.

[59] 王宏伟，王刚，张越，等．动压影响下断层构造应力场和能量场分布特征［J］．煤炭科学技术，2019，47（10）：183-189.

[60] 张岚斌，刘洋，贾哲强，等．基于能量特征的不同深度煤岩脆塑性评价方法［J］．实验室研究与探索，2021，40（11）：27-31，37.
[61] Li X，Zuo H，Yang Z，et al. Coupling mechanism of dissipated energy-electromagnetic radiation energy during deformation and fracture of loaded composite coal-rock［J］. ACS omega，2022，7（5）：4538-4549.
[62] 来兴平，张帅，崔峰，等．含水承载煤岩损伤演化过程能量释放规律及关键孕灾声发射信号拾取［J］．岩石力学与工程学报，2020，39（3）：433-444.
[63] 杨军，闵铁军，刘斌慧，等．深部开采灾害及防治研究进展［J］科学技术与工程，2020，20（36）：14767-14776.
[64] 王妍丹．非常温下煤岩样声发射及电磁辐射研究［J］．矿业安全与环保，2017，44（3）：6-9.
[65] Frid V，Rabinovitch A，Bahat D. Seismic moment estimation based on fracture induced electromagnetic radiation［J］. Engineering Geology，2020，274（5）：105692.
[66] Makarets M V，Koshevaya S V，Gernets A A. Electromagnetic emission caused by the fracturing of piezoelectrics in rocks［J］. Physica Scripta，2002，65（3）：268-272.
[67] Rabinovithc A，Frid V，Bahat D. Gutenberg-richter-type relation for laboratory fracture induced electromagnetic radiation［J］. Physical Review E，2002，65（1）：114011-114014.
[68] He X Q，Wang E Y，Dou L M，et al. EIectromagnetic radiation monitoring system forecasting coal & gas outburst（or rock burst）and its application［C］. International Scientific-Technicals Symposium Rock burst 2002 Research and Prevention Systems Proceedings，2002.
[69] Nitson U. Electromagnetic emission accompanying fracture of quartz-bearing rocks［J］. Geophysics Research letters，1977（4）：333-336.
[70] 佩列利曼 M E，等．破裂电磁辐射理论研究［C］//萨多夫斯基 M A．苏联地震预报研究文集．北京：地震出版社，1993.
[71] 李均之，夏雅琴，沈壮．岩石破裂辐射电磁波实验室研究与地震预报［C］//国家地震局科技监测司．震前电磁波观测与实验研究文集．北京：地震出版社，1989.
[72] 波诺马廖夫 A B．岩石变形与破裂的电现象［C］//萨多夫斯基 M A．苏联地震预报研究文集．北京：地震出版社，1993.
[73] Frid V，Vozoff K. Electromagnetic radiation induced by mining rock failure［J］. International Journal of Coal Geology，2005，64（1，2）：57-65
[74] Cress G O，Brady B T，Rowell G A. Sources of electromagnetic radiation from fracture of rock samples in laboratory［J］. Geophys Res Lett，1987（14）：331-334.
[75] 艾迪昊，李成武，赵越超，等．煤体静载破坏微震、电磁辐射及裂纹扩展特征研究［J］．岩土力学，2020，41（6）：1-9.
[76] 赵伏军，李玉，陈珂，等．岩石破碎声发射和电磁辐射特征试验研究［J］．地下空间与工程学报，2019，15（2）：345-351，364.
[77] 乔朕，高建宁．煤岩破裂电磁辐射预测技术研究进展［J］．煤矿安全，2020，51（6）：196-201.
[78] 陈凯，戴英健，张丽娟，等．基于煤与瓦斯突出声电实时监测预警系统的应用研究［J］．科技视界，2021（34）：159-161.
[79] 李回贵，李化敏，高保彬．不同煤厚煤岩组合体破裂过程声发射特征研究［J］．河南理工大学学报（自然科学版），2021，40（5）：30-37.
[80] Frid V，Wang E Y，Mulev S N，et al. The fracture induced electromagnetic radiation：Approach and

protocol for the stress state assessment for mining [J]. Geotechnical and Geological Engineering, 2021, 39: 3285-3291.

[81] Kong X G, He D, Liu X F, et al. Strain characteristics and energy dissipation laws of gas-bearing coal during impact fracture process [J]. Energy, 2022, 242: 123028.

[82] 王恩元，李忠辉，李德行，等．电磁辐射监测技术装备在煤与瓦斯突出监测预警中的应用 [J]. 煤矿安全，2020，51 (10)：46-51.

[83] 沈荣喜，李太训，李红儒，等．干燥和饱水裂隙砂岩破坏电磁辐射特征研究 [J]. 中国矿业大学学报，2020，49 (4)：636-645.

[84] 王恩元，孔彪，梁俊义，等．煤受热升温电磁辐射效应实验研究 [J]. 中国矿业大学学报，2016，45 (2)：205-210.

[85] 胡少斌，王恩元，李忠辉，等．受载煤体电磁辐射动态非线性特征 [J]. 中国矿业大学学报，2014，43 (3)：380-387.

[86] 张雪娟，何明文，王红强．岩石破裂过程中电磁辐射信号特征研究 [J]. 物探化探计算技术，2020，41 (4)：469-475.

[87] 罗浩，于靖康，潘一山，等．含瓦斯冲击倾向性煤体加载破坏电荷感应规律 [J]. 煤炭学报，2020，45 (2)：684-694.

[88] 罗浩，潘一山，李忠华，等．含水煤体失稳破坏电荷感应规律试验研究 [J]. 中国安全生产科学技术，2015 (2)：36-41.

[89] 吴小兵．煤岩动力灾害的电势监测技术研究 [J]. 山西焦煤科技，2018，42 (Z1)：19-21，28.

[90] Song D Z, Wang E Y, Song X Y, et al. Changes in frequency of electromagnetic radiation from loaded coal rock [J]. Rock Mechanics and Rock Engineering, 2016, 49 (1): 291.

[91] Wang C, Peng W. Rockburst prediction based on electromagnetic radiation technology and its application [J]. Advanced Materials Research, 2014 (1010-1012): 1564-1567.

[92] 王恩元，李学龙，胡少斌，等．体元-区域-系统冲击地压模型及应用 [J]. 中国矿业大学学报，2017，46 (6)：1188-1193.

[93] Yamada I, Masuda K, Mizutani H. Electromagnetic and acoustic emission associated with rock fracture [J]. Phys Earth Planet Inter, 1989, 57: 157-168.

[94] 李鑫，杨桢，仝泽仁．受载复合煤岩变形破裂电磁辐射中频信号规律试验研究 [J]. 中国安全生产科学技术，2016，12 (6)：30-35.

[95] 李学龙．裂隙煤岩动态破裂行为与冲击失稳机制研究 [D]. 徐州：中国矿业大学，2017.

[96] 杨桢，代爽，李鑫，等．受载复合煤岩变形破裂力电热耦合模型 [J]. 煤炭学报，2016，41 (11)：2764-2772.

[97] 任学坤，王恩元，李忠辉．预制裂纹岩板破坏电位与电磁辐射特征的实验研究 [J]. 中国矿业大学学报，2016，45 (3)：440-446.

[98] 李朋园．煤岩破裂过程中多参量前兆特征分析 [D]. 唐山：华北理工大学，2018.

[99] Song X Y, Li X L, Li Z H, et al. Study on the characteristics of coal rock electromagnetic radiation (EMR) and the main influencing factors [J]. Journal of Applied Geophysics, 2018, 148: 216-225.

[100] Song X Y, Li X L, Li Z H, et al. Experimental research on the electromagnetic radiation (EMR) characteristics of cracked rock [J]. Environmental Science and Pollution Research, 2018, 25: 6596-6608.

[101] He M C, Gong W L, Li D J, et al. Physical modeling of failure process of the excavation in horizontal strata based on IR thermography [J]. Mining Science and Technology, 2009, 19 (6): 689-698.

[102] Gong W L, Gong Y X, Long A F. Multi-filter analysis of infrared images from the excavation experiment in horizontally stratified rocks [J]. Infrared Physics and Technology, 2013, 56: 57-68.

[103] Wang C L, Lu Z J, Liu L, et al. Predicting points of the infrared precursor for limestone failure under uniaxial compression [J]. International Journal of Rock Mechanics and Mining Sciences, 2016, 88: 34-43.

[104] Freund F T. Rocks that crackle and sparkle and glow: Strange pre-earthquake phenomena [J]. Society for Scientific Exploration, 2003, 17 (1): 37-71.

[105] 马立强，张东升，郭晓炜，等．煤单轴加载破裂时的差分红外方差特征 [J]. 岩石力学与工程学报，2017，36 (S2)：3927-3934.

[106] 马立强，王烁康，张东升，等．煤单轴压缩加载试验中的红外辐射噪声特征与去噪方法 [J]. 采矿与安全工程学报，2017，34 (1)：114-120.

[107] 肖福坤，申志亮，刘刚，等．冲击倾向性煤样单轴加载红外探测研究 [J]. 黑龙江科技大学学报，2015，25 (1)：6-10，15.

[108] 杨少强，杨栋，王国营，等．页岩变形过程中表面红外辐射演化规律探究 [J]. 地下空间与工程学报，2019，15 (1)：211-218.

[109] 吴立新，王金庄．Features of infrared thermal image and radiation temperature of coal rocks loaded [J]. Science in China (Series D: Earth Sciences), 1998 (2): 158-164.

[110] 程富起，李忠辉，魏洋，等．基于单轴压缩红外辐射的煤岩损伤演化特征 [J]. 工矿自动化，2018，44 (5)：64-70.

[111] 皇甫润，闫顺玺，王晓雷，等．单轴压缩下片麻岩红外辐射特征研究 [J]. 采矿与岩层控制工程学报，2021，3 (1)：96-103.

[112] 姜永鑫，李忠辉，曹康，等．不同加载速率下煤岩声发射与红外辐射特征研究 [J]. 煤炭科学技术，2021，49 (7)：79-84.

[113] 张科，李娜，陈宇龙，等．裂隙砂岩变形破裂过程中应变场及红外辐射温度场演化特征研究 [J]. 岩土力学，2020，41 (S1)：95-105.

[114] 梁冰，赵航，孙维吉，等．不同位移加载速率下突出煤的红外辐射温度变化规律 [J]. 实验力学，2019，34 (4)：659-665.

[115] 李鑫，杨桢，代爽，等．受载复合煤岩破裂表面红外辐射温度变化规律 [J]. 中国安全科学学报，2017，27 (1)：110-115.

[116] 皇甫润，闫顺玺，李傲，等．单轴压缩下岩石红外辐射试验研究 [J]. 华北理工大学学报（自然科学版），2020，42 (4)：30-35.

[117] 周子龙，常银，蔡鑫．不同加载速率下岩石红外辐射效应的试验研究 [J]. 中南大学学报（自然科学版），2019，50 (5)：1127-1134.

[118] 杨桢，齐庆杰，李鑫，等．复合煤岩受载破裂电磁辐射和红外辐射相关性试验研究 [J]. 安全与环境学报，2016，16 (2)：103-107.

[119] 杨桢，苏小平，李鑫．复合煤岩变形破裂应力-电荷-温度耦合模型研究 [J]. 煤炭学报，2019，44 (9)：2733-2740.

[120] Golosov Andrei M. The development of a complex acoustic deformation method to fix reliable precursors of rock failure under uniaxial compression [J]. Rock Failure Mechanism, 2015, 3 (24): 92-99.

[121] Sheinin V I, Blokhin D I, Novikov E A, et al. Study of limestone deformation stages on the basis of acoustic emission and thermomechanical effects [J]. Soil Mechanics and Foundation Engineering,

2020，56（2）：398-401.

[122] 赵毅鑫，乔海清，谢镕澴，等．煤岩单轴压缩破坏声发射轻量化三维卷积预测模型研究［J］．岩石力学与工程学报，2022，41（8）：1567-1580.

[123] 朱晨利，苑德顺．煤岩试验的声发射全波形自动拾取方法研究［J］．矿业研究与开发，2022，42（2）：169-173.

[124] 唐巨鹏，任凌冉，潘一山，等．深部煤与瓦斯突出孕育全过程声发射前兆信号变化规律研究［J］．实验力学，2021，36（6）：827-837.

[125] 冯志杰，苏发强，苏承东，等．赵固二煤样冲击倾向性与声发射特征的试验研究［J］．采矿与安全工程学报学，2022，39（1）：25-36.

[126] 王恩元，刘晓斐，何学秋，等．煤岩动力灾害声电协同监测技术及预警应用［J］．中国矿业大学学报，2018，47（5）：942-948.

[127] 余洁，刘晓辉，郝齐钧．不同围压下煤岩声发射基本特性及损伤演化［J］．煤田地质与勘探．2020，48（3）：128-136.

[128] 丁鑫，肖晓春，吕祥锋，等．煤岩破裂过程声发射时-频信号特征与演化机制［J］．煤炭学报，2019，44（10）：2999-3011.

[129] 韩军，韩韶泽，马双文，等．不同强度煤体声发射特征研究［J］．地下空间与工程学报，2021，17（3）：739-747.

[130] 刘斌，赵毅鑫，张汉，等．单轴压缩及劈裂试验下煤的声发射特征研究［J］．采矿与安全工程学报，2020，37（3）：613-621.

[131] Wu L X，Wang J Z. Infrared radiation features of coal-rocks under loading［J］．Int J Rock Mech Min Sci，1998，35（7）：969-976.

[132] Wu L X，Liu S J，Wu Y H，et al. From qualitative to quantitative information：The development of remote sensing rock mechanics（RSRM）［J］．Int J Rock Mech Min Sci，2004，41：310-316.

[133] Guo Z Q. Experimental study of the electromagnetic emission during rock fracture［M］．Beijing：Graduate Schools in Beijing，University of Science and Technology of China.

[134] Li Z H，Yin S. Experimental study on the infrared thermal imaging of a coal fracture under the coupled effects of stress and gas［J］．Journal of Natural Gas Science and Engineering，2018，55：444-451.

[135] 路艳军，杨兆中，李小刚．煤岩破裂机理及其影响因素探讨［J］．内江科技，2012，33（1）：30-31.

[136] Ma L Q，Sun H. Spatial-temporal infrared radiation precursors of coal failure under uniaxial compressive loading［J］．Infrared Physics & Technology，2018，93：144-153.

[137] Frid V. Rockburst hazard forecast by electromagnetic radiation excited by rock fracture［J］．Rock Mechanics and Rock Engineering，1997，30（4）：229-236.

[138] Lai X P，Shan P F，Cao J T，et al. Hybrid assessment of pre-blasting weakening to horizontal section top coal caving（HSTCC）in steep and thick seams［J］．International Journal of Mining Science and Technology，2014，24（1）：31-37.

[139] 宋晓艳，李忠辉，王恩元．岩石受载破坏裂纹扩展带电特性［J］．煤炭学报，2016，41（8）：1941-1945.

[140] 窦林名，陆菜平，牟宗龙，等．顶板运动的电磁辐射规律探讨［J］．矿山压力与顶板管理，2005（3）：40-42，118.

[141] 陆智斐．九里山矿煤与瓦斯突出实时监测及预警技术研究［D］．徐州：中国矿业大学，2014.

[142] 撒占友，何学秋，王恩元．工作面煤与瓦斯突出电磁辐射的神经网络预测方法研究［J］．煤炭学报，

2004，29（5）：563-567.
[143] 李祁，王皓，潘一山，等．力-电-热多参量监测深井动力灾害的试验分析［J］．中国地质灾害与防治学报，2014，25（2）：70-76.
[144] 李鑫，李昊，杨桢，等．复合煤岩变形破裂温度-应力-电磁多场耦合机制［J］．煤炭学报，2020，45（5）：1764-1772.

第2章 受载煤岩破裂多物理场基本理论及耦合路径

煤岩受到外界压力的作用，产生形变引发裂隙，最终导致煤岩结构平衡被破坏而发生破裂。煤岩破裂变形过程会产生热、电磁辐射、电荷感应、红外辐射等多种物理信号，它们会遵循各自的规律以能量的形式释放出来。对于不同的物理信号，根据其产生原理和信号特征规律，可以采取不同的拾取方式。这些信号将为预测煤岩动力灾害提供原始数据基础。

随着我国煤炭开采深度的逐渐增大，煤炭开采中的力学问题已成为研究热点。煤炭开采中，受回采、爆破等因素影响，煤、岩会遇到加卸荷复杂力学过程。三轴加卸荷的过程与实际环境开采过程更加接近，开采过程中煤岩体内部多个物理场相互耦合、互相影响[1-3]。潘一山等[4]应用自主研发的电荷采集装置进行了含瓦斯煤岩围压卸荷瓦斯渗流及电荷感应试验，结果表明含瓦斯煤岩围压卸荷过程中，瓦斯渗流特性及电荷感应规律与煤岩的变形损伤过程具有十分密切的关系。李建红[5]为探究不同围压卸载速率下岩石的声发射及损伤特征，对煤岩进行了不同卸载速率的岩石AE测试及变形损伤研究。陆银龙等[6]建立了岩石应力-温度数值耦合模型，研究了岩石热损伤状态下应力与温度的关系。文献[7]建立了煤微波加热过程中电磁、传热传质的耦合数学模型，借此可引申出煤岩电磁场与温度场之间存在的耦合关系。张宇旭和王科[8]研究了冲击载荷下煤的电磁信号变化特征。王岗、潘一山等[9]研究了煤体在多种破坏类型下的电荷时-频域信号规律，细化了煤样破坏特征。肖钰哲等[10]对比分析了煤样破坏过程中的声电信号时序特征，结果表明煤样单轴加载破坏过程中，声电信号响应有较好的协同性，加载速率越大，主破坏时产生的声电信号越密集且强度越高。杨桢、李鑫等[11,12]研究了单轴加载下复合煤岩的电磁、电荷以及温度变化规律，并对模型进行力电耦合、力热电耦合，推导了应力-温度-电荷三者之间的耦合数学模型。艾迪昊等[13] 研究了在单轴压缩条件下煤体破裂过程中电磁场与裂纹变化之间的关系。文献［14］研究了复合煤岩损伤破裂面的红外辐射演化规律，揭示了复合煤岩卸荷损伤信息的时空演化规律。文献［15］通过室内试验和数值模拟，研究了煤岩复合材料在单轴压缩下的脆性破坏模式。文献［16］研究了不同加载条件下超声波信号在煤体中的传播规律，并根据此规律研制了煤岩变形破坏超声波测试系统。文献［17］研究分析了复合煤体的应力特性和力学特性，比较了复合煤体与软、硬煤体在变形破坏特征方面的异同，并考察了复合煤体在单向加载下的力学性质和变形破坏规律。文献［18］研究了高压脉冲水力压裂煤的裂纹形成机理、损伤特征和扩展规律，以评价煤岩体的破裂效果。文献［19］利用 PFC2D 软件对不同杨氏模量的复合煤岩模型进行了侧压力卸荷试验，研究了复合煤岩结构中储存能量的演化规律和煤块的冲击特性。文献［20］采用颗粒流程序建立了不同倾角的煤岩复合模型，分析了卸荷后的冲击失稳特性。文献［21］对含瓦斯煤砂岩组合试样进行了卸载围压试验（UCPs）和先卸载围压-再加载轴向应力试验（UCP-RAS）。结果表明在卸载条件下，煤砂岩复合材料的渗透率主要取决于岩石部分的裂缝变化。张艳博等[22] 利用红外辐射技术监测了巷道围岩红外辐射温度场的变化，验证了辐射温度场与巷道破坏特征具有良好的对应关系。Wang 等[23] 分析了深部矿井煤岩体温度场的特征及其控制因素，得到了渗流场与温度场间相互作用机理及裂隙网络几何参数对温度场的控制特征。Du、Wang[24] 的研究目的是提高对突出-岩爆耦合动力灾害机理的认识。杜园园等[25] 采用红外热成像技术和应变监测技术联合观测煤样单轴加载过程，分析了煤样损伤演化各个阶段其表面平均红外辐射温度（AIRT）和红外热像的响应特征，并尝试揭示煤样损伤演化过程中的红外辐射响应机制。Du 等[26] 利用 RLW-500G 三轴试验系统对含瓦斯煤、含瓦斯煤泥岩组合和含瓦斯煤砂岩组合进行了常规三轴压缩试验。

综上，目前针对复合煤岩在卸荷条件下的裂纹演化规律，电磁辐射、应力、红外辐射信号变化规律以及多物理场耦合机制的研究还较少。本书拟在岩石力学、热力学、损伤力学的基础上对复合煤岩加卸荷条件下的变化规律进行研究，深入探究复合煤岩在加卸荷条件下的应力场、红外辐射温度场、电磁场演化规律以及三者之间的耦合关系。

2.1 煤岩受载破裂的宏观与微观解释

电磁辐射是由于带电粒子变速运动产生的，电荷的分离是产生电磁辐射的前提条件。煤岩体在没受到外界扰动的情况下不显示电磁辐射现象，处于一种平衡的状态，但是当受到外界的扰动（受载、卸荷、变形等）时，这种平衡状态就会被打破，煤岩体中部分原有束缚电荷摆脱束缚势垒成为自由电荷，在此过程中电荷发生转移、运动从而导致电磁辐射现象出现[2]。

2.1.1 煤岩体受载破裂宏观机制

前人的实验研究结果表明，煤岩体存在大量孔隙裂缝，在受载过程中产生平行于轴向载荷方向的裂纹；随着不断加载，裂纹不断产生、扩展，相邻裂纹之间的煤岩体如承受不了轴向载荷，就会发生剪断或弯曲断裂，裂纹贯通，释放的载荷由相邻煤体来承担，直至所有的煤岩体断裂而破坏。当煤体中存在宏观肉眼可见的裂隙等缺陷时，宏观缺陷对煤体的变形及破裂产生很大的影响。实验条件下受载煤岩体的变形及破裂过程可能表现为，煤体骨架的压实、孔隙收缩、颗粒接触面积的增大，或是形成裂隙组、个别区域之间黏附性降低等，一般可分为以下四个阶段[27,28]。

（1）第一阶段：压实、压密阶段。煤岩体中含有大量的孔隙和裂隙，在外载荷作用下，这些孔隙、裂隙发生闭合。由于煤体的抗压强度相比岩石较小，裂隙壁面附近的煤样发生变形破裂，从而产生电磁辐射。

（2）第二阶段：线弹性变形阶段。从宏观上看，该阶段是线弹性的，应力-应变曲线是连续的。从前人电磁辐射的实验结果来看，煤岩体变形破裂产生的电磁辐射是阵发性的，不连续。只有当煤岩体中的变形能积累到一定程度，才会引起破裂，破裂时就会释放电磁辐射等能量。该阶段包含大部分的可逆变形和小部分的不可逆变形，卸载后大部分的变形会恢复，但仍有一小部分残余变形，即存在塑性变形。在煤岩材料中产生的许多残余变形现象（如挤压、压碎、块体的相互滑移等）已属于破坏范畴，可称为准塑性变形。因此，此阶段严格意义上来说不是线弹性变形阶段，可称为表观线弹性变形阶段。

（3）第三阶段：加速非弹性变形阶段。经过表观线弹性变形阶段后，煤体中已经形成了一定密度（或数目）的微裂纹，使煤体的承载能力降低。该阶段中煤岩体积累了足够的能量，变形开始加速，载荷上升缓慢，煤体中产生大量的微裂纹并汇合、贯通。该阶段声发射和电磁辐射事件数急剧增加。煤体的塑性越强，该阶段越明显。

（4）第四阶段：破裂及其发展阶段。该阶段中大的裂隙相互汇合、贯通，煤体失稳。破裂时刻电磁辐射强度最大，之后下降。

2.1.2 煤岩体受载破裂微观机制

从微观来看，煤岩体均是由原子和电子组成的。通常条件下，电子绕原子核高速旋转运动。一般情况下，应力还不足以使原子核发生破裂，改变煤岩体的化学结构，而只能使外围电子势能发生变化，从而引起原有电平衡态发生变化。因此必须研究煤岩变形破裂的过程及其微观机制[29]。

劳恩认为，裂纹扩展机理是分子键的依次断裂过程，关键的断裂过程主要限于裂纹顶端周围原子尺度的范围内。对由原子核和电子组成的理想周期性空间结构，按照量子力学方法，体系所有可能的定态都可以通过计算得到[27,28]。

对于理想周期结构的固体，可在空间选出一个最小体积 V（晶胞），使得空间任意给定点的状态都可以用晶胞相应点的状态来描述[28,29]。显然，晶胞总是某种正多面体，其选择原则是要使用在它的边界面 S 上满足局部对称的边界条件，即在 S 面上。

由量子力学可知，宇宙具有统计的性质，给定了体系的初始状态之后，只能确定它进一步发展的概率。对断裂力学来说，最感兴趣的是具有最低能量 E_0 的状态，因为体系在这个状态可保持任意长的时间。知道了函数 E_0，就可以得到对外界扰动反应的全部物理量，如变形抗力、强度等。煤岩受载或受到其他扰动时发生变形会改变固体晶胞的原子中电子的空间位置或坐标，使晶体势能改变，从而产生如变形、断裂以及伴随的声、电等多种物理现象[29-31]。

2.2 煤岩受载破裂各物理场演化基本理论

2.2.1 煤岩受载破裂过程电荷感应原理

2.2.1.1 摩擦起电的实质

自然界的物体都是由原子构成的。原子由原子核和核外电子共同构成。其中，原子核带正电，核外电子带负电并绕着原子核做运动。正常状态时，原子核带有的正电荷数等于核外电子带有的负电荷数，正负电性相抵使整个原子对外不显示电性，整个物体就是中性的。原子核内部所带有的正电荷数量通常改变起来很困难，但是原子核外的电子稳定性没有那么高，所以在很多情况下核外电子可能脱离原子核的束缚然后发生转移，核外电子的数量就会发生改变。物体如果失去了核外的电子，其剩下的带有负电荷的电子总数就会比原子核所带有的正电荷少，对外显示出正电的性质；相反，如果稳定的中性物体得到了带负电的电子，就会对外显示出负电的性质。当两个物体相互摩擦时，由于不同性质的物体对核外电子的束缚能力不同，肯定会有一个物体因为束缚能力相对较弱而失去一部分电子，而另一个物体得到对方的负性电子，这样一个物体带正电，另一个物体带负电。

煤岩体成分复杂且结构不均匀，所以破裂各部分对电子的束缚能力也不同。煤岩体受到外界压力变形破裂的过程中，岩石内部不同粒子相互摩擦带有电性。摩擦起电会导致电荷或偶电层不断增加，电荷聚集到一定的程度就会引发放电现象。煤岩材料是由许多不同的物质组成的，其中包括矿物颗粒、矿物质胶结物等。煤岩体受到外界压力后，矿物颗粒间与胶结物间因为外界作用力产生位移，位移引起摩擦，而摩擦导致自由电荷的转移。外界压力刚刚开始挤压煤岩初期，煤岩体物质细小微粒之间摩擦起电起主导作用；应力加载中期，裂缝两侧相互摩擦起电则是主要放电过程。

2.2.1.2 压电效应原理

1880 年，Pierre Curie 和 Jacques Curie 发现了电气石有压电效应。1881 年，他们进行实验研究后证实了逆压电效应，同时得到了正逆压电常数。压电效应是指，当压电材料受到外界压力作用时，会形成电位差。这种电位差也被称为正压电效应。当反方向对其施加电压力时，能够引起机械应力的产生，称为逆压电效应。具有压电效应的材料称为压电材料。压电材料有将机械能与电能进行相互转换的能力，利用这种转换能力，可以制作相关传感器，对电荷信号进行采集。压电材料不仅能够通过机械形变形成电场，同时能够受电场作用引发机械形变，所以压电材料在生产生活中发挥了重要作用。

2.2.1.3 电荷感应机理

煤岩体因为外力作用会形成电偶极子，而煤岩体受到外力发生突变就会产生瞬变电偶极子。因为煤层分布和地质结构的复杂性，所以煤岩材料往往是非均匀的，这也会导致应力的不均匀分布。煤岩体相邻物质颗粒之间会因为受到不均匀作用力发生形变，物质间的电平衡也会被破坏，因此物质内的自由电荷会发生移动，分别在物质两端聚集极性相反的电荷，形成电偶极子。外界压力不断变化，物质之间的作用力也随之不断变化，这就引起电偶极子不断变化，特别是煤岩体破裂的瞬间，电偶极子也发生突变，向外释放电信号。

煤岩体受到压力破裂而释放出电荷感应信号的现象，电偶极辐射起主导作用。因为煤岩体物质结构不同，受到的压力也不同，裂缝扩展的深度及方向都不可预测。

$$p(t)=q(t)l(t) \tag{2.1}$$

式中，$q(t)$ 为电偶极子存有的电量；$l(t)$ 为电荷之间的距离；$p(t)$ 为电偶极子的电矩。

把电偶极子存有的电量定为常数 q 不变，电荷之间的距离 l 随着时间的改变而改变，则电偶极子的电矩为

$$p(t)=ql(t)e_z \tag{2.2}$$

式中，$e_z=1.6\times10^{-19}$C。

煤岩体受到压力变形形成裂缝以及裂缝扩大相互摩擦的过程会释放电荷信号，电荷感应信号的聚集产生相应的感应电场。裂缝的出现为电容器的形成提供了有利场所，而煤岩体物质具有电容和分布感应，所以由裂缝形成的电容器受到压力产生振动的同时也会产生电荷感应信号。受载煤岩体破裂变形的过程中，裂缝由于外力在持续改变，因此产生的电荷信号是可以被获取的。

物理理论中，两个平行板之间电容值 C 为

$$C=\frac{\varepsilon_0\varepsilon_r S}{d} \tag{2.3}$$

式中，ε_r 为平行板之间电介质的相对介电常数；ε_0 为真空介电常数，取 8.85×10^{-12}F/m；d 为极板间距离，m；S 为极板的面积，m^2。

极板间聚集的能量为

$$W=\frac{q^2}{2C} \tag{2.4}$$

式中，q 为极板上的电量，C。

裂缝的存在相当于电容器，而裂缝两侧的煤岩体物质起到电阻的作用，所以裂缝和两侧的煤岩就形成了电阻与电容结构，其振荡过程就会向外辐射能量。煤岩体当中的裂缝因为压力变化时，两板间的电容量会随之发生改变。煤岩体物质的电阻率很高，裂缝扩大或者缩小的过程中会向外释放电能量，产生电荷感应信号。

2.2.2 煤岩受载破裂过程电磁辐射原理

2.2.2.1 受载煤岩破裂过程电磁辐射规律

许多研究者通过实验验证了煤矿井下发生的煤岩动力灾害原因，发现灾害是由物理理论、岩石力学等多种因素共同作用的结果。动力灾害发生的过程就是煤岩体通过一种方式聚集能量，然后又通过其他方式释放能量（例如弹性势能、光能、热能、声能、电磁辐射等）的持续过程。也就是说，整个煤岩动力灾害发生的过程就是多种能量消散的过程。大多数专家学者对于煤岩体破裂过程消散能量的观点是一致的。

通过大量的实验探究并分析实验数据，发现煤岩体在外界压力挤压下变形破裂时呈现出一些电磁辐射的规律。该规律总结为，煤岩体受到外界压力作用发生形变直至破裂的过程大致分为三个阶段。第一阶段为压密阶段，也就是煤岩体因为外界压力的不断增大空隙不断减小，材料质地密度变大的过程，此状态下的形变还只是轻微的，所以电磁辐射强度相对较弱。第二阶段为弹性阶段，随着外界压力进一步

增大，原本在煤岩体物质内部存在的细小裂缝会不断扩大，同时在压力的作用下也会伴随产生新的裂隙，这个阶段的电磁辐射强度相比第一阶段有显著提升。弹性阶段是煤岩体从受压到破裂的过渡阶段，在弹性阶段初期电磁辐射强度还是很微小的，这是因为裂隙还在持续不断地产生（宏观裂隙不断扩展，但微观的细小裂隙还处在萌芽阶段或者还未产生）。第三阶段为破坏阶段，外界压力继续增大，煤岩体各部分的宏观、微观裂隙显著增加，电磁辐射强度产生振荡效果并有明显的上升趋势。当压力增大到一定程度，煤岩体无法承受时，煤岩体主体断裂发生破裂。此时因为煤岩体的抵抗作用消失，电磁辐射强度和应力值会迅速下降。

2.2.2.2 受载煤岩破裂电磁辐射释放方式

若想获取煤岩体破裂变形时释放的电磁辐射信息来预警煤矿井下动力灾害，就要知道此过程中的电磁辐射规律以及能量释放的方式途径。电磁理论显示，理想的电介质中电磁波是以等幅的方式进行传播的，此外在传播过程中没有能量的损失。在均匀导电介质当中，电磁波的传播会因为其中自由电荷的影响产生电磁能量损耗。此时自由电荷受到电场的影响会做变速运动并产生传导电流，电磁能量的损耗也因此转化为焦耳热。对于电磁场中常见状态下的运动规律，麦克斯韦方程组可以给出很好的解答，同时，麦克斯韦方程组也有助于煤岩体破裂时电磁辐射释放途径的研究。为了使实验结果更清晰，需要假设煤岩体实验材料是均匀的、各向同性的。

当研究电磁波传播方式时，保留位移电流，再根据煤岩体的电导率 $\sigma \neq 0$，因此传导电流密度 $\vec{j} \neq 0$。煤岩体破裂时产生的电磁波不是单色波，通过傅里叶分析后可以转变成频率不相同的简谐波。假设电场强度为 $\vec{E}$，角频率为 $\vec{\omega}$，则麦克斯韦方程组的形式如下：

$$\begin{cases} \nabla \times \vec{H} = \sigma \vec{E} + i\varepsilon\omega\vec{E} \\ \nabla \times \vec{E} = -i\mu\omega\vec{H} \\ \nabla \cdot \vec{D} = \rho \\ \nabla \cdot \vec{B} = 0 \end{cases} \tag{2.5}$$

式中，$\vec{H}$ 为磁场强度；σ 为煤岩体的电导率；ε 为煤岩体的介电常数；ω 为电场角频率；μ 为煤体的磁导率；$\vec{D}$ 为电感矢量；$\vec{B}$ 为磁感应矢量；ρ 为煤体电荷密度，C/m^3。电导率范围约 $\sigma \geqslant 10^{-4}$ S/m。由于是在大地介质中，自由电荷会迅速消耗，因此 $\rho = 0$，则公式(2.5) 改为

$$\begin{cases}\nabla\times\vec{H}=\sigma\vec{E}+i\varepsilon\omega\vec{E}\\ \nabla\times\vec{H}=\varepsilon' i\omega\vec{E}\\ \varepsilon'=\varepsilon-i\dfrac{\sigma}{\omega}\end{cases} \tag{2.6}$$

式中，ε'为复介电常数。按照电场强度及磁场强度要求，亥姆霍兹方程为

$$\nabla^2\vec{E}+K'^2\vec{E}=0 \tag{2.7}$$

$$\nabla^2\vec{E}+K'^2\vec{H}=0 \tag{2.8}$$

式中，K'是复波数，

$$K'=\sqrt{\omega^2\varepsilon\mu\left(1-i\frac{\sigma}{\varepsilon\omega}\right)} \tag{2.9}$$

假设电磁波传播方向沿着正 z 方向，因此得到电场及磁场的亥姆霍兹方程为

$$\begin{cases}\vec{E}(z)=\vec{E}_0\mathrm{e}^{-bz}\mathrm{e}^{j(\omega t-ac)}\\ \vec{H}(z)=\vec{H}_0\mathrm{e}^{-bz}\mathrm{e}^{j(\omega t-ac)}\end{cases} \tag{2.10}$$

式中，b 为衰减常数，表示单位距离衰减；a 为相位常数；c 为单位距离滞后相位。从式(2.10) 中可看出，电磁波在导电介质中沿着传播方向的振幅是以指数形式衰减的。

所以通过相位常数 a 能够得到电磁波传播的相速度为

$$V_{\mathrm{a}}=\omega\sqrt{\frac{\mu}{2}\left[\sqrt{\varepsilon^2+\left(\frac{\sigma}{\omega}\right)}+\varepsilon\right]} \tag{2.11}$$

$$V_{\mathrm{a}}=\omega\sqrt{\frac{\mu}{2}\left[\sqrt{\varepsilon^2+\left(\frac{\sigma}{\omega}\right)}-\varepsilon\right]} \tag{2.12}$$

由式(2.11)、式(2.12) 可知，电磁波在煤岩体材料介质中传播时，与传播方向正向 z 的方向一致，当距离长度小于 $L=zb$ 时，$Lb=1$，则振幅变为原来值的 1/e：

$$L=\frac{1}{b}=\left\{\omega\sqrt{\frac{\mu}{2}\left[\sqrt{\varepsilon^2+\left(\frac{\sigma}{\omega}\right)}-\varepsilon\right]}\right\}^{1/2} \tag{2.13}$$

电磁波传输长度与多种参数有关，如介质的电阻率 ρ、磁导率 μ、介电常数 ε、煤矿井下的煤岩体材料含水比例、材料节理状态等各种复杂环境对电磁波传播均有相应影响。实验中可以将这些影响因子设定为某一值，除去铁磁性矿物的一些影响。煤岩体物质的磁导率大致等于真空情况下的磁导率，为 $\mu_0=4\pi\times10^{-7}\,\mathrm{H/m}$。对应介电常数范围为 4～13，此时煤岩体的介电常数 ε 可取 $35\times10^{-12}\sim115\times10^{-12}\,\mathrm{F/m}$。煤岩体的电阻率通常为 $10^2\sim10^3\,\Omega$。实际煤矿井下，在煤岩体破裂起

始阶段，电磁辐射信号的发生频率在 15～45kHz 范围内，因此在设计电磁辐射采集装置时设定拾取信号的频率范围为 1～800kHz。

2.2.3 煤岩受载破裂过程红外辐射原理

各种物质内部都会有一个初始的平衡状态，此时构成物质的分子、原子和电子时刻处于持续运动的状态。物质的正常状态是稳定的且带有一定能量，这些能量的大小一般用“能级”表示。常规的初始状态下，自然界中的物质总是会在基态状态下，也就是能量最低的能级。但是当外界有刺激或干扰影响到基态物质时，就会在干扰的同时把一部分能量传递给不断运动着的电子、原子或分子，接收到外来能量的电子、原子或分子改变了运动状态，处于激发态，即能量较高的能级。然而，电子、原子或分子不会一直停留在激发态，而是在短时间内又回到能量较低的能级中，在恢复的过程中释放从外界接收到的多余的能量。这一释放能量的方式并不唯一，通常以电磁波的方式发射出去。由现代量子论原理可知，物质从较高能级 E_1 回到较低能级 E_0 的过程中，向外发射电磁波的频率 ν 为：

$$\nu=\frac{E_1-E_0}{h} \tag{2.14}$$

式中，E 为能量；h 为普朗克常数，$h=6.260693\times10^{-34}\mathrm{J\cdot s}$。发射出来的能量单元为光子，表示为 $h\nu$。

由此可以看出，自然界中的物质都在向外辐射。不论多么微小的物体内部都含有数目庞大的原子或分子。物质中每一个分子或原子都会有不同的能级，从能级高的激发态跃迁到能级低的基态都会对外发射光子。实际情况下，大量光子累积在一起就成了发射出来的电磁波。但是发射光子的过程在各个原子或分子中是互相独立的，每个光子向外发射的时间点都是不同的，有先后顺序。同时，分子或者原子在空间中会任意取向，这也导致对外发射的光子是向着各个方向的。因此电磁场的振动也是任意取向。因为光子对外辐射有先有后，所以物质内部有的处于高能级有的处于低能级，这就造成了能量级的差别。综合多种影响因素，光子发射导致对外辐射的频率也不尽相同，相位和偏振都不是一定的，这种情况也称为非相干辐射。

17 世纪以来，很多物理学家经过实验证实，可见光、红外光、紫外光都具有波动的特质。这种性质表明光具有传播速度，它的波长是可以测量的特征参数。因为可见光具有不同的波长，导致它会显现出各种颜色。其中波长最短的是紫光，波长最长的是红光，而红外辐射的波长要比红光的波长更长，紫外光的波长要比紫光的波长更短。19 世纪，英国的物理学家 J. C. 麦克斯韦通过理论证实了电磁学规律，并提出了电磁波是可能存在的，电磁波的传播速度可以通过纯电学量计算得到。实际测量证明电磁波的传播速度与光速相同，所以可以猜想，电磁波就是光波。1887 年，德国科学家 H. R. 赫兹通过实验证实了这一猜想是正确的。

波长在 0.76～1000μm 范围的电磁波被称为红外线，可按波长长度分为近红外区、远红外区、极远红外区和中红外区 4 个区段。理论来说，大自然中凡是绝对温度高于 0K（－273℃）的物质都会辐射出波段范围不同的电磁波。对外辐射的形成是因为物体内部聚集的电子产生振荡。许多实际例子表明，当物质在不同温度的情况下，其对外产生的电磁辐射性质不尽相同，按照波长的分布状况及出射角度亦是不同。

2.3 复合煤岩受载破裂多物理场耦合路径

在煤岩动力灾害的发生过程中，存在多种物理学响应，涉及物性、电性参数变化，地球物理响应，力学过程和力学响应等，其研究领域也涉及灾害预防、地球物理勘探、岩土工程等。大量研究结果表明，在煤岩动力过程及动力灾害的发生过程中，伴随着能量的释放。这些能量的形式包括电磁辐射能、热能、弹性变形能、表面能等。

以冲击地压为例来说，从宏观上看，诱发冲击地压的因素有构造（断层、褶曲、相变等）、顶板破断、煤柱、采掘扰动等；从力源上看，诱发冲击地压的力源有应力、震动等；从载荷类型来看，诱发冲击地压的载荷包括取决于埋深、构造的静载和来自顶板破断、构造活化、煤柱失稳、放炮的动载；从发生过程来看，冲击地压分为瞬时性冲击和滞后性冲击。可见，诱发冲击地压的因素是多方面的，冲击地压机理具有复杂性。而现场广泛采用的监测技术都是基于单一物理量开发的，不能与冲击地压发生的复杂机理匹配。因此，仅监测某一物理量的变化规律，难以满足冲击地压预警要求。

所以目前采用的监测系统都是多物理量联合分析，同时采集多种不同的物理量，如利用电磁辐射系统与红外系统同时监测，然后根据结果综合分析。但这种综合考虑也是人为层面上的结合，就物理量而言，每种物理量的监测仍然是独立的，在分析响应机理时也是以单一物理量作为研究对象而进行的分析，并未考虑两种物理量之间是否相互影响。而在实际的生产生活中，物质的信号变化并不是如此地简单分立，任何一个物理信号的变化都要受到其他物理量的影响。比如，电磁辐射信号的变化受到应力变化的影响，应力的变化会导致温度的变化，而温度的变化也影响电磁辐射和应力的变化，三者是互相耦合的关系，并不是分离独立的几个物理量。在前人的分析中，往往认为温度对应力的耦合为弱耦合而忽略，不计入考虑范围，但根据我国煤炭行业现在的情况分析可知，煤炭开采深度越来越深，地热温度逐渐升高，由此带来的温度影响将变得越来越不可忽视，若一直忽略温度进行分析可能会造成越来越大的误差。不仅如此，当煤岩产生裂隙时，若是受到应力作用，断裂层之间将会产生摩擦；摩擦既能生热，也能生电，如此不仅导致电磁辐射的信号变强，温度也会有所升高；而升高的温度又会进一步影响电磁辐射信号强度，改变分子动能，影响材料力学特性，从而影响材料应力承载能力，三者耦合的关系便不可忽略。所以在探求原理模型时，我们应多方面考虑，尽量减小误差。虽然目前我们不能做到百分之百完全符合自然规律，但我们要尽可能地无限逼近客观存在。

近年来，在中国矿业大学王恩元、何学秋研究团队的不断努力下，不但模拟研究了煤岩电磁辐射的规律及影响因素，而且建立了煤岩电磁辐射的力电耦合模型及煤岩动力灾害的电磁辐射理论预警准则，电磁辐射研究取得了重大进步。另外，其还研究了煤岩电磁辐射强度与加载应力的耦合关系，建立了煤岩力电耦合模型，并进行了耦合模型的数值模拟。但在实际生产生活中，煤岩变形破裂的过程极其复杂，产生的能量也不只有电磁辐射这一种。国内外的许多研究都证明了，在受载变形的过程中，岩体的温度会产生变化。刘善军等[32] 研究了遥感岩石力学，分析了岩石在加载过程中产生红外辐射温度的影响因素和产生机理。徐子杰等[33] 研究了煤样红外辐射与冲击倾向性的关系，发现具有不同冲击倾向性的煤样，在失稳破坏前有不同的红外辐射前兆。在辽宁工程技术大学杨桢、李鑫[11,34] 等的实验研究中也有同样的发现，煤岩受载破裂的过程中存在着红外辐射，煤体在破裂前后有明显的温度变化。复合煤岩材料是一种各向异性、非均质的材料。不同的材料有不同的力学性质，即使是同一种材料，如果在不同应力状态下，其不仅热力耦合效应会不同，还会对材料的力学特性产生影响。因此要充分考虑温度场、电磁场、应力场三场相互影响、相互耦合的关系。

综上所述，受载煤岩体的破裂过程是一个多物理场耦合的过程。

2.4 本章小结

(1) 复合煤岩加卸荷过程中，宏观方面，煤岩体发生形变产生大量微破裂；微观方面，裂纹延伸扩展破裂，分子间化学键发生断裂重组，电荷变速运动引起红外辐射和电磁辐射的变化。基于广义胡克定律结合损伤力学公式推导复合煤岩卸荷状态下的应力场数学模型，结合摩擦生热、压电效应、电荷变速运动等理论，推导多物理场耦合模型。

(2) 根据仿真结果可知，卸围压的过程对温度场具有一定的影响，复合煤岩在开始卸围压时有一个短暂的过渡适应期，温度快速上升；煤体的电磁场强度与应力的变化趋于一致，在应力即将达到峰值时电磁辐射强度突增达到峰值；在煤体内部，电磁场强度由煤体中心向外逐渐升高，在煤体与空气的交界处达到最大值，并出现小幅度波动，随后呈指数衰减。

（3）研究表明，电磁辐射信号可大致分为小幅度波动、缓慢上升、快速达到峰值以及骤降四个过程；红外辐射温度在初期有所下降，卸围压点前后分别有两个升温点且后一个较高，随后逐渐降低；应力场、红外辐射温度场和电磁场变化趋势与仿真结果基本一致。

（4）煤岩受载电磁辐射频带很宽，不同的频带产生的机理均有差异，受载破裂宏、微观机制也比较复杂。应力诱导电偶极子、裂隙扩展和摩擦、摩擦热效应、压电效应等作用产生的分离电荷的变速运动、裂隙避免振荡 RC 回路的能量耗散、分离电荷的弛豫、高速粒子碰撞裂隙壁面产生的韧致辐射，震电效应产生双电层效，加上电子自旋主要贡献高频电磁辐射，压磁效应贡献低频电磁辐射等综合作用产生电磁辐射。

（5）应力在煤岩被开挖轴向上逐渐增大，分为四个典型阶段。复合煤岩受载破裂红外辐射主要来源于微观裂缝面的错动摩擦及煤岩颗粒的摩擦热效应和热弹效应。

本章主要介绍煤岩多参数监测系统三个测量指标（电荷感应信号、电磁辐射、红外辐射）的产生机理，详细论述各个信号的形成过程和理论基础，通过对信号产生过程的研究，探讨其测量原理，为多参数监测系统的硬件设计提供理论基础和方向。研究成果可为煤岩开采动力灾害有效预测预报提供理论基础和新方法。

参考文献 ▶▶

［1］ Cai M. Influence of stress path on tunnel excavation response-numerical tool selection and modeling strategy ［J］. Tunneling and Underground Space Technology，2008，23（6）：618-628.

［2］ Frid V，Vozoff K. Electromagnetic radiation induced by mining rockfailure ［J］. International Journal of Coal Geology，2005，64（1-2）：57-65.

［3］ 谢和平，高峰，鞠杨．深部岩体力学研究与探索［J］. 岩石力学与工程学报，2015，34（11）：2161-2178.

［4］ 潘一山，罗浩，李忠华，等．含瓦斯煤岩围压卸荷瓦斯渗流及电荷感应试验研究［J］. 岩石力学与工程学报，2015，34（4）：713-719.

［5］ 李建红．不同卸荷速率下岩石的声发射及损伤特性研究［J］. 矿业研究与开发，2018，38（1）：95-99.

［6］ 陆银龙，王连国，唐芙蓉，等．煤炭地下气化过程中温度-应力耦合作用下燃空区覆岩裂隙演化规律［J］. 煤炭学报，2012，37（8）：1292-1298.

［7］ Huang J X，Xu G，Hu G Z，et al. A coupled electromagnetic irradiation，heat and mass transfer model for microwave heating and its numerical simulation on coal ［J］. Fuel Processing Technology，2018，177：237-245.

[8] 张宇旭，王科．冲击载荷下煤体动力学性能及电磁信号变化特征研究［J］．煤矿安全，2019，50（7）：46-49.
[9] 王岗，潘一山，肖晓春．单轴加载煤体破坏特征与电荷规律研究及应用［J］．岩土力学，2019，40（5）：1823-1831.
[10] 肖钰哲，邱黎明，田向辉，等．煤受载破坏声电信号波形持续时间特征研究［J］．煤矿安全，2021，52（11）：63-68.
[11] 杨桢，齐庆杰，李鑫，等．复合煤岩受载破裂电磁辐射和红外辐射相关性试验研究［J］．安全与环境学报，2016，16（2）：103-107.
[12] 杨桢，苏小平，李鑫．复合煤岩变形破裂应力-电荷-温度耦合模型研究［J］．煤炭学报，2019，44（9）：2733-2740.
[13] 艾迪昊，李成武，赵越超，等．煤体静载破坏微震、电磁辐射及裂纹扩展特征研究［J］．岩土力学，2020，41（6）：1-9.
[14] Shi D P. Study on coal-rock damage under multiphase coupling [J]. Scientific Journal of Intelligent Systems Research，2020，2（12）.
[15] Gao F Q，Kang H P，Yang L. Experimental and numerical investigations on the failure processes and mechanisms of composite coal-rock specimens [J]. Scientific reports，2020，10（1）：13422.
[16] Liu X F，Wang X R，Wang E W，et al. Study on ultrasonic response to mechanical structure of coal under loading and unloading condition [J]. Shock and Vibration，2017：1-12.
[17] Tao Y，Li Z H，Cheng Z H，et al. Deformation and failure characteristics of composite coal mass [J]. Environmental Earth Sciences，2021，80（3）：1-9.
[18] Bao X K，Guo J Y，Liu Y，et al. Damage characteristics and laws of micro-crack of underwater electric pulse fracturing coal-rock mass [J]. Theoretical and Applied Fracture Mechanics，2021，111（5）：102853.
[19] Yin Y，Tan Y，Lu Y. Numerical research on energy evolution and burst behavior of unloading coal-rock composite structures [J]. Geotechnical and Geological Engineering，2019，37（1）：295-303.
[20] Tan Y L，Zhang Y B. Research on impact characteristics of inclined coal-rock composite body [C]. Kemerovo：8th Russian-Chinese Symposium on Coal in the 21st Century，2016.
[21] Wang K，Du F. Experimental investigation on mechanical behavior and permeability evolution in coal-rock combined body under unloading conditions [J]. Arabian Journal of Geosciences，2019，12（14）：1-15.
[22] 张艳博，杨震，姚旭龙，等．基于红外辐射时空演化的巷道岩爆实时预警方法实验研究［J］．采矿与安全工程学报，2018，35（2）：299-307.
[23] Wang S D，Hu W Y. Research on coal-rock mass temperature fields characteristics and control factors in deep mine [J]. Coal Science and Technology，2013，41（8）：18-21.
[24] Du F，Wang K. Unstable failure of gas-bearing coal-rock combination bodies：Insights from physical experiments and numerical simulations [J]. Process Safety and Environmental Protection，2019，129：264-279.
[25] 杜园园，孙海，马立强，等．煤损伤演化过程中的红外辐射响应特征［J］．煤炭科学技术，2022（9）：67-74.
[26] Du F，Wang K，Wang G，et al. Investigation of the acoustic emission characteristics during deformation and failure of gas-bearing coal-rock combined bodies [J]. Journal of Loss Prevention in the Process In-

dustries, 2018, 55, 253-266.

[27] 潘一山．煤与瓦斯突出-冲击地压复合动力灾害一体化研究［J］．煤炭学报，2016，41（1）：105-112.

[28] 王恩元，刘晓斐，何学秋，等．煤岩动力灾害声电协同监测技术及预警应用［J］．中国矿业大学学报，2018，47（5）：942-948.

[29] 张言．震电效应下平面波在流体和孔隙介质界面上的折反射［D］．长春：吉林大学，2014.

[30] 苏巍，刘财，陈晨．震电效应理论及其研究进展［J］．地球物理学进展，2006，21（2）：379-384.

[31] 石昆法．震电效应原理和初步实验结果［J］．地球物理学进展，2001，44（5）：720-727.

[32] 刘善军，吴立新，吴育华，等．受载岩石红外辐射的影响因素及机理分析［J］．矿山测量，2003（9）：67-68.

[33] 徐子杰，齐庆新，李宏艳，等．冲击倾向性煤体加载破坏的红外辐射特征研究［J］．中国安全科学学报，2013，23（10）：121-125.

[34] 李鑫，杨桢，代爽，邱彬，等．受载复合煤岩破裂表面红外辐射温度变化规律［J］．中国安全科学学报，2017，（1）：110-115.

第3章

复合煤岩受载破裂多参数监测装置与实验系统研究

3.1 煤岩受载破裂多参数监测系统结构

受载煤岩破裂变形多参数监测系统需要同时监测煤矿井下发生动力灾害时释放的电磁辐射信号、红外辐射信号和电荷感应信号，所以要采集的数据非常多，后续处理的过程也比较复杂。本课题研制了多参数信号监测系统，其总体框图如图3.1所示，试验设备示意图如图3.2所示。

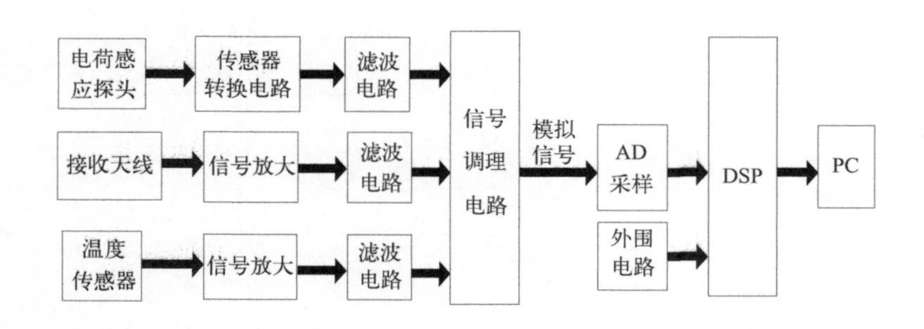

图3.1 多参数监测系统框图

加载系统由SANS万能试验压力机、计算机、控制柜构成，该压力机是单轴伺服加压的方式，最大载荷为300kN。电磁辐射信号检测装置为自主研发，由宽频环形天线、信号调理电路和数据采集处理电路构成，天线的信号采集范围为1Hz～1MHz。

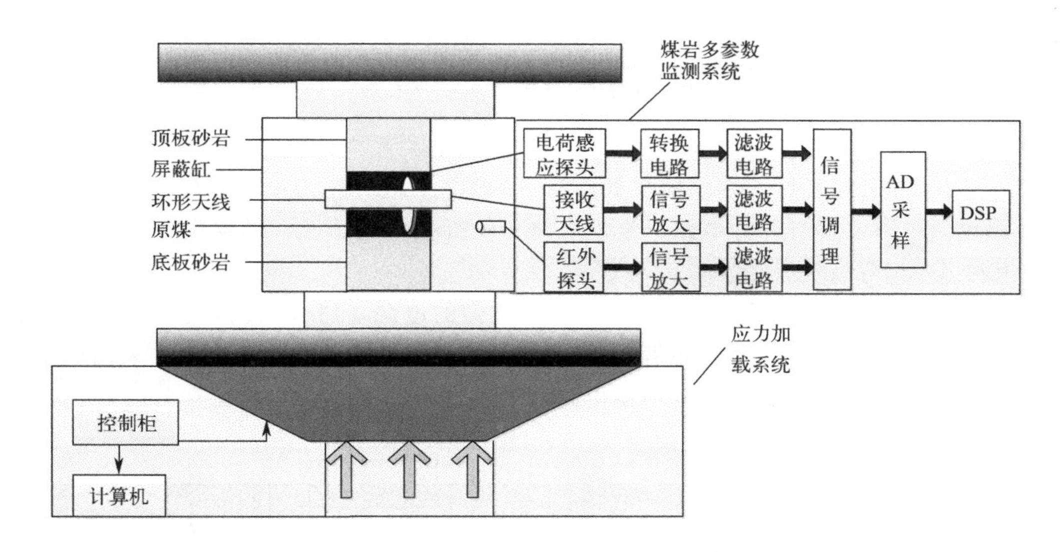

图 3.2　试验设备示意图

电荷仪为自主研发，电荷-电压转换比例为 80～100mV/pC。试验在自制的电磁屏蔽室里进行。现场测试试验如图 3.3 所示。

图 3.3　煤岩受载破裂试验系统

3.2 系统主控电路设计

选择 TI 公司生产的数字信号处理器 TMS320F2812 作为主控芯片，基本外围电路包括电源电路、时钟电路、复位电路、仿真接口电路、存储器电路[1]。主要外围电路如下：

TMS320F2812 正常工作不仅需要两种类型的电源［Flash 编程电压（3.3V）、处理器内核电压（1.8V）］，还需要模拟地和数字地（AGND、DGND）。采用低压差线性稳压芯片 SPX1117 搭建电源电路，如图 3.4 所示。

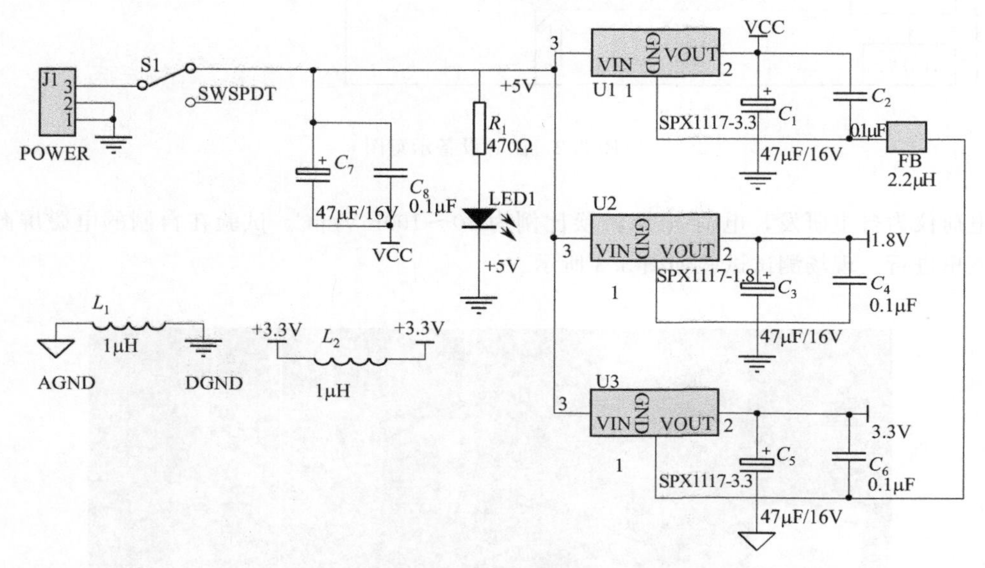

图 3.4 电源电路

数据处理过程需要大量的存储空间，但 TMS320F2812 的内部 SRAM 只有 36kB。为提供充足的存储空间，保证掉电后不丢失数据，存储设计中将系统 SRAM 外扩了 256kB×16bit。为了提高系统运行速度和烧写速度，外扩了 512kB×16bit 的 Flash。因此分别采用 IS61LV25616AL 和 SST39VF800。存储电路如图 3.5 所示。

信号调理电路如图 3.6 所示。煤岩体受载破裂变形时释放出多种物理信号，对其物理信号采集之前需要经过信号调理电路的处理。信号调理电路分为两级，都是由运放构成的。第一级是反向比例放大级，可将传感器检测到的信号成比例地放大或者缩小。第二级是加法电路，处理后的信号要满足 TMS320F2812 要求的电压范围（0.0～3.0V）。二极管 D1、D2 串联起来，起到限幅稳压的作用，以防过高的电压损坏 DSP 芯片。

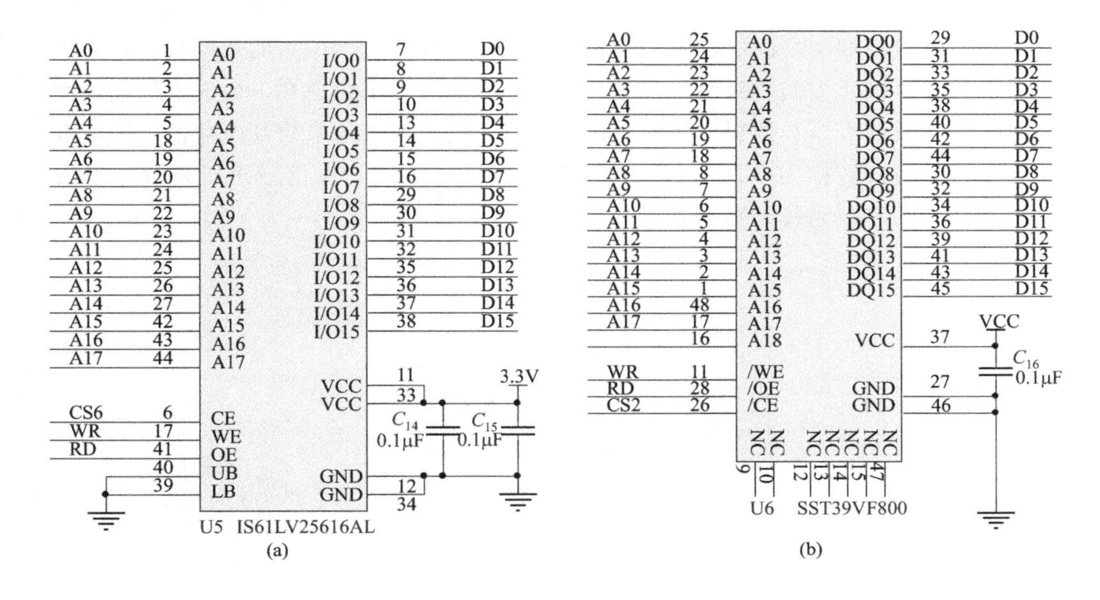

图 3.5　SRAM 和 Flash 电路

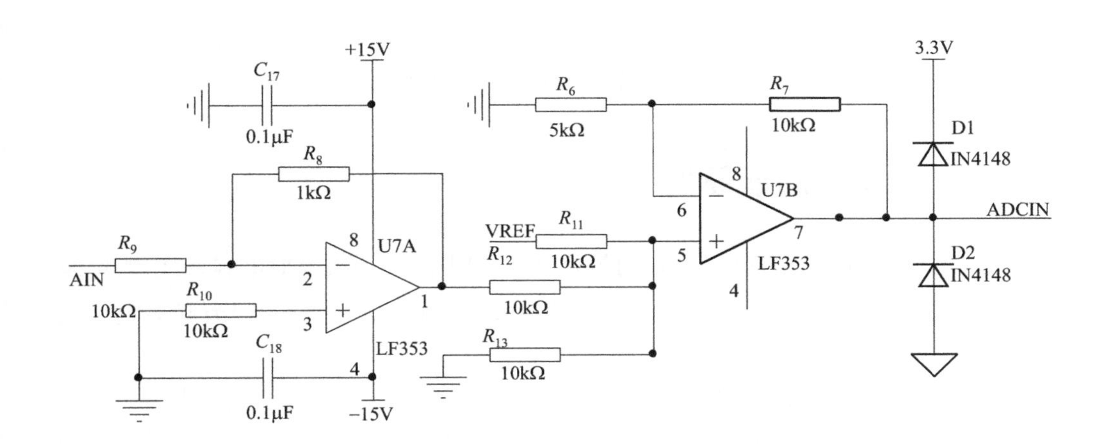

图 3.6　信号调理电路

3.3　电荷信号采集模块

电荷传感器检测的是物体的振动信号，电荷转换是其模拟检测的核心模块。压电采集振动信号的原理为压电效应。压电陶瓷传感器通过压电介质将机械能转化为电能来反映压电效应的强弱以及材料机电性能的耦合关系，同时反映了电场、电位移、应力和应变四者之间的联系。陶瓷应变片在电荷传感器探头的最前端，具有压电效应且具有极化方向，对此方向施加一定的作用力，电荷会在电极板上聚集，产生电位移的数值大概与两板之间的电荷量相等。陶瓷应变片采集到电荷信号后，电荷转换模块将其转换为电压信号，然后信号调理电路对电压信号进行调理，最后DSP对其进行AD采样和数据处理分析[1]，如图3.7所示。

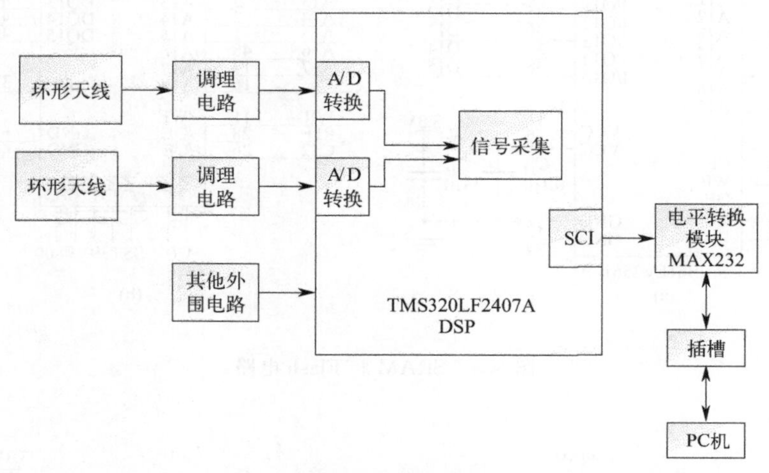

图 3.7　数据采集处理部分硬件框图

3.3.1 电荷传感器原理

图3.8为电荷传感器转换模块的等效电路。图中，C_a 为等效电容，R_a 为绝缘漏电阻，C_c 为连接电缆电容，R_i 为输入阻抗，C_i 为输入电容，R_f 为漏电阻，C_f 为反馈电容。

此模块为电容负反馈结构，对于直流工作点相当于断路，会引起电缆噪声，使传感器零漂过大，进而引起一定误差。因此在 R_f 阻值的选择上需选高阻值（约 $10^{10}\sim10^{14}\Omega$），以此降低零漂，提高传感器的工作稳定性并提供直流反馈。根据电路理论和等效电路图可推出电荷传感器的输出电压 U_0 为

$$U_0 \geqslant \frac{-j\omega AQ}{\left(\frac{1}{R_f}+j\omega C_f\right)(1+A)+\frac{1}{R_a}+\frac{1}{R_i}+j\omega(C_a+C_c+C_i)} \tag{3.1}$$

式中，A 是开环增益；ω 是电场角频率，rad/s。

由于实际电路中运算放大器开环增益 A 的数量级约为 $10^{10}\sim10^{14}$，因此可以将 $(1+A)C_f \gg C_a+C_c+C_i$ 中的 C_i、C_c、C_a 忽略不计。当 R_i、R_a、R_f 足够大

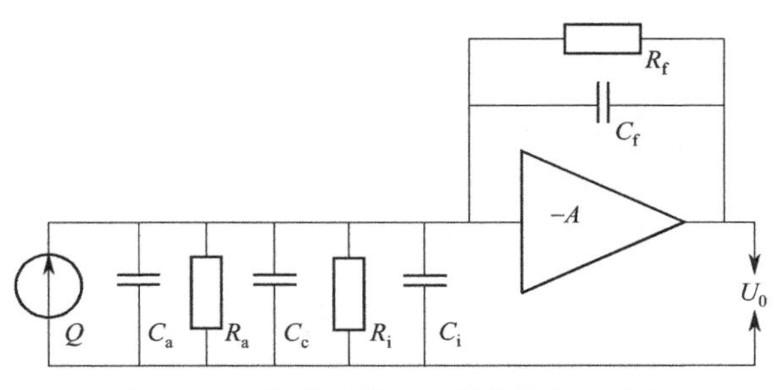

图 3.8 电荷传感器转换模块等效电路图

时，放大器的输出电压为

$$U_0=\frac{-AQ}{(1+A)C_f}\approx-\frac{Q}{C_f} \tag{3.2}$$

由上式可以看出电荷传感器的输出电压 U_0 与电缆电容 C_c 无关，与电荷量 Q 成正比。

在低频的情况下，$(1+A)/R_f$ 的比值与 $j\omega C_f$ 的值几乎相等，此时 $(1+A)/R_f$ 对输出电压 U_0 有一定的影响，根据复变函数理论可得到传感器的输出电压为

$$U_0=\frac{-\omega Q}{\sqrt{\left(\frac{1}{R_f}\right)^2+\omega^2C_f^2}} \tag{3.3}$$

由式(3.3) 得出当输入信号的频率 ω 逐渐减小时，$1/R_f$ 的值对输出电压 U_0 的影响逐渐增大。当 $1/R_f=C_f\omega$ 时，得式(3.4)。

$$U_0=-\frac{Q}{\sqrt{2}C_f} \tag{3.4}$$

输出电压 U_0 减小到式(3.3) 中 U_0 的 $1/\sqrt{2}$时的电压为截止频率点的输出电压，下降 3dB 增益时相应的下限截止频率是

$$f_L=\frac{1}{2\pi C_fR_f} \tag{3.5}$$

由上式可知，反馈电阻 R_f 和反馈电容 C_f 对传感器的下限截止频率均有影响。输出端的电压大小与反馈电容相关，为控制下限截止频率处于一个较低的水平，需要采用较高的反馈电阻，求出工作频带下限截止频率 f_L 后，由输出电压 U_0 来决定反馈电容 C_f 的大小。C_f 产生的噪声与反馈电阻 R_f 的大小成正比，在选择反馈电阻 R_f 的数值时需要考虑到增益与噪声之间的平衡关系。

3.3.2 传感器转换电路

前端探头、信号放大滤波电路、电荷信号采集模块构成了电荷转换模块。电荷

信号采集模块选用双运放高性能的 AD823 芯片，这款放大器将交流与直流的性能相结合且增益足够大，可以很好地处理电荷传感器采集到的微弱信号。电荷转换模块通过使用高输入阻抗、较大的开环增益来达到快速的响应能力去处理微弱的电荷感应信号。由于压电效应原理，需将转换电路的输入电阻设置无穷大，偏置电流设置无穷小。转换模块电路图如图 3.9 所示。

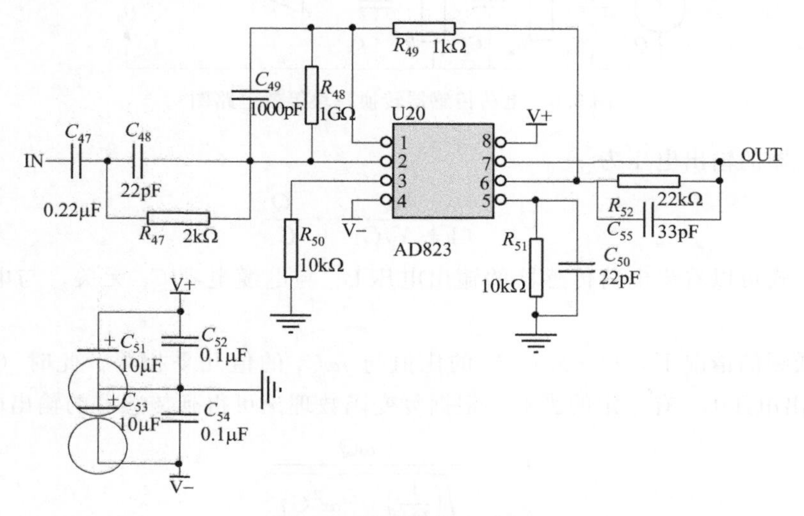

图 3.9　转换模块电路图

整个电路电源为±6V。电路的核心模块由运放 AD823 和 R_{48}、C_{49} 组成，可将电荷信号转换为电压信号。电阻 R_{47} 串接在反相端以减少电路中输入噪声的干扰。电阻 R_{49}、R_{52} 对传感器电压进行二级放大。R_{47} 和 C_{48} 并联后再和输入电容 C_{47} 串联以滤除电路中的零漂。电容 C_{51}、C_{52}、C_{53}、C_{54} 接在电源与信号地之间以减小电源对运放频率的干扰。为防止电路产生自激振荡 C_{55} 作为电容滞后补偿。反馈电容为 C_{49}。由式(3.2) 可知，反馈电容决定着电荷传感器输出端电压的大小和频率响应特性，影响着电荷传感器的稳定性，因此选择聚苯乙烯制作的电容作为反馈电容，选用 1000pF 以减少干扰。

3.3.3 滤波电路

滤波电路由巴特沃斯滤波器及 LF356 低噪声运放构成，可将外界环境以及硬件电路中的干扰和噪声信号滤除，得到更精确的信号，减少误差。滤波电路如图 3.10 所示。

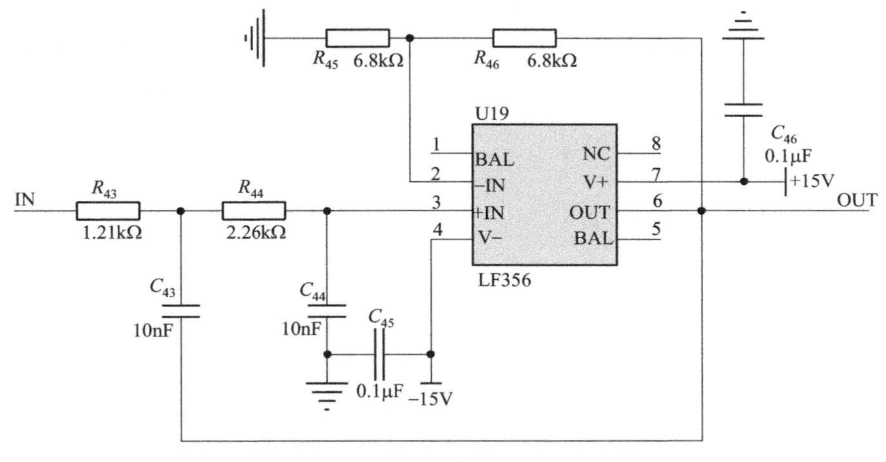

图 3.10 滤波电路

3.4 电磁辐射采集模块

煤岩在受载破裂时产生的电磁辐射信号频率并不集中，分布较广且微弱，经实验测量 500kHz 左右为其中低频段的主要集中频率。电磁信号在监测的过程中会受到其他用电设备以及通信设备的影响，所以电磁信号接收装置需选择抗干扰性好、稳定性高的设备。设计选用天线体积小、灵敏度高、导磁效果好、接收效率高、方向性好的磁棒制作天线，将两根磁棒相互正交可全方位接收电磁辐射信号。磁棒天线由磁棒、天线线圈、外接引线以及屏蔽构成。采用相互正交的两根相同结构的磁棒天线组合使用，不仅可以避免单根磁棒天线方向性差的缺点，同时还可以完全体现灵敏性高的特点。

3.4.1 电磁辐射信号接收天线电路

环形宽频天线由铜管、绝缘导线构成。为防止环境中电磁辐射信号的干扰，使用同轴电缆屏蔽线，同时在天线（平衡传输线）和电缆（不平衡传输线）之间加入平衡-不平衡转换器——巴伦（BALUN），把从振子流过电缆屏蔽层外皮的高频电流截断，减小信号的传输损耗。为了验证环形天线的接收范围，使用函数发生器、自发研制的铁氧体磁棒发射天线、环形天线与示波器等对环形天线频率的接收范围进行反复校验，最终得到环形天线的接收范围为 50～1000kHz，且接收效果较好。

用铜管制作宽频天线接收端，选用的紫铜管外径为 ϕ16mm，将其弯成外径为

ϕ80mm 的圆环，使用 ϕ4mm 绝缘导线对其进行缠绕。1Hz～1MHz 为环形宽频天线的接收频段。在电缆和平衡型天线之间放置巴伦（BALUN）以降低损耗，并且将振子流经屏蔽层的高频电流截断；利用同轴电缆屏蔽线来降低外部的电磁干扰。环形宽频天线如图 3.11 所示。

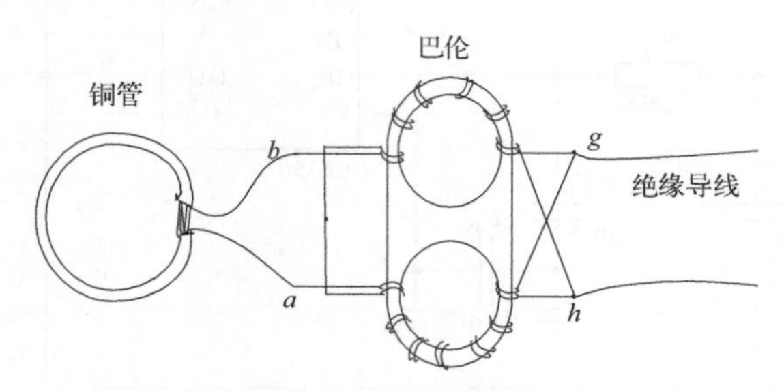

图 3.11 环形宽频天线示意图

全方向点频天线的制作是先用纱包线对两根直径 1cm、长 5cm 的磁棒进行缠绕，然后将纱包线与可调双联电容相连接；两组可调双联电容先分别与磁环 1、磁环 2 相互绕制，然后再与磁环 3 进行耦合。

全方向点频天线由被纱包线缠绕的磁棒、可调双联电容以及磁环构成。点频天线只针对特定频率，两级谐振可对同时衰减的非选择频率信号进行准确的选择。点频天线电路如图 3.12 所示。L_7 和 C_{56} 组成前级电路，C_{60}、微调电容和 L_8 组成后级电路。电路设计参数由公式(3.6)～公式(3.8) 确定。

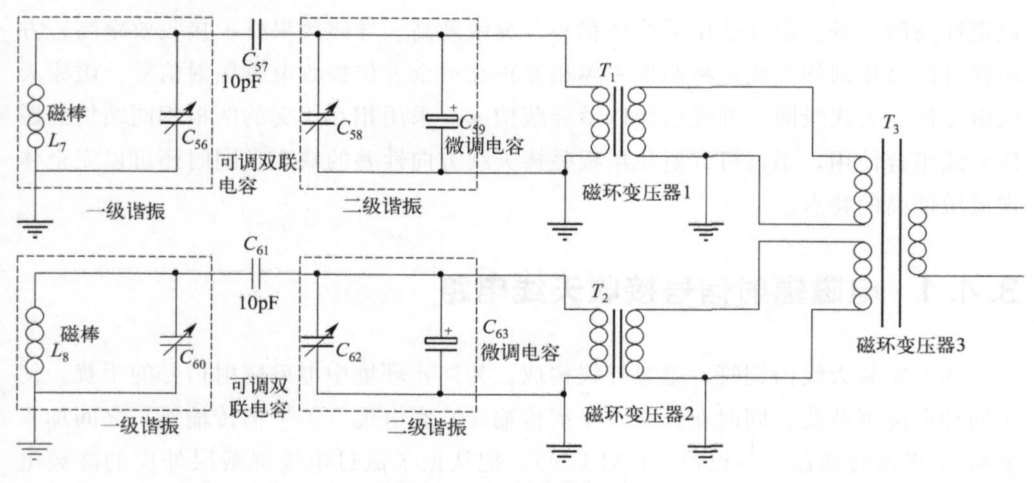

图 3.12 点频天线电路图

接收频率公式：

$$f=\frac{1}{2\pi\sqrt{LC}} \tag{3.6}$$

谐振电路谐振阻抗公式：

$$Z=\sqrt{\frac{L}{C}} \tag{3.7}$$

线圈电感的计算公式：

$$\begin{cases} L=N^2/\boldsymbol{R} \\ R=I/(\mu A) \\ \mu=\mu_r\mu_0 \end{cases} \tag{3.8}$$

式中，L 是磁环线圈电感；N 是磁环线圈匝数；Z 是阻抗；R 是磁环线圈电阻值；I 是磁环有效长度（有效周长）；A 是磁环有效截面积；μ 是磁环磁导率；μ_r 是磁环相对磁导率；μ_0 是真空磁导率，$\mu_0=4\pi\times10^{-7}$H/m。

实际现场情况下，天线设备应尽量远离机电设备、通信设备、电缆、照明设备等，以减少电磁干扰。同时天线轴心方向应与被测煤岩体的外表面相垂直，且间距应该低于 2m。

3.4.2 电磁辐射信号放大电路

信号放大电路由程控放大器和高速缓冲放大器级联组成。放大模块框图如图 3.13 所示。

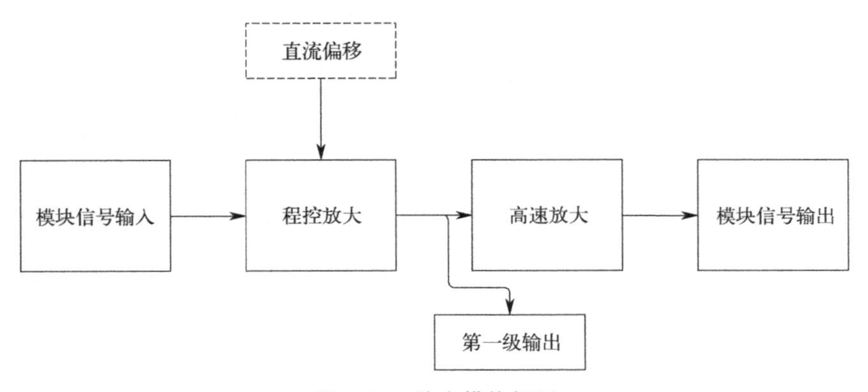

图 3.13　放大模块框图

采用 VCA810 芯片和 OPA820 芯片分别作为一级放大电路及二级放大电路的主控芯片。OPA820 放大器可以避免程控放大器在设置大增益时出现的振荡问题。OPA820 增益值本设计默认为 2 倍。VCA810 可实现 77dB（−46.5～46.5dB）的控制高线性增益，选用 50Ω 作为程控电路的阻抗匹配。电磁信号一级放大电路如图 3.14 所示。电磁信号二级放大电路如图 3.15 所示。二级放大电路用于消除一级电路产生的振荡，其放大方式为同相输入比例，电阻 R_{62} 和 R_{63} 之比决定电路增益的大小。

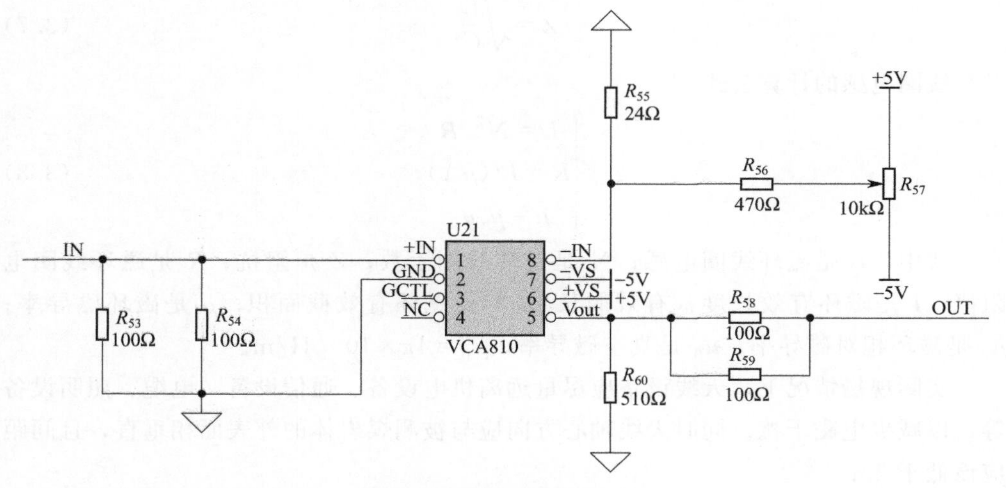

图 3.14　第一级放大电路

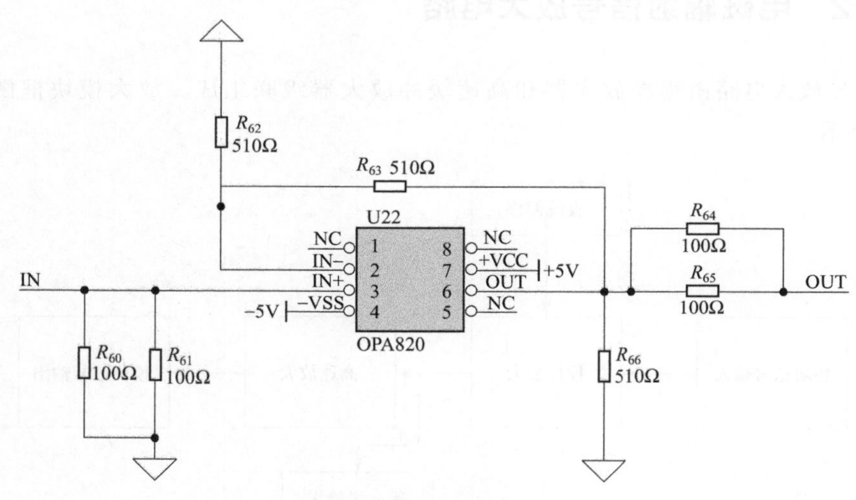

图 3.15　第二级放大电路

3.4.3 滤波电路

实际的信号采集情况下，因为外部干扰及环境变化等因素会影响电荷感应信号的采集，各种噪声信号与有用的信号混在一起无法分别，同时硬件电路中的元器件也会带来干扰。为此，要设计滤波环节对输出端信号进行进一步处理，设计滤波电路对其他干扰电磁信号进行滤除。

在放大电路前采用二阶 RC 高通滤波电路，主要作用是滤除环境中工频电磁辐射信号；在放大电路后采用七阶 LC 无源低通滤波电路滤除放大电路引入的高频噪声，经过反复测试，在通带 1kHz～16MHz 内，增益起伏很小，对信号的衰减不超过－1dB。图 3.16 为二阶滤波电路图，图 3.17 为七阶滤波电路图。

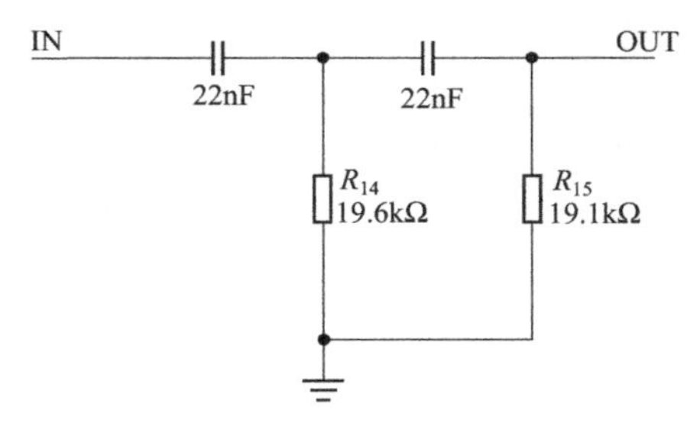

图 3.16　二阶滤波电路

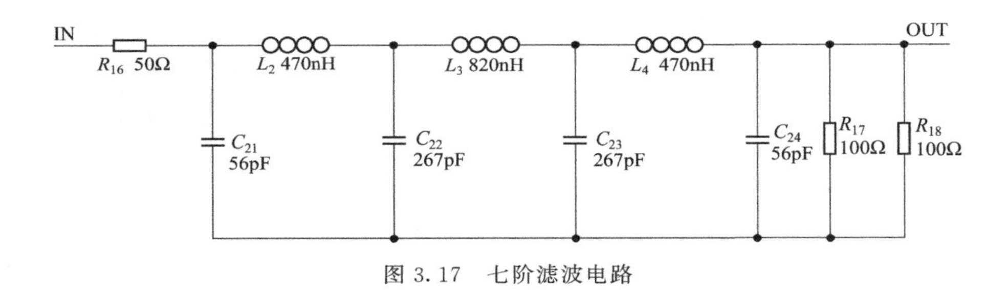

图 3.17　七阶滤波电路

3.4.4　信号去噪处理算法

杨桢等提出一种基于 AEEMD（改进经验模态分解）-IWT（改进小波阈值去噪）的岩体电磁辐射信号处理方法[2]，如图 3.18 所示。其步骤如下：

（1）接收的原始电磁辐射信号的时间序列为 $y(t)$，t 为时间，计算 $y(t)$ 的幅值标准差 σ_0。

（2）利用经验模态分解（empirical mode decomposition，EMD）算法将 $y(t)$ 分解成 n 阶从高频到低频的 IMF（intrinsic mode function，固有模态函数）分量 $\mathrm{imf}_1(t)$、$\mathrm{imf}_2(t)$、…、$\mathrm{imf}_k(t)$、…、$\mathrm{imf}_n(t)$和 1 个余项 Re（t），如公式(3.9) 所示，并从前述 n 阶 IMF 分量中提取有效高频成分。本实施方式是通过改变信噪比来获取最接近信号高频部分的 IMF 分量的。

$$y(t)=\sum_{i=1}^{n}\mathrm{imf}_i(t)+\mathrm{Re}(t) \tag{3.9}$$

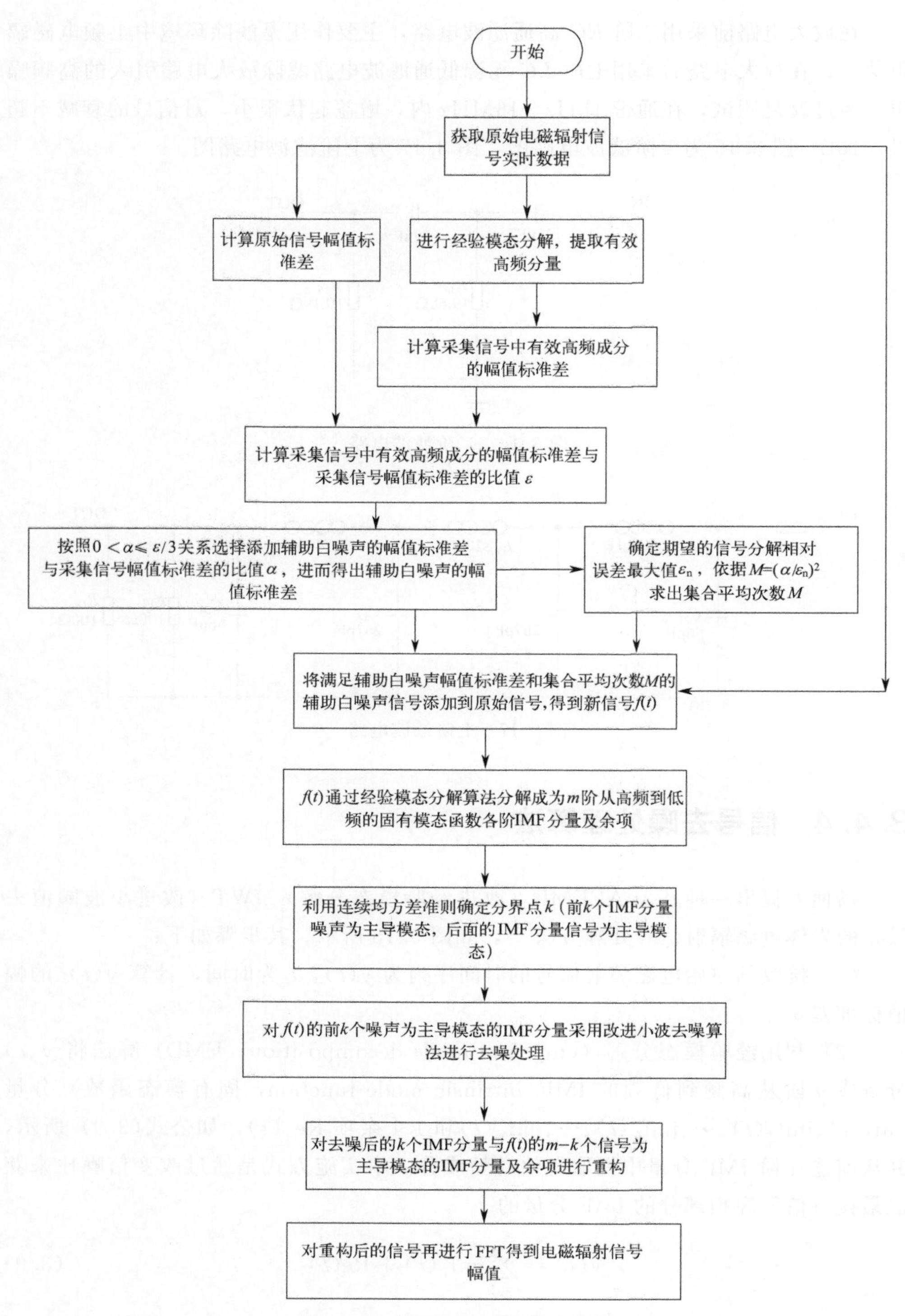

图 3.18　AEEMD-IWT 算法流程

式中，$\mathrm{imf}_i(t)$ 为 $y(t)$ 的第 i 阶固有模态函数分量，$i \in [1,n]$，代表分解的阶数，从小到大分别对应信号的低频到高频（1kHz～1GHz）；$\mathrm{Re}(t)$ 为残余信号。

(3) 计算 $y(t)$ 的 IMF 分量中有效高频成分的幅值标准差 σ_h。

(4) 按照公式(3.10) 计算 σ_h 与 σ_0 的比值 ε。

$$\varepsilon = \frac{\sigma_h}{\sigma_0} \tag{3.10}$$

(5) 首先按照公式(3.10) 选择预添加到 $y(t)$ 上的辅助白噪声信号的幅值标准差 σ_n 与 σ_0 的比值 α，然后由公式(3.12) 求出 σ_n。

$$0 < \alpha \leqslant \frac{\varepsilon}{3} \tag{3.11}$$

$$\alpha = \frac{\sigma_n}{\sigma_0} \tag{3.12}$$

(6) 根据需要达到的精度，确定期望的信号分解相对误差最大值 ε_n（一般取 0.01 左右）后，依据公式（3.13）求出集合平均次数 M。

$$M = \left(\frac{\alpha}{\varepsilon_n}\right)^2 \tag{3.13}$$

式中，ε_n 为原始电磁辐射信号 $y(t)$ 通过添加辅助白噪声后再次进行经验模态分解的最大相对误差；M 为预添加辅助白噪声信号的集合平均次数。

(7) 将满足幅值标准差 σ_n 和集合平均次数 M 条件的辅助白噪声信号添加到信号 $y(t)$ 中，得到新信号 $f(t)$。

(8) 利用 EMD 算法将信号 $f(t)$ 分解成 m 阶从高频到低频的 IMF 分量 $\mathrm{IMF}_1(t)$、$\mathrm{IMF}_2(t)$、…、$\mathrm{IMF}_k(t)$、…、$\mathrm{IMF}_m(t)$和余项 $\mathrm{Re}'(t)$，如式(3.14) 所示。

$$f(t) = \sum_{i=1}^{m} \mathrm{IMF}_i(t) + \mathrm{Re}'(t) \tag{3.14}$$

式中，$\mathrm{IMF}_i(t)$ 为 $f(t)$ 的第 i 阶固有模态函数分量，$i \in [1,m]$，代表分解的阶数，从小到大分别对应信号的低频到高频（1kHz～1GHz）；$\mathrm{Re}'(t)$ 为残余信号。

(9) 根据连续均方差准则确定分界点 k，将信号 $f(t)$ 所分解的从高频到低频的 m 阶 IMF 分量划分为两部分（以噪声为主导模态的前 k 个 IMF 分量部分和以信号为主导模态的后 $m-k$ 个 IMF 分量部分）。

$$k = \underset{1 \leqslant k \leqslant m-1}{\arg\min}\left[\mathrm{CMSE}(f(t))\right] + 1 \tag{3.15}$$

式中，$\mathrm{CMSE}(f(t)) = \frac{1}{M'}\sum_{i=1}^{M'}\left[\tilde{f}_k(t_i) - \tilde{f}_{k+1}(t_i)\right]^2 = \frac{1}{M'}\sum_{i=1}^{M'}\left[\mathrm{IMF}_k(t_i)\right]^2$，$k = 1,2,3,\cdots,m-1$，$\tilde{f}_k(t) = \sum_{j=k}^{m}\mathrm{IMF}_j(t) + R_m(t)$，$k=1,2,\cdots,m$，$\mathrm{IMF}_j(t)$ 为固有模态函数，t_i 为离散时间，M' 为信号的长度。

(10) 利用式(3.16) 所示的 IWT (改进小波阈值去噪) 算法在主要模式为噪声的情况下对信号 $f(t)$ 的前 k 个 IMF 分量进行去噪处理可得到式(3.17) 所示的去噪后以噪声为主导模态分量的 IMF 重构信号 $f'_k(t)$。

$$\mathrm{IMF}'_i(t)=\begin{cases}\mathrm{sgn}(\mathrm{IMF}_i(t))[|\mathrm{IMF}_i(t)|-qT\mathrm{e}^{(1-q)(T-|\mathrm{IMF}_i(t)|)}|\mathrm{IMF}_i(t)|\geqslant T\\ 0\quad |\mathrm{IMF}_i(t)|<T(i=1,2,3,\cdots,k)\end{cases}\tag{3.16}$$

式中，q 为调整因子；第 i 个分量 $\mathrm{IMF}_i(t)$ 的阈值 $T=\sigma_j\sqrt{2\ln N'}$，N' 为 $\mathrm{IMF}_i(t)$ 信号长度，σ_j 为 $\mathrm{IMF}_i(t)$ 所含噪声的标准方差。

$$f'_k(t)=\sum_{i=1}^{k}\mathrm{IMF}'_i(t)\tag{3.17}$$

$f'_k(t)$ 为信号 $f(t)$ 前 k 个以噪声为主导模态的 IMF 分量 $\mathrm{IMF}_i(t)$ 采用改进小波阈值去噪算法处理后的 IMF 重构信号。

(11) 将得到的去噪后以噪声为主导模态的前 k 个 IMF 分量的重构信号 $f'_k(t)$ 与信号 $f(t)$ 的以信号为主导模态的后 $m-k$ 个 IMF 分量及余项进行重构，即将 $f'_k(t)$与 $\mathrm{IMF}_{k+1}(t)$、…、$\mathrm{IMF}_m(t)$、$R_m(t)$进行信号重构，得出最终重构信号$f''(t)$，如式(3.18) 所示。

$$f''(t)=f'_k(t)+\sum_{i=k+1}^{m}\mathrm{IMF}_i(t)+R_m(t)\tag{3.18}$$

式中，$f''(t)$ 为基于自适应集合经验模态分解与改进小波阈值去噪算法对原始电磁辐射信号 $y(t)$ 进行去噪处理后的重构信号。

(12) 对重构后的信号再进行快速傅里叶分频 (fast Fourier transformation，FFT)，得到 1kHz～1MHz 范围内所要重点监测的不同频率点 (如 5kHz、100kHz、200Hz 等) 的电磁辐射信号幅值及全频段 (1kHz～1GHz) 不同时间点的电磁辐射信号幅值。

最终，不同时段的电磁辐射信号幅值及不同频率点的电磁辐射信号幅值数据均显示在显示电路上，作为预测参考，实时监测。

3.5 红外辐射温度采集模块

所有的物体都会发射红外线 (IR)，红外线的强度随物体的温度而变化。因材料和属性的不同，发射的红外线波长约在 1～20μm 范围内。红外辐射 (热辐射) 的强度与材料有关。对于许多物质来说，与材料相关的常数是已知的。该常数被称为“发射率值”。

红外测温仪是一个光-电传感器，能够检测到“热辐射”。红外测温仪由一个透镜、一个光谱过滤器、一个传感器和一个电信号处理单元组成。光谱过滤器是为了选择探测器感兴趣的波长。传感器是将红外辐射转变为电信号。后面连接的电路部分对电信号进行处理以用于未来的分析。红外辐射的强度用于判断目标的温度。辐射强度由材料决定，适合的发射率可以通过探头选择。红外测温仪的最大优势是无需接触物体即可测量其温度，因此能够方便测量移动或难以触及的目标的温度。

红外测温仪大体结构主要包括温度传感器、信号放大模块、信号滤波等。受载煤岩破裂时表面具有一定温度变化而对外发出红外辐射，在线温度传感器将拾取到的红外辐射转化为电信号，放大模块对信号进行放大。红外温度采集系统采用红外探头检测试样表面温度变化。为防止破裂的试样有碎片飞出，损害红外探头，因此用泡沫包裹作保护，并不影响采集实验数据的准确性。

根据上述，红外辐射探测装置采用德国 NT 型红外测温仪，温度灵敏度为 0.025℃，响应时间最快可达到 1ms，如图 3.19 所示。

图 3.19　红外测温探头

红外辐射信号通过两级放大电路后，会产生较大的宽带噪声，所以在两级放大电路后加一个带通滤波器以减少宽带噪声，提高信号的信噪比。根据测温系统的需要，利用集成运放 OP07 设计二阶 RC 的巴特沃斯型带通滤波器来减少宽带噪声。电路如图 3.20 所示。

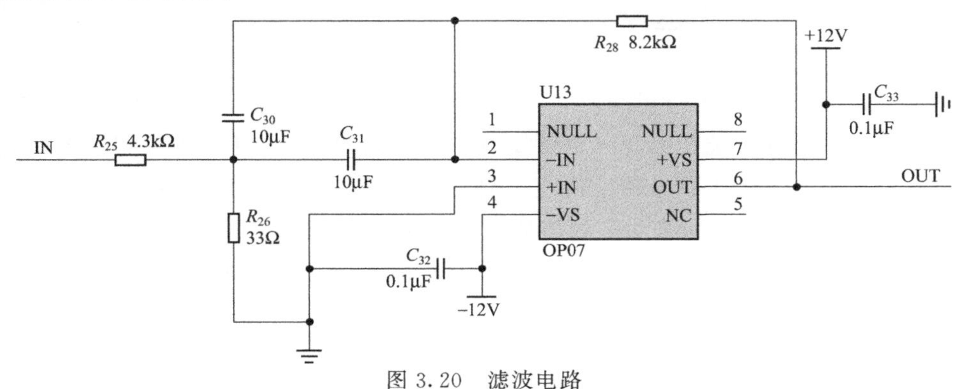

图 3.20　滤波电路

3.6 受载煤岩破裂多参数监测系统软件设计

3.6.1 程序总体流程图

煤岩多参数监测系统程序总体流程图如图 3.21 所示。首先对整个系统进行初始化，然后判断通过 RS485 总线通信是否发出命令，最后判断多种信号采集指令是否接收到。当各种信号采集模块完成信息采集后输入给 A/D 模块，转换后的数据传输到 DSP 中经过改进小波算法处理后输出到上位机界面。

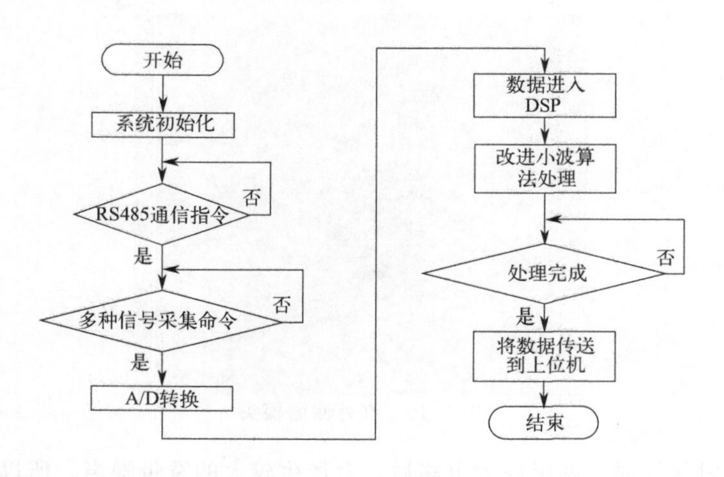

图 3.21 煤岩多参数监测系统程序总体流程图

3.6.2 A/D 采样程序设计

监测系统使用 TMS320F2812 内置的 ADC 模块对各种信号进行采集，采样程序设计第一步是将系统初始化，清除寄存器，然后对内置 ADC 模块程序初始化。完成后打开中断并选择数据转换通道，启动 AD 转换程序开始对各种参数进行采样。中断服务子程序将所采集到的值从结果寄存器中读取到定义数组中，读取数据结束后将 ADC 的序列发生器复位并清除中断标志位，准备再一次采集。多参数 AD 采样程序流程如图 3.22 所示。

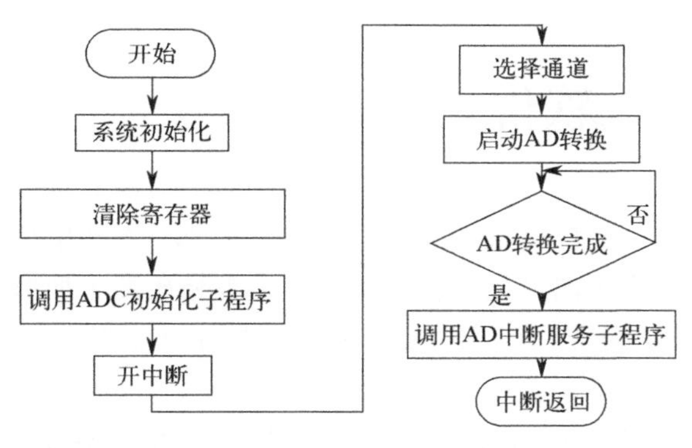

图 3.22 AD 模块程序流程图

3.6.3 通信软件设计

TMS320F2812 的内部自带有两个同样的 SCI 模块。这两个 SCI 模块各自带有一个接收器和一个发送器，而且各自具有独立的使能位及独立的中断位，能够在半双工通信或全双工通信中同时进行操作。设计采用串行异步通信的方式，PC 机通过 RS232/RS485 集线转换器与 RS485 相连接，RS485 与 DSP 连接。当 DSP 内部的 SCI 模块接收到来自 PC 的命令帧的同时会向 DSP 发出中断请求，DSP 接收到请求后给予回应，根据中断服务程序发送的命令要求，把相应的数据传送给 PC 机，数据传送完毕后重新返回到主程序，使 DSP 和串口能够并行工作。通信软件部分设计流程如图 3.23 所示。

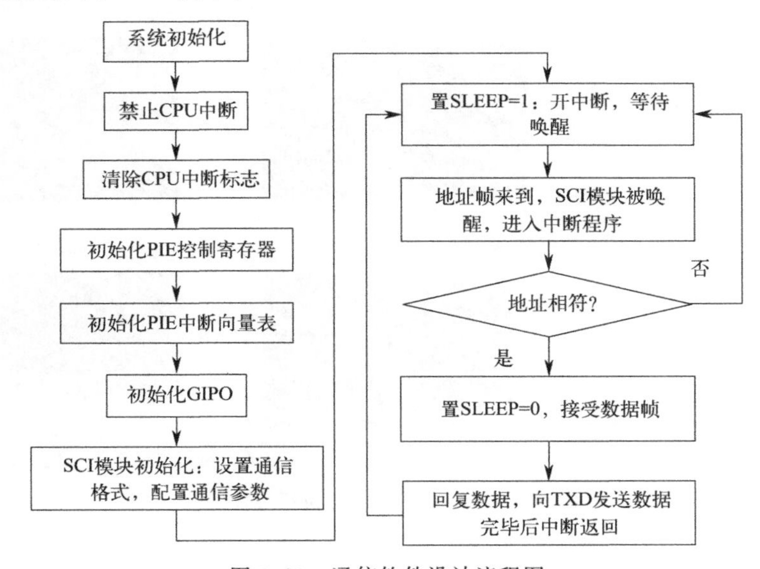

图 3.23 通信软件设计流程图

3.7 上位机软件设计

采用 LabVIEW 对上位机进行设计。该软件由 NI 公司开发，用于数据采集及仪器控制。其编程语言为图形化语言，与文本语言相比要更加形象，可提高工作效率。LabVIEW 具有大量 VI 库、仪器素材库和设备驱动程序，为方便用户对断点进行设置附带程序开发工具箱[3,4]。

DSP 先进行初始化后再开始运行程序，当 DSP 接收到上位机发送的采集指令后对 ADC 数据总线上的数据进行存储，然后将数据传给上位机，进行波形显示。

3.7.1 监测系统用户界面

煤岩多参数监测系统的上位机界面，主要完成对采集到的各种信号的操作、信号波形显示、数据存储等。图 3.24 为监测系统前面板的操作面板。点击“开始”即可启动上位机，串口发送数据，依次进行读取环节、转化数据，最后显示出波形；如果出现错误，工作状态指示灯会发生变化。按下“保存”按钮即可对数据进行保存。

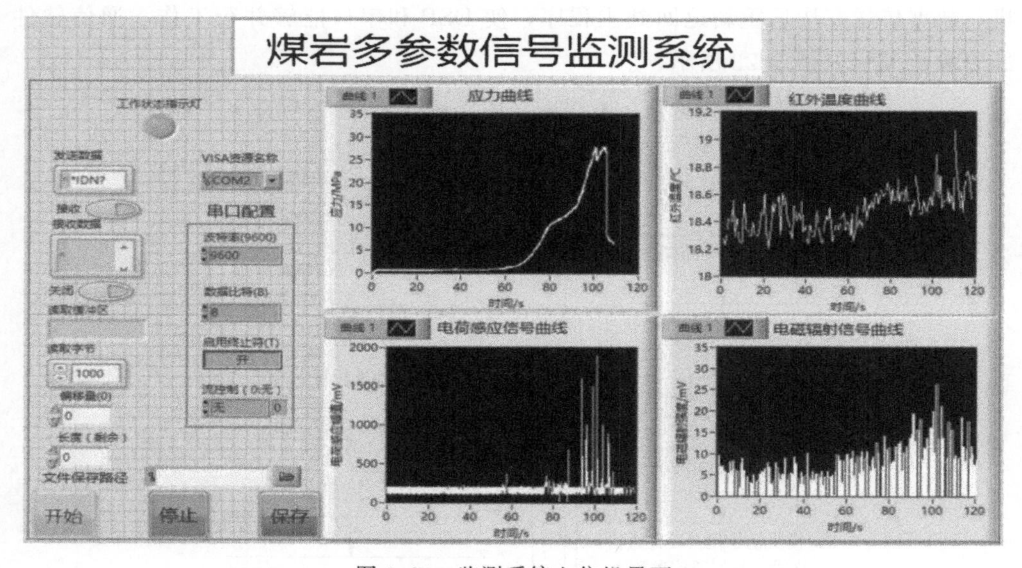

图 3.24 监测系统上位机界面

3.7.2 软件流程

本书设计的信号处理系统可实现数据的传输，当系统接收到数据后直接在界面进行波形显示，这些波形均是通过串口通信实现。串口通信程序流程如图 3.25 所示。

LabVIEW 设计时，串口通信步骤如下：串口初始化、读写串口、关闭串口。配置串口时，PC 端串口名称与 VISA 的资源名相同。波特率设置为 9600bit/s，数据比特用来表示每一帧信息中占用的位数。设计停止位为 1 位，设定终止符号表示一帧数据的结束。整个系统的程序是在 while 循环中进行的，按下“停止”按钮即结束程序，停止循环。上位机软件程序如图 3.26 所示。

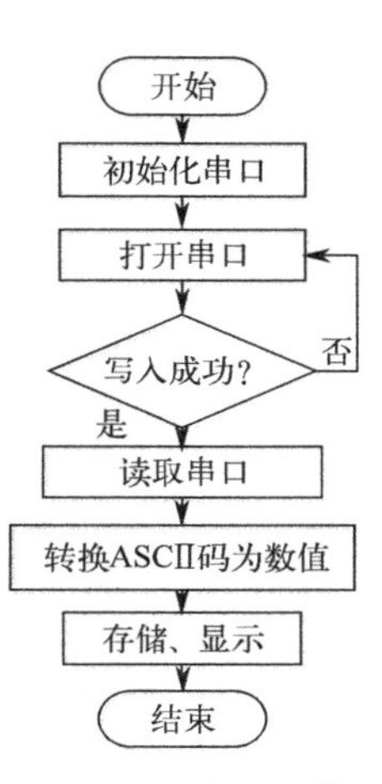

图 3.25 串口通信流程图

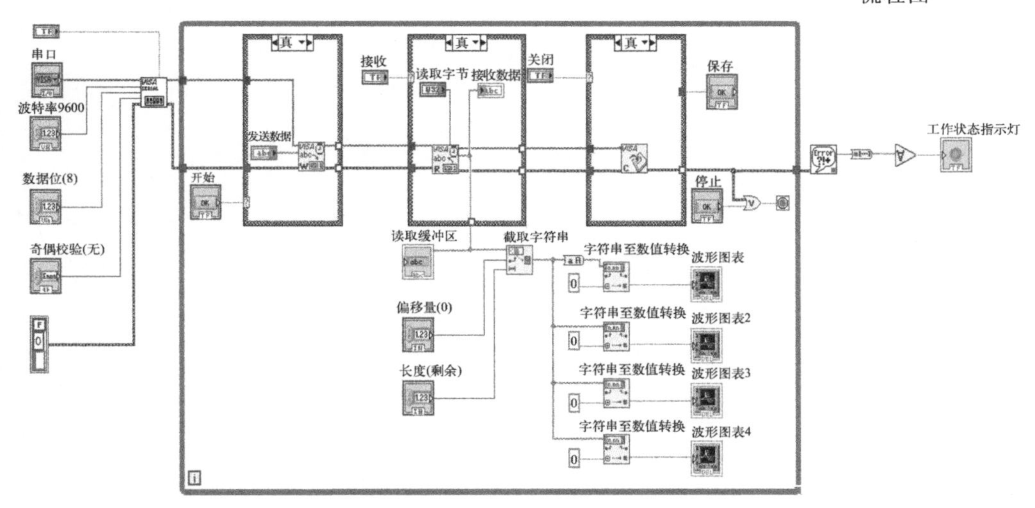

图 3.26 上位机界面软件程序

3.8 本章小结

本章详细介绍了复合煤岩多参数采集系统的硬件部分及上位机设计，试验系统为单轴加载系统，包括电磁辐射采集电路、电荷信号采集电路、红外温度采集电路，加载过程中需要采集的物理量包括电磁辐射强度、电磁辐射脉冲数、红外辐射温度、应力、应变。因为采集的对象为复合煤岩，所以部分信号采集为多点采集，如采集红外辐射温度信号，需要采集以顶板岩、煤体、底板岩三者为对象的信号变化进行研究。本章还介绍了上位机界面 LabVIEW 的搭建过程及主要功能，因此试验搭建平台要适应多方面需求。

参考文献

［1］ 杨桢，辛元，李鑫，等．受载煤岩破裂电荷传感器系统设计［J］．仪表技术与传感器，2018（3）：19-22.

［2］ 杨桢，李艳，李鑫，等．改进小波变换的煤岩电磁辐射信号去噪方法［J］．辽宁工程技术大学学报（自然科学版），2015，34（3）：410-413.

［3］ 杨晓峰，李要乾，郑琼林，等．基于 DSP＋FPGA 的模块化多电平换流器 PWM 脉冲方案对比［J］．北京交通大学学报，2015，39（5）：62-68.

［4］ 杨乐平，李海涛，杨磊．LabVIEW 程序设计与应用［M］．北京：电子工业出版社，2005.

第4章 复合煤岩受载破裂应力-电荷-红外辐射耦合模型研究

国内外相关学者对岩石破裂产生的电磁、电荷感应、红外等信号变化进行了大量的理论及实验研究[1-6]。中国矿业大学何学秋、王恩元团队深入研究了煤岩电磁辐射机理，并建立了力-电耦合模型[5]。刘纪坤[7]通过对原、型煤的加载破裂实验，研究了电磁辐射在不同破裂阶段的前兆变化特征。潘一山等[8]研究了电荷感应信号在工作面巷道处于不同类型动力灾害孕育过程中的变化规律。王岗等[9]以煤为试样，采用不同剪切角的破坏模式对其力学性质的改变进行了试验，并对其在不同剪应力条件下的电荷感应进行了分析。郑文红等[10]针对原煤试样进行三轴加载破裂试验，研究了试样相邻侧面电荷感应信号变化特征，并进行傅里叶变换，研究了电荷感应信号频域变化特征。李鑫等[11]研究了复合煤岩受载变形直至破裂过程中表面红外辐射温度的演化变化特征。马立强等[12]通过对煤岩加载应力与表面红外辐射之间的关系进行量化，提出了方差突变系数新指标。杨桢等[13]研究了复合煤岩受载破裂产生的电磁、红外辐射及温度变化规律，建立了受载复合煤岩破裂应力、电磁辐射、温度的耦合模型（stress-electricity-thermal，SET）。

前人较深入地研究了煤岩体受载变形破裂产生电磁、电荷感应、红外辐射的特征及规律。电荷分离是电磁辐射产生的前提与基础。煤矿开采现场对电磁辐射的测量会受到大功率机电设备的强电磁干扰，准确性有待进一步提高[14]，而对岩体表面电荷感应信号的检测受外界的干扰要小很多。在煤矿开采现场，煤岩体多为由煤体、顶板、底板组成的复合煤岩层，应力状态较单一煤巷复杂。课题前期研究成果初步建立了复合煤岩破裂SET耦合模型。目前，对复合煤岩受载破裂过程中电磁辐射、电荷感应两者内在联系的研究尚未见报道。因此笔者针对受载复合煤岩体在破裂失稳过程中电磁辐射、电荷感应两种信号的前兆变化规律进行研究，深入研究煤岩应力、电荷、温度三者的耦合关系。

4.1 受载复合煤岩变形破裂试验设计

4.1.1 试样制备

试验样品来自大同忻州窑矿，该煤层为典型煤岩动力灾害的煤层，采集顶、底板岩石样品，并对样品进行处理，把顶板砂岩、煤样、底板砂岩按高度 1∶1∶1 的比例黏结成直径为 50mm、高为 100mm 的圆柱体复合煤岩试样，如图 4.1 所示。共制作 12 个试样，分为 3 组，采用 3 种不同加载速率进行试验。加载速率及对应试样分组为：0.1mm/min(f_1～f_4)、0.3mm/min(f_5～f_8)、1mm/min(f_9～f_{12})。

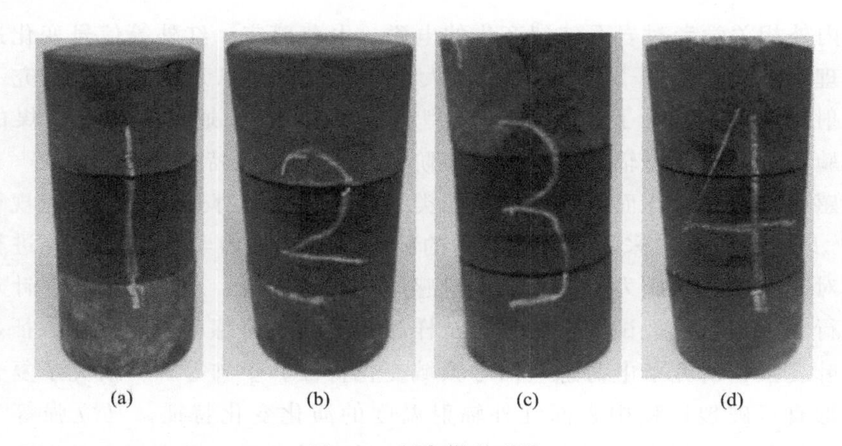

图 4.1 复合煤岩试样

4.1.2 试验系统

试验加载系统由 SANS 万能试验压力机（最大载荷为 300kN）、计算机、控制柜及数据采集系统构成。自主研制的电磁辐射采集系统采集范围为 1kHz～1MHz。自主研制的电荷仪电荷-电压转换比例为 80～100mV/pC。采用 ThermoView TM Pi20 红外热成像仪检测煤岩表面温度，灵敏度为 0.03℃。试验在自制的电磁屏蔽室里进行。试验设备如图 4.2(a)、(b)所示。

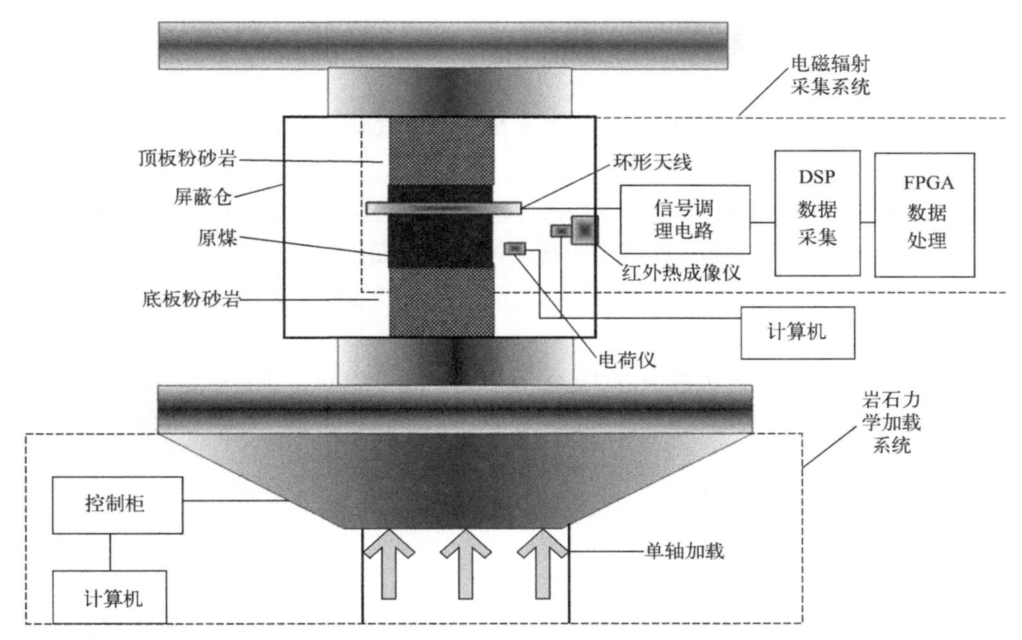

(a) 试验示意图

(b) 试验实物图

图 4.2　试验设备

4.1.3 试验步骤

(1) 将复合煤岩试样和电荷仪探头放在压力机试验台上的屏蔽罩内。电荷仪探头在中间煤体部分，距离试样表面 5mm。

(2) 环形电磁辐射传感器内径 6cm，采用绝缘线悬空放置在试样中部位置，见图 4.2(a)。为进一步减小外界电磁干扰，屏蔽罩表面采用 200 目紫铜网包裹。

(3) 开始试验前，与试验无关的电气设备及电灯等需要关闭电源，并关闭试验室门、窗。

(4) 设置加载速率分别为 0.1mm/min、0.3mm/min、1mm/min，启动压力机，并同步启动载荷、电磁辐射、电荷感应、温度采集系统，开始加载。试验过程中人员不得随意走动。

(5) 试样破裂后关闭试验系统，保存数据。

4.2 电磁辐射、电荷感应电压信号相关性研究

4.2.1 实验结果分析

鉴于试样组分基本相同及变形破裂过程中产生的电磁、电荷感应、温度信号结果变化趋势的一致性，选取 3 组不同加载速率下的复合煤岩试样 f_1、f_5、f_9 的试验数据进行分析。图 4.3～图 4.5 分别为试样 f_1、f_5、f_9 的电磁辐射脉冲数、电荷感应、温度变化曲线，分别对应加载速率 0.1mm/min、0.3mm/min、1mm/min。复合煤岩顶底板砂岩硬度比煤样大很多，大部分试样在试验结束后均是中间煤样发生明显的破裂[15]。

图 4.3 为试样 f_1 在加载速率为 0.1mm/min 时的试验曲线，图(a)～(e)分别为红外辐射温度-应力-时间、电磁辐射脉冲-时间、顶板岩电荷-时间、煤样电荷-时间、底板岩电荷-时间曲线。

分析如下：从图 4.3 中可以看出，在加载的初期压密阶段，当设置载荷比为 10%时，由于应力增加，电磁辐射脉冲数也增加，当 $t=148$s 时，电磁辐射脉冲数达到 1017 个/s；此阶段，有电荷感应信号产生，但信号较弱，煤样、顶/底板岩电荷感应信号分别为 150mV、130mV、180mV。随着加载应力水平的增加，加载进入线弹性及非线性的微裂隙发展阶段，电磁辐射脉冲数稳步增加，电荷感应信号逐渐增强。248s 时电磁辐射脉冲数达到 1164 个/s，然后稍微下降，到 726s 时，增加

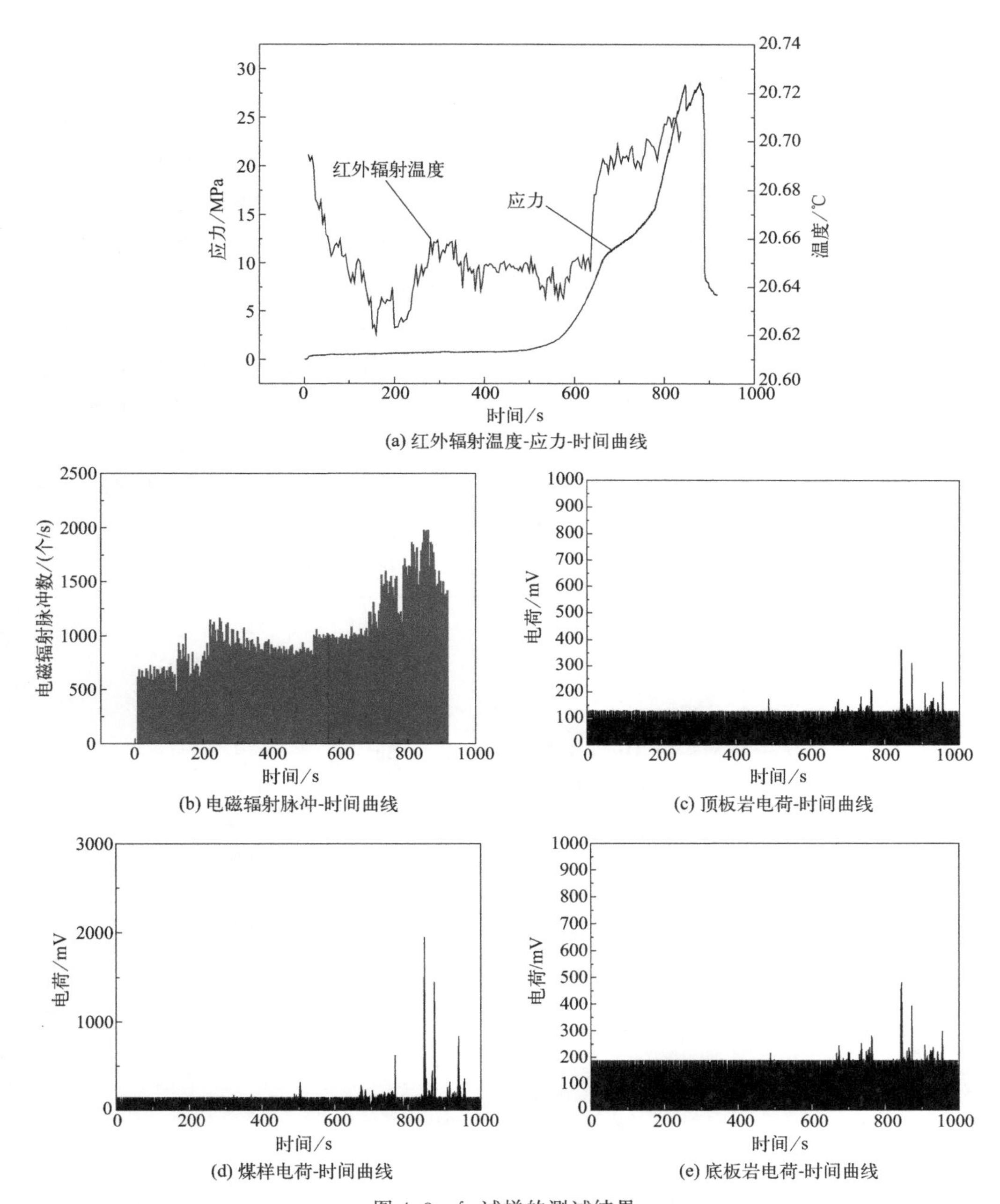

图 4.3 f_1 试样的测试结果

到 1589 个/s。500s 左右时，煤样电荷感应信号突然增大到 490mV，顶板岩变化为 160mV，底板岩达到 200mV。t=860s 时，电磁辐射脉冲数达到最大值（1980 个/s）。t=878s 时，应力达到峰值（28.55MPa）。煤样、顶/底板岩电荷感应信号分别在 848s、840s、844s 时达到峰值，分别为 1950mV、350mV、453mV。对比煤样与顶、底板岩的电荷感应信号可知，煤样的电荷感应信号较顶、底板岩明显。这是由于顶、底板岩未发生明显失稳破裂。

如图 4.3(a) 所示，试样在加载初期，由于表面及内部存在裂纹，受载时内部孔隙闭合，出现吸热现象，导致红外辐射温度曲线有所下降，下降至 20.62℃，减幅 0.06℃；进入弹性、屈服、塑性变形破坏阶段后，其红外辐射温度曲线呈阶跃式、突增式上升，在应力峰值前 $t=808\mathrm{s}$ 时温度上升至 20.71℃。整个加载过程中，温度呈阶跃式、台阶式上升趋势，最大变化范围为 0.09℃。

图 4.4 中，加载初期，电磁辐射脉冲数随应力增大而增加；压密阶段，160s 时电磁辐射脉冲数为 1120 个/s，呈逐步增强趋势。煤样在加载初期的电荷感应信号幅值为 156mV 左右，641s 时达到应力峰值（23.34MPa），电磁辐射脉冲数在 600s 左右达到 2010 个/s。$t=363\mathrm{s}$ 时，煤样的电荷感应信号幅值为 258mV，631s 时达到最大值（851mV），在应力峰值前变化较为明显；底板岩在加载初期的电荷感应信号幅值在 100mV 左右，621s 时电荷感应信号幅值为 325mV。试样 f_5 在加载过程中在 540s 出现温度最大值（21.745℃），变化范围为 0.12℃。

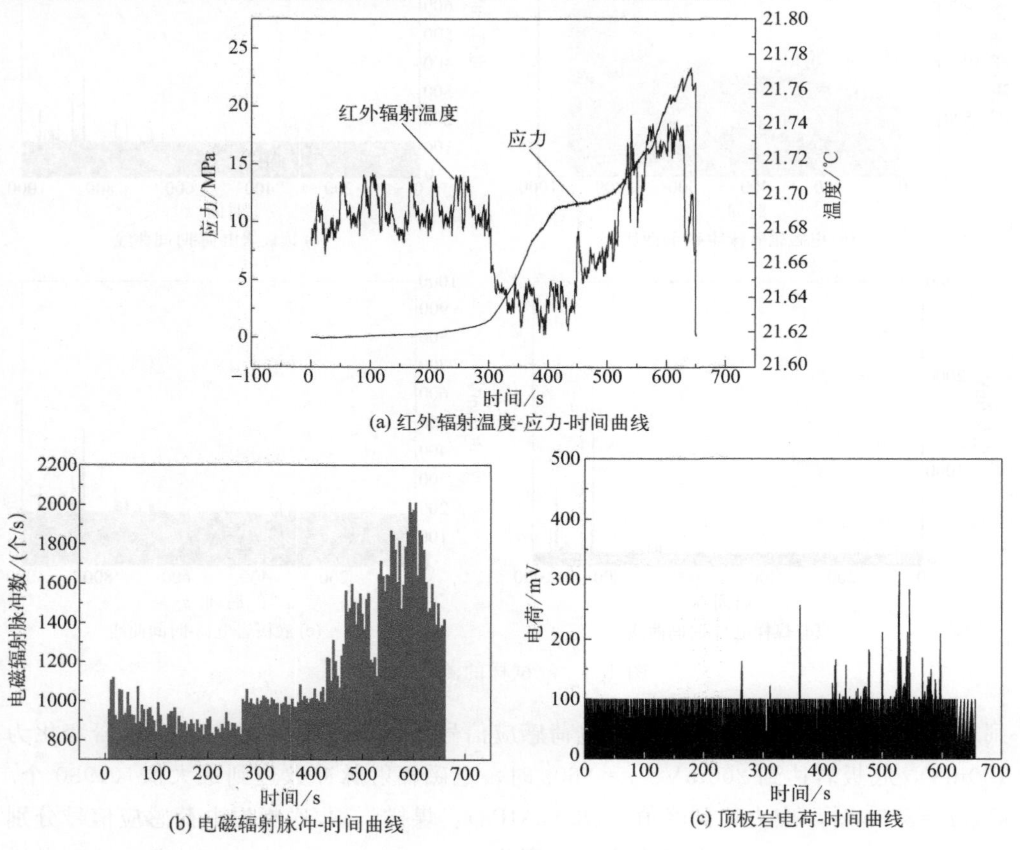

(a) 红外辐射温度-应力-时间曲线

(b) 电磁辐射脉冲-时间曲线

(c) 顶板岩电荷-时间曲线

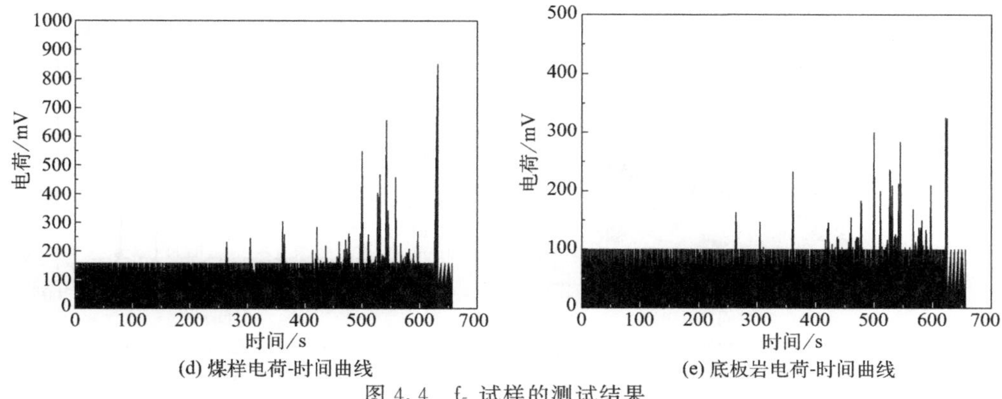

(d) 煤样电荷-时间曲线　　(e) 底板岩电荷-时间曲线

图 4.4　f_5 试样的测试结果

图 4.5 中，加载初期，电磁辐射脉冲数随应力增大而增加，在煤岩失稳破裂前期（166s 之前）电磁辐射脉冲数基本在 1510 个/s 左右。在加载初期煤样的电荷感应信号幅值为 152mV 左右，184s 时达到应力峰值（31.45MPa）。电磁辐射脉冲数在 167s 左右达到 3250 个/s，大约是前两个时刻达到的电磁辐射脉冲数峰值的 1.6 倍。$t=157$s 时，煤样的电荷感应信号幅值为 420mV，165s 时达到最大值（989mV），在应力峰值前变化较为明显；底板岩在加载初期的电荷感应信号幅值在 100mV 左右，164s 时为 388mV。试样 f_9 在 $t=157$s 时刻前，出现温度最大值（19.76℃），温度变化范围为 0.14℃。

综上，电磁辐射脉冲、电荷感应、温度在复合煤岩试样失稳破坏前均出现明显的前兆变化特征。加载初期电磁辐射、电荷感应信号较弱，随着加载应力水平的增加，这两个信号逐渐增强，在临近峰值应力前达到最强，具有较强的一致性，相关性较强。相对于电磁辐射信号变化特征，电荷感应信号的持续时间较短，信号特征为阵发性的。而温度随着应力增大初期下降，后续呈阶跃式、台阶式上升趋势，变化规律与前两者不同。

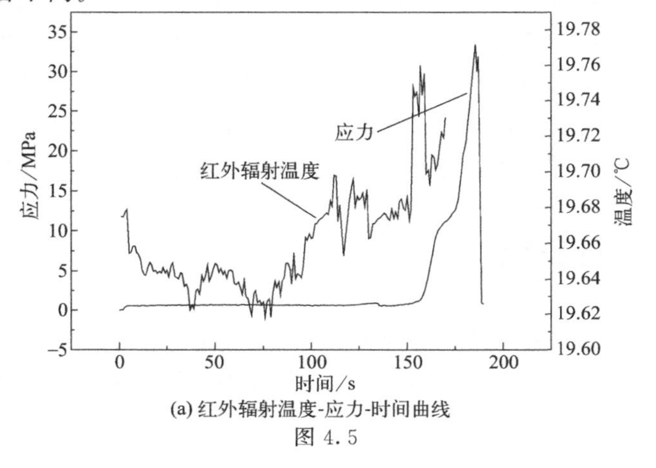

(a) 红外辐射温度-应力-时间曲线

图 4.5

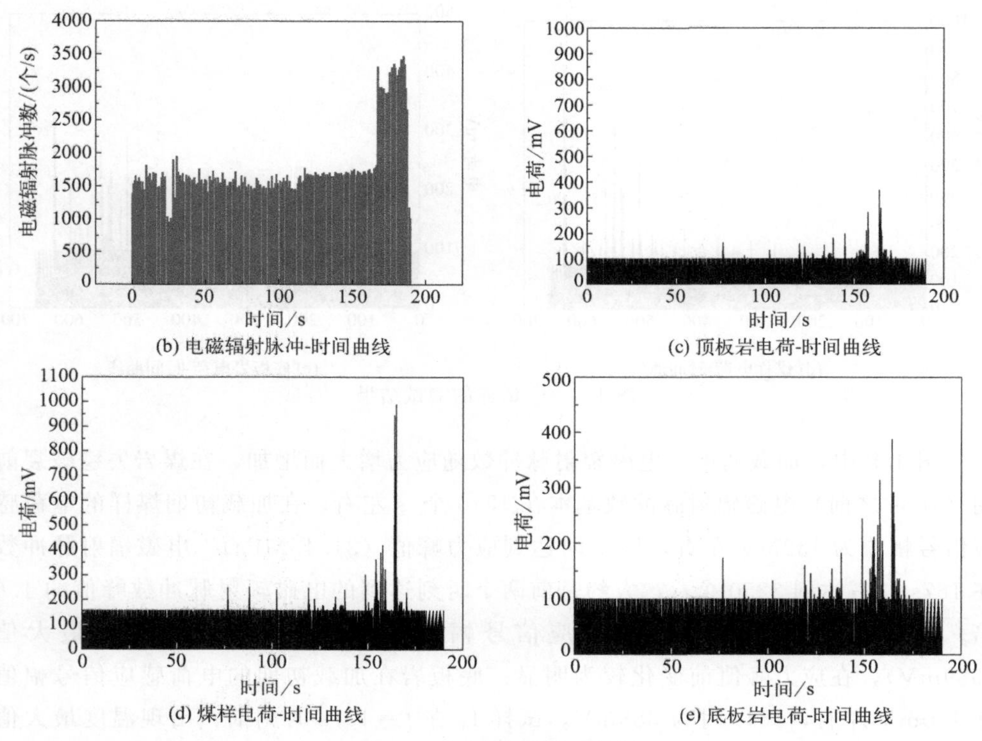

(b) 电磁辐射脉冲-时间曲线　(c) 顶板岩电荷-时间曲线

(d) 煤样电荷-时间曲线　(e) 底板岩电荷-时间曲线

图 4.5　f_9 试样的测试结果

对比不同加载速率对电磁辐射脉冲数的影响发现，加载速率越大，电磁辐射脉冲数变化越明显。对比电荷感应信号设置在 0.1mm/min 时较为明显，主要是由于加载速度慢，电荷积累量较后两个大，故出现低速率时电荷信号反而较强的特征。随着加载速率增大，温度最大变化范围逐渐增加。

复合煤岩变形破裂产生电磁辐射、电荷感应机制较为复杂。试样宏观上是由顶板岩、煤层和底板岩组合而成的，微观上是由不同矿物颗粒构成的。微破裂导致裂隙尖端电荷分离，产生自由的（电子）和束缚的（离子）电荷，出现电荷感应现象；矿物颗粒原子间化学键断裂，产生新的带电粒子，同时由于试样内部裂隙间出现摩擦生热现象，温度上升也增加了带电粒子动能，因此其变速运动产生了电磁辐射。原子、电子、离子三者宏观上变化趋势不同，但在微观上又互相关联。

4.2.2　相关性研究

依据试样受载强化直至破裂呈现出破裂阶段，将测试获取的电磁辐射、电荷感应数据折算其变化率进行进一步的分析。不同加载速率下电磁辐射脉冲，煤样、顶底板岩电荷感应变化率分别见表 4.1～表 4.4。

由表4.1可知，煤岩变形破裂过程中加载速率越大，电磁辐射脉冲数变化越快，电磁辐射脉冲变化率越大；电磁辐射脉冲变化率不仅与所获取的电磁辐射脉冲数目有关，还与复合煤岩受载变形破裂时间的长短紧密联系。

表4.2～表4.4分别为试样的煤样、顶底板岩体电荷感应变化率的量化分析。对比数据进行分析可知，在相同的加载速率状态下，煤体的电荷感应变化率明显高于岩体，而底板岩的电荷感应变化率却略高于顶板岩。f_1 试样的电荷感应变化率最大；f_5、f_9 试样的电荷感应变化率随着加载速率的增大而增大。

表4.1 不同加载速率下电磁辐射脉冲数变化率

试样	加载速率	煤岩变形阶段	破坏时间/s	电磁辐射脉冲总数/个	电磁辐射脉冲变化率/(个/s)
f_1	0.1mm/min	破裂变形	280	100892	360.3
f_5	0.3mm/min	破裂变形	352	140449	399.0
f_9	1mm/min	破裂变形	43	58028	1349.5

表4.2 不同加载速率下煤样部分电荷感应变化率

试样	加载速率	煤岩变形阶段	破坏时间/s	电荷总量/pC	电荷变化率/(pC/s)
f_1	0.1mm/min	破裂变形	280	3689.1	13.1754
f_5	0.3mm/min	破裂变形	352	3662.6	10.4051
f_9	1mm/min	破裂变形	43	512.5	11.9186

表4.3 不同加载速率下顶板岩电荷感应变化率

试样	加载速率	煤岩变形阶段	破坏时间/s	电荷总量/pC	电荷变化率/(pC/s)
f_1	0.1mm/min	破裂变形	280	1752.6	6.2593
f_5	0.3mm/min	破裂变形	352	1411.6	4.0102
f_9	1mm/min	破裂变形	43	219.4	5.1023

表4.4 不同加载速率下底板岩电荷感应变化率

试样	加载速率	煤岩变形阶段	破坏时间/s	电荷总量/pC	电荷变化率/(pC/s)
f_1	0.1mm/min	破裂变形	280	1757.8	6.2779
f_5	0.3mm/min	破裂变形	352	1525.2	4.3330
f_9	1mm/min	破裂变形	43	230.5	5.3605

电磁辐射脉冲数和电荷感应变化率量化关系的一致性，表明两者之间虽产生机理不同，但仍具备数学关系。

选取加载速率分别为0.1mm/min、0.3mm/min、1mm/min时电磁辐射脉冲数、感应电压的部分数据进行多项式拟合，拟合曲线如图 4.6 所示。

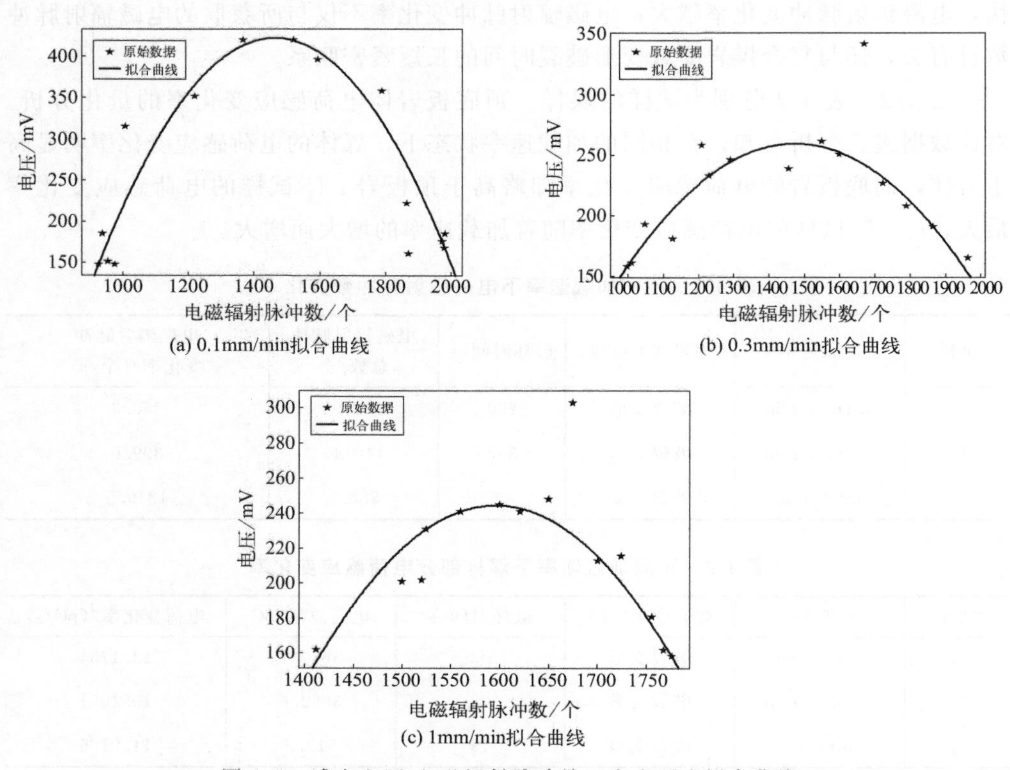

图 4.6 感应电压-电磁辐射脉冲数二次多项式拟合曲线

从图 4.6 中可以看出，三种加载速率下，感应电压与电磁辐射脉冲数呈现二次函数关系，且拟合曲线的复相关系数依次为 0.8473、0.8755、0.8858，表明数据的相关性良好。

选取加载速率为 0.3mm/min 的试验数据，可依次得到如下表达式。

N-t 一次线性拟合表达式：

$$N=4.568t-819.6 \tag{4.1}$$

V-t 二次线性拟合表达式：

$$V=-0.01021t^2+10.33t-2354 \tag{4.2}$$

由上式可得到 V-N 表达式：

$$V=-0.00004893N^2+1.459321N-829.25607 \tag{4.3}$$

继而，可求得 α、β、γ（分别对应函数二次、一次、零次前的系数）。

由式(4.3) 可以看出，电磁辐射和电荷感应呈二次函数关系。全部试样的结果进行拟合的复相关系数见表 4.5，基本均在 0.8 以上，相关性较强。可见，加载速率越大，复相关系数整体相关性越强。

表 4.5 电磁辐射、电荷感应复相关系数

	加载速率	试样			
相关性	0.1mm/min	f_1	f_2	f_3	f_4
		0.8473	0.7932	0.9129	0.8234
	0.3mm/min	f_5	f_6	f_7	f_8
		0.8755	0.8876	0.9065	0.8087
	1mm/min	f_9	f_{10}	f_{11}	f_{12}
		0.8858	0.8912	0.9132	0.9015

4.2.3 机理探讨

煤岩试样变形破裂产生电磁辐射、电荷感应机理较为复杂。从根本上说电磁辐射是由带电粒子变速运动产生的。由于煤岩体破裂时发生的压电效应、摩擦作用等影响，促使岩体裂隙表面附着一层游离的带电粒子，这些分布不均匀的带电粒子进而在岩体表面形成了区域电场。由于电荷的分离及带电粒子的不规则运动从而产生了电磁辐射现象。此外岩体受到的应力越高，受载变形破裂过程中产生的电磁辐射信号越强。电荷产生机制可用受载介质极化效应、微裂纹界面势垒变化和裂纹滑移摩擦生电等理论进行解释[16]。电磁辐射、电荷感应产生机制并不完全相同，只要有电磁辐射产生，就会出现电荷分离，但是，电荷的分离并不一定产生电磁辐射，如图 4.7 所示。

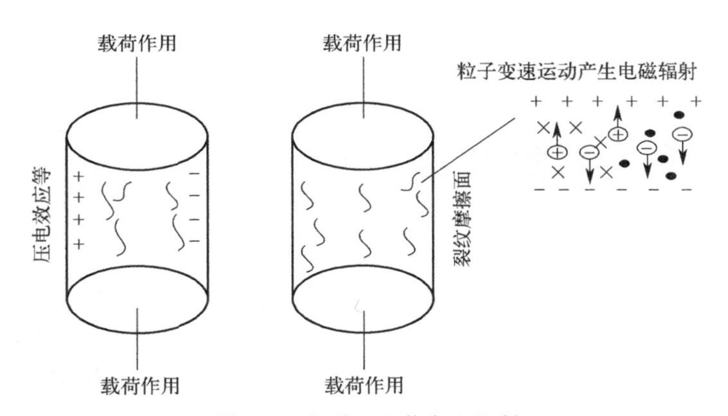

图 4.7 电磁、电荷产生机制

复合煤岩宏观上由顶板岩、煤层和底板岩构成，微观上由不同矿物颗粒组成。变形破裂过程中，由于微破裂导致裂隙尖端电荷分离、摩擦现象以及原子间化学键断裂。试样中煤、岩体部分中都有自由的（电子）和束缚的（离子）电荷。应力变化时，电荷发生扩散、运移，在试件表面积累表面电荷，同时电子和离子重新分布，以及局部应力的集中、摩擦生热现象使被束缚电子动能增加而逃逸成为自由电子，从而产生电磁辐射。另外也会产生大量的本征电子，引起电荷分布变化。电磁

辐射、电荷信号在微观裂隙微弱的压密阶段和弹性阶段活动较弱。弹性阶段前期，煤岩体内部原生裂隙逐渐相互贯通，导致电磁辐射、电荷感应信号波动丰富；此阶段的后期，煤层新生微裂隙不断萌生，顶板和底板也开始出现少量微观裂隙，能量得以积蓄，电磁辐射、电荷感应信号强度均呈缓慢上升趋势。

随着应力的增大，进入屈服阶段和弹塑性阶段，微裂隙不断扩展融合，煤体内部裂隙面之间错动和摩擦及煤体颗粒间摩擦揉搓。继续加载，在煤、岩接触面附近煤体碎裂，电磁辐射信号呈突增式增长，电荷感应呈不连续的、脉冲式增长。这是因为应力的集中效应使得破裂积蓄式发展，直到煤体内的微破坏面发展为贯通性破裂面。进入破坏阶段，由于煤岩部分发生失稳破坏现象，应力急速下降，电磁辐射、电荷感应信号强度下降。

其中，当载荷达到峰值前后时电荷感应现象较为明显，产生的电荷感应幅值较大。与顶、底板岩相比，煤样的组成结构更为复杂，宏观节理和微观裂隙更丰富，抗压强度较低，裂纹的扩展速度较低，所含压电体较少。由于在复合煤岩的试验中，煤体的抗压能力远远小于顶、底板岩，因此在煤体完全破裂后，顶、底板岩也只是产生裂隙而没有破裂；因为电荷的产生和试验体的破裂有很大的关系，所以检测到煤体的电荷感应信号要强于顶、底板岩。

综上，复合煤岩受载破裂的产生与电磁辐射、电荷感应信号的形成和发展紧密联系着，会产生明显的电荷感应和电磁辐射现象，其强度跟随着应力的变化出现明显的差异，信号幅值变化及变化率趋势基本一致。

4.3 SCT耦合模型研究

4.3.1 模型推导

上述研究结果表明，复合煤岩变形破裂产生的电磁辐射、电荷感应、温度变化三者之间相互关联，其中电磁和电荷相关性较强。下面试着推导应力、电荷感应、温度三者之间的耦合关系。参考文献［13］，定义热损伤 $D(T)$ 为

$$D(T)=1-\frac{E_T}{E_0} \tag{4.4}$$

式中，E_T 为温度达到 T 时的弹性模量；E_0 为室温（20℃）时的弹性模量。定义力学损伤为

$$\sigma=[1-D(\varepsilon)]E_0\varepsilon \tag{4.5}$$

式中，σ 为材料应力；ε 为材料应变。可推导出复合损伤因子

$$D(\varepsilon)=1-(1-D)[1-D(T)] \tag{4.6}$$

式中，D 为损伤因子，$D=\frac{\sum N}{N_m}$，为电磁辐射脉冲数量积累。$D(\varepsilon)$ 和单元体破坏概率密度的关系为

$$\frac{\mathrm{d}D}{\mathrm{d}\varepsilon}=f(\varepsilon) \tag{4.7}$$

当材料初始损伤 $D(\varepsilon)=0$ 时

$$D(\varepsilon)=\int_0^{\varepsilon}\frac{m}{\varepsilon_0^m}x^{m-1}\mathrm{e}^{-(\frac{x}{\varepsilon_0})^m}\mathrm{d}x=1-\mathrm{e}^{-(\frac{\varepsilon}{\varepsilon_0})^m} \tag{4.8}$$

将式(4.6)、式(4.8) 代入式(4.5) 中可得到 SET（stress-electricity-thermal）耦合模型的数学表达式[13]

$$\frac{E_T}{E_0}(1-\frac{\sum N}{N_m})=\mathrm{e}^{-(\frac{\varepsilon}{\varepsilon_0})^m} \tag{4.9}$$

式中，ε_0 是一个与所有单元参数平均值有关的常数；m 是复合煤岩的均质程度。上式两侧取两次对数运算后得

$$\ln\left[-\ln\left(1-\frac{\sum N}{N_m}\right)\right]=m\ln\varepsilon+b \tag{4.10}$$

式中，$b=-m\ln\varepsilon_0$。以横坐标 $x=\ln\varepsilon$，纵坐标 $y=\ln\left[-\ln\left(1-\frac{\sum N}{N_m}\right)\right]$ 进行拟合，可求出 m 和 b。

前述研究结果表明，电磁辐射脉冲数 N 与电荷感应电压 V 之间呈现二次函数关系。其数学表达式如下：

$$V=\alpha N^2+\beta N-\gamma \tag{4.11}$$

式中，α、β、γ 为系数。整个截面 S_m 全部破坏时产生的感应电压累计量通过结合式(4.9)、式(4.11) 可计算出为 V_m，$\sum V$ 表示应变增至 ε 时的感应电压累计量。由式(4.9) ～式(4.11) 可推导出应力、电荷感应电压、温度三者之间的 SCT（stress-charge-thermal）耦合模型数学表达式

$$\frac{E_T}{E_0}(1-\frac{\sum V}{V_m})=\mathrm{e}^{-(\frac{\varepsilon}{\varepsilon_0})^n} \tag{4.12}$$

整理后得

$$\ln\{-\ln[\frac{E_T}{E_0}(1-\frac{\sum V}{V_m})]\}=n\ln\varepsilon+b' \tag{4.13}$$

式中，$b'=-n\ln\varepsilon_0$。

令

$$y=nx+b' \tag{4.14}$$

将 $y=\ln\{-\ln[\frac{E_T}{E_0}(1-\frac{\sum V}{V_m})]\}$，$x=\ln\varepsilon$ 代入式(4.14)中，可求取待定系数 n、b'。由文献［13］得煤岩三维 SET 耦合模型，从而也可以推导出三维 SCT 模型，此外不再详细推导。

4.3.2 实验研究

使用 SET 和 SCT 耦合模型对复合煤岩试样 $f_1 \sim f_{12}$ 中的参数 $m(n)$ 和 b'进行拟合。使用 SCT 耦合模型的为试样 f_1、f_2、f_5、f_6、f_9、f_{10}，图 4.8 为其拟合曲线。由图可以看出它们之间的复相关性比较高。

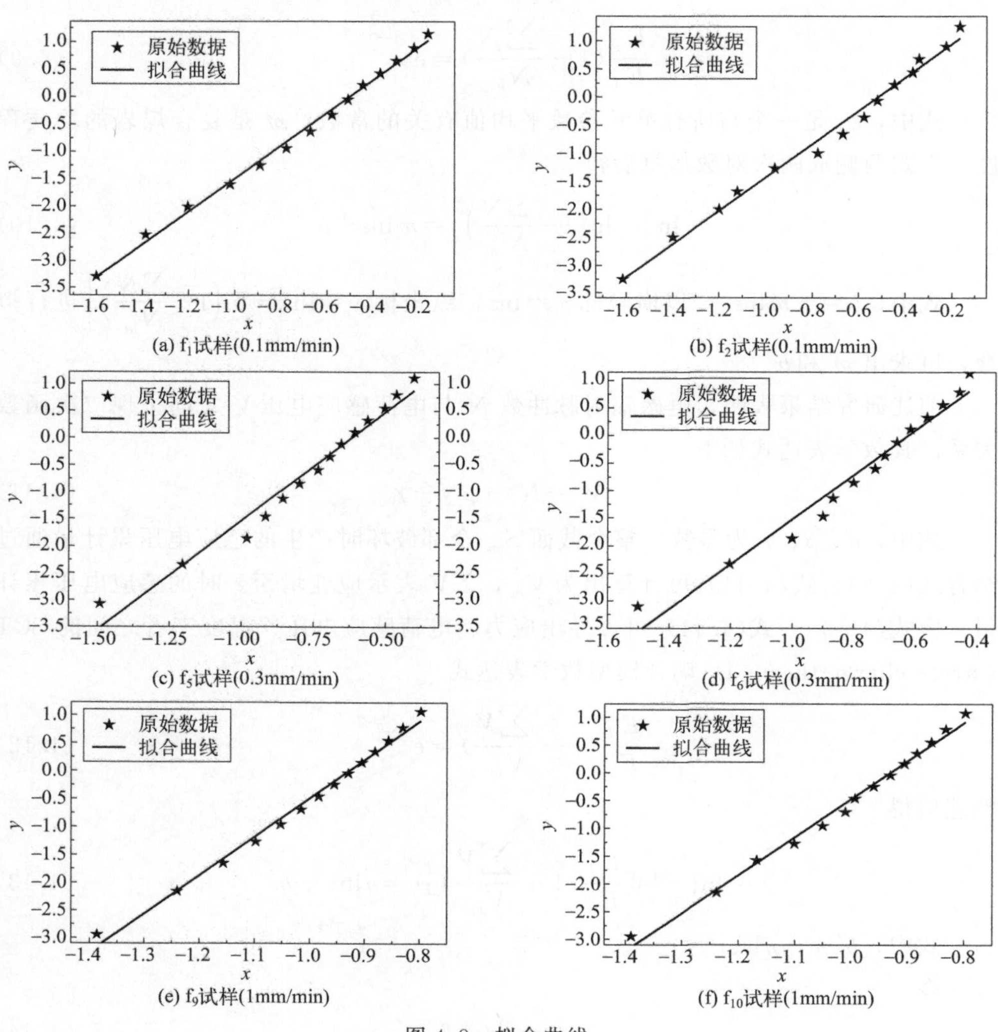

图 4.8 拟合曲线

其中 f_5 试样采用 SCT 耦合模型，拟合曲线如图 4.8(c) 所示，复相关性较高。试样分别采用两种模型拟合的结果见表 4.6。

对 f_1 试样开始试验，对测出的数据进行统计拟合。复合煤岩建立力电热耦合模型，并且实验得出的模型数据由参数 m 和 b 进行拟合，来确定数据合理的大致范围。其中温度保持在常温。三种试验分别在点频 600kHz、700kHz、800kHz。图 4.9 和表 4.6 是试验数据进行拟合得出的图表。试验得出的数据显示它们的加载频率不同但复相关系数均在 0.9 以上。

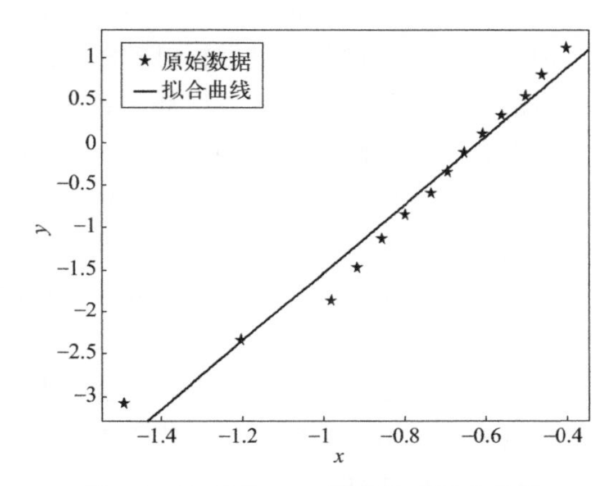

图 4.9 f_5 试样 SCT 耦合模型拟合曲线

表 4.6 耦合模型对比

煤岩试样	SET 耦合模型			SCT 耦合模型		
	m	b	R^2	n	b'	R^2
f_1	2.8729	2.0762	0.9732	3.0062	1.5130	0.9950
f_2	2.7613	1.7812	0.9013	3.1482	1.6183	0.9148
f_3	2.5952	1.5934	0.9543	4.2341	2.6374	0.9012
f_4	3.6422	1.6232	0.8913	2.9841	1.7823	0.9079
f_5	2.5448	1.9137	0.9593	4.0261	2.4870	0.9691
f_6	3.6271	2.2113	0.9412	4.2345	2.8694	0.9542
f_7	1.7367	1.0923	0.9132	3.5793	2.0019	0.9426
f_8	1.1750	1.728	0.8267	3.9812	2.1628	0.8312
f_9	2.8391	1.7380	0.9626	6.8970	6.4001	0.9722
f_{10}	3.5644	2.1332	0.9232	6.1231	5.8291	0.9039
f_{11}	3.7467	2.0023	0.9123	5.6332	4.8989	0.9213
f_{12}	4.1231	2.8791	0.8523	5.7742	4.1029	0.9134

图 4.9 和表 4.6 中 m 和 n 都是图像中直线的斜率，b 和 b' 都是图像的截距。从这里可以看出它们的变化趋势是一致的。从表格中可以看出，在同一试样中 SCT 耦合模型中图像的斜率要比 SET 耦合模型中图像的斜率大。

两模型进行对比可以发现，两者的复相关系数 R^2 都是大于 0.9 的。两个模型都是在模拟复合煤岩加载状态，它们的复相关系数都大于了 0.9，说明它们更加符合实际情况。

图 4.9 和表 4.6 中只有 f_3 和 f_{10} 的 SET 数值大于 SCT，而其他试样 SCT 耦合模型的复相关系数会比 SET 耦合模型更加接近 1。总体分析这两种模型都能比较好地去描述复合煤岩在加载发生破裂过程中电磁辐射和电荷感应所产生的电压随着应力以及温度不同所发生的不同变化。这两种模型都能展现出很好的数学变量之间的关系，具有相对稳定的契合度。精确度方面 SCT 会更高。SCT 与 SET 检测的信息不尽相同，一个是检测电磁辐射信号，另一个是检测感应电压。电磁辐射在现场会受到很多干扰，从而导致实验数据不精确。感应电压的产生其实就是电磁感应与静电感应通过周围的导体上产生电压，在试验过程中或者是检测的情况下相较而言 SCT 会更加的准确。

在煤岩开采的过程中机电设备会产生大量的电磁干扰，电磁干扰会对模型产生较大的干扰，主要是干扰电磁辐射信号采集。即使使用去噪算法也不能完全消除电磁干扰，这样的话 SCT 耦合模型可能更加适合用在煤矿现场，SCT 模型最后得出的结论会更加准确。

4.4 本章小结

① 提取顶板岩、煤样、底板岩按照 1∶1∶1 的比例制备复合煤岩试样，采用 0.1mm/min、0.3mm/min、1mm/min 三种不同加载速率对煤岩试样进行单轴加载破裂实验，研究复合煤岩试样单轴加载变形破裂过程中电磁、电荷、温度信号的变化规律。

② 电磁辐射、电荷感应、温度变化的形成机制并不完全相同，但三者的形成和发展紧密相关。只要有电磁辐射产生，就一定会出现电荷分离，但是，电荷的分离并不一定产生电磁辐射。摩擦生热导致温度上升的同时也加强了电磁、电荷信号。

③ 电磁辐射脉冲数与电荷感应电压呈二次相关性关系，相关系数为 0.8 以上。结合复合煤岩受载变形破裂的 SET 耦合模型推导 SCT 耦合模型，并针对 12 组试样进行试验，数据拟合结果表明，SCT 模型参数 n、b' 的数据拟合精度较 SET 耦

合模型 m、b 稍高，复相关系数基本均在 0.9 以上。

参考文献

[1] 潘一山．煤与瓦斯突出-冲击地压复合动力灾害一体化研究［J］．煤炭学报，2016，41（1）：105-112.

[2] 王恩元，孔彪，梁俊义，等．煤受热升温电磁辐射效应实验研究［J］．中国矿业大学学报，2016，45（2）：205-210.

[3] Makarets M V，Koshevaya S V，Gernets A A. Electromagnetic emission caused by the fracturing of piezoelectrics in rocks［J］. Physica Scripta，2002，65（3）：268-272.

[4] 郭建伟．煤矿复合动力灾害危险性评价与监测预警技术［D］．徐州：中国矿业大学，2013.

[5] 王恩元，李忠辉，何学秋，等．煤与瓦斯突出电磁辐射预警技术及应用［J］．煤炭科学技术，2014，42（6）：53-57，91.

[6] 赵扬锋，潘一山，刘玉春，等．单轴压缩条件下煤样电荷感应试验研究［J］．岩石力学与工程学报，2011，30（2）：306-312.

[7] 刘纪坤．煤岩动力灾害电磁辐射信号特征研究［J］．中国安全科学学报，2015，25（12）：105-110.

[8] 潘一山，徐连满，李国臻，等．煤矿深井动力灾害电荷辐射特征及应用［J］．岩石力学与工程学报，2014（8）：1619-1625.

[9] 王岗，潘一山，肖晓春，等．煤体剪切破坏电荷感应规律试验研究［J］．安全与环境学报，2016，16（3）：103-108.

[10] 郑文红，潘一山，李忠华，等．三轴条件下煤体受压破裂电荷感应信号试验研究［J］．工程地质学报，2015，23（5）：924-929.

[11] 李鑫，杨桢，代爽，邱彬，等．受载复合煤岩破裂表面红外辐射温度变化规律［J］．中国安全科学学报，2017，27（1）：110-115.

[12] 马立强，张垚，孙海，等．煤岩破裂过程中应力对红外辐射的控制效应试验［J］．煤炭学报，2017，42（1）：140-147.

[13] 杨桢，代爽，李鑫，等．受载复合煤岩变形破裂力电热耦合模型［J］．煤炭学报，2016，41（11）：2764-2772.

[14] 杨桢，齐庆杰，李鑫．新的受载煤岩电磁辐射信号去噪算法［J］．传感器与微系统，2017，36（3）：132-135.

[15] Li X，Song C X，Yang Z. Research on correlation of electromagnetic and induced charge of coal-rock in deformation and fracture［D］. 2018 the X International Conference on Communications，Circuits and Systems（ICCCAS），Chendu. China，2018：75-78.

[16] Yamamoto Y，Springman S M. Triaxial stress path tests on artificially prepared analogue alpine permafrost soil［J］. Can Geotech J Editors′ Choice，2020，1：1448-1460.

第5章

复合煤岩受载破裂温度-应力-电磁多场耦合模型研究

5.1 温度-应力-电磁场理论模型

宏观分析，煤体在初始受力状态下产生大量微裂纹后，裂纹延伸扩展，最终煤体破裂。微观角度而言，煤是以碳为主，并伴有少量氢、氧、氮元素的一种复杂混合物，裂纹是分子间化学键断裂的结果。图5.1为煤体受载破裂期间微观分子的变化过程。旧分子链断裂形成新的分子链最终保持新平衡的过程中伴随有能量释放，导致煤岩整体温度上升，分子键断裂前后整体温度由冷色系向暖色系变化。

图5.2为煤体分子链断裂形成的带电粒子在运动过程中产生的电磁场。带电粒子由高浓度区域向低浓度区域扩散，在破裂面积聚表面电荷，构成区域电场，加速了电荷的运迁。

煤体单轴加载中，可将经历四个变化阶段，即压密阶段、线弹性变形阶段、非弹性变形阶段、破裂阶段。在弹性阶段，以煤体内部微元体作为研究对象，此时的微元体主应力符合广义胡克定律，即

$$\sigma_{xx}=\lambda_0(\varepsilon_{xx}+\varepsilon_{yy}+\varepsilon_{zz})+2G\varepsilon_{xx} \tag{5.1}$$

式中，$\varepsilon_{ii}(i=x,y,z)$为煤体形变量；$\lambda_0$和$G$为拉梅常量。

$$G=\frac{E}{2(1+\nu)},\lambda_0=\frac{E\nu}{(1+\nu)(1-2\nu)}$$

当应力超过弹性形变限度之后，煤体进入屈服阶段，弹性变形后发生塑性变形，形变量快速增加，煤体内部分子链断开，原子核和电子的运动导致电荷重新瞬

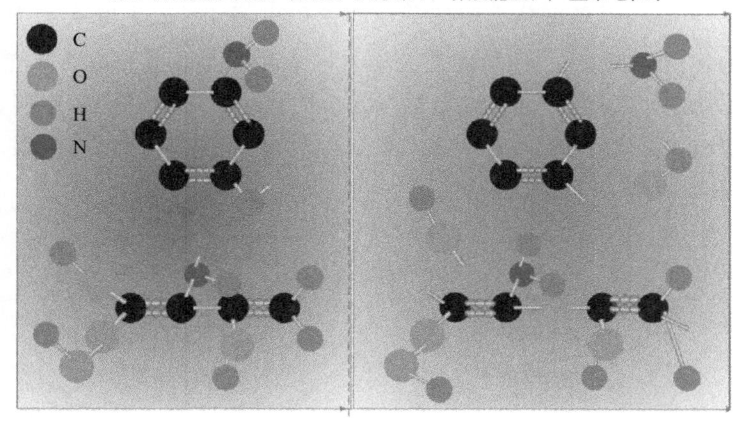

图 5.1　煤体破裂过程中微观分子变化

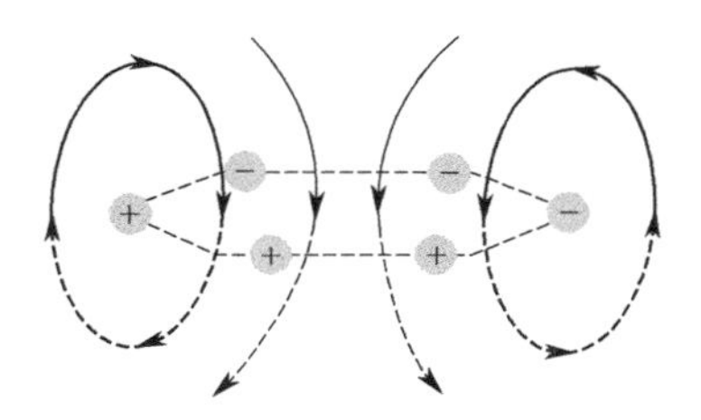

图 5.2　带电粒子运动产生电磁场

间分离，异性偶极子之间的作用力导致煤体内部应力急速增长，在此期间伴随大量电磁辐射信号的产生。此阶段的应力场可以用分子间作用力（也就是范德瓦耳斯力）来解释。

煤岩体变形破裂的本质归结于内部裂隙延伸扩展，在裂纹形成过程中，声发射、电磁辐射产生，以及煤岩内部压电效应、摩擦起电等物理因素，成为电磁辐射产生的前提基础。理论研究表明，煤岩受载时同样存在热弹、摩擦热效应，复合煤岩单轴加载时，产生热红外辐射现象，以裂隙之间的错动、摩擦产生的热量为主。因此，运用摩擦生热定律来解释煤岩加载过程中温度的产生机理。煤岩微元体内部热增量如下：

$$\rho c\ \frac{\partial t}{\partial x}\mathrm{d}x\,\mathrm{d}y\,\mathrm{d}z=\lambda\ \frac{\partial t}{\partial x}\mathrm{d}y\,\mathrm{d}z+\lambda\ \frac{\partial t}{\partial y}\mathrm{d}x\,\mathrm{d}z=\lambda\ \frac{\partial t}{\partial z}\mathrm{d}x\,\mathrm{d}y \tag{5.2}$$

式中，ρ 为煤岩材料的密度，kg/m^3；c 为煤岩材料的比热容，J/(kg·K)；λ 为热导率，W/(m·K)。

文献［1，2］解释了煤岩产生的电磁辐射的强度主要取决于内部微元体裂纹端部的电荷量、裂纹扩展速度和加速度。加载应力越大，破裂速度越快，电荷积累越多，带电粒子的运动速度、加速度越大，产生的裂纹数越多，电磁辐射的强度越大。运动电荷产生的磁场可分为两部分，即库伦电场 $\overrightarrow{E_1}$ 产生的磁场 $\overrightarrow{B_1}$ 和辐射电场 $\overrightarrow{E_2}$ 产生的辐射磁场 $\overrightarrow{B_2}$。辐射场的大小与带电粒子的电量、运动速度呈正相关。

复合煤岩加载过程中，红外辐射温度场、应力场、电磁场会发生明显变化，这三种场与煤岩破裂存在内在联系。运用数学模型阐明三者耦合场的关系，应力、热场、电场、磁场强度方程组如下：

$$\begin{cases} \sigma_z=\lambda_0(\varepsilon_x+\varepsilon_y+\varepsilon_z)+2G\varepsilon_z \\ \dfrac{\partial t}{\partial \tau}=\dfrac{\lambda}{\rho c}\left(\dfrac{\partial^2 t}{\partial x^2}+\dfrac{\partial^2 t}{\partial y^2}+\dfrac{\partial^2 t}{\partial z^2}\right) \\ \vec{E}=\vec{E}_1+\vec{E}_2 \\ =(1-\dfrac{n^2v^2}{c_0^2})\dfrac{e\vec{r}}{4\pi\varepsilon[(1-\dfrac{n^2v^2}{c_0^2})r^2+(n\vec{v}\times\vec{r})^2]^{\frac{3}{2}}}+\dfrac{n^2e}{4\pi\varepsilon c_0^2 r}\times\dfrac{\vec{n}[(\vec{n}-\dfrac{n\vec{v}}{c_0})\vec{v}']}{(1-\dfrac{n\vec{v}\times\vec{n}}{c_0})^3} \\ \vec{B}=\vec{B}_1+\vec{B}_2=\dfrac{n^2\vec{v}}{c_0^2}\vec{E}_1+\dfrac{n}{c_0\vec{n}}\vec{E}_2 \\ =(1-\dfrac{n^2v^2}{c_0^2})\dfrac{en^2\vec{v}\times\vec{r}}{4\pi\varepsilon c_0^2[(1-\dfrac{n^2v^2}{c_0^2})r^2+(n\vec{v}\times\vec{r})^2]^{\frac{3}{2}}}+\dfrac{n^3e}{4\pi\varepsilon c_0^3 r}\times\dfrac{[(\vec{n}-\dfrac{n\vec{v}}{c_0})\times\vec{v}']}{(1-\dfrac{n\vec{v}\times\vec{n}}{c_0})^3} \end{cases} \tag{5.3}$$

式中，n 为煤岩体介质的折射率；c_0 为真空中电磁波的传播速度，m/s；e 为粒子的电荷量，C；ε 为介质的绝对介电常数；$\vec{v}$ 为带电粒子的运动速度，m/s；r 为带电粒子与观察点之间的距离，m；$\vec{n}$ 为 $\vec{r}$ 方向上的单位矢量；$\vec{v}'$ 为带电粒子的加速度，m/s^2。

王恩元等[3] 提出电磁波随着传播距离的增加，电磁辐射强度不断衰减，传播过程中的电场、磁场强度如下：

$$\begin{cases} E=E_0 e^{-bR} e^{i(\omega t-aR)} \\ H=H_0 e^{-bR} e^{i(\omega t-aR)} \end{cases} \tag{5.4}$$

其中

$$\begin{cases} a=\omega\sqrt{\dfrac{\mu}{2}[\sqrt{\varepsilon^2+(\dfrac{\sigma}{\omega})^2}+\varepsilon]} \\ b=\omega\sqrt{\dfrac{\mu}{2}[\sqrt{\varepsilon^2+(\dfrac{\sigma}{\omega})^2}-\varepsilon]} \end{cases}$$

式中，E 为电场强度；H 为磁场强度；a 为相位常数；b 为电磁波衰减系数；μ 为介质的磁导率，H/m；σ 为介质的电导率，S/m；ω 为电磁波的频率，Hz。

5.2 基于有限元的物理场变化规律分析

基于有限元软件 ANSYS 建立了三维轴对称复合煤岩圆柱体模型，并由此计算煤岩在加载过程中的温度场、应力场、电磁场分布。文献［4］提出了微波加热过程电磁、热和介质的耦合数学模型，并采用有限元方法对其进行了数值求解。笔者所研究的仿真模型是由岩体、煤体、岩体按照 1∶1∶1 的比例黏合成半径 25mm、高 100mm 的复合煤岩。由前人的研究成果可知，煤岩单轴压缩下，其内部最大应力分布呈现 x 形。因此，在建模中人为构造煤岩内部 x 形裂隙，使得裂隙与水平坐标轴的夹角为±38.66°，环境温度为 20℃。采用单轴加压方式，沿着 Y 轴方向，施以向下的轴压。该复合煤岩进行网格划分后三维结构模型见图 5.3。划分网格 10156 个单元，节点数 31213 个。

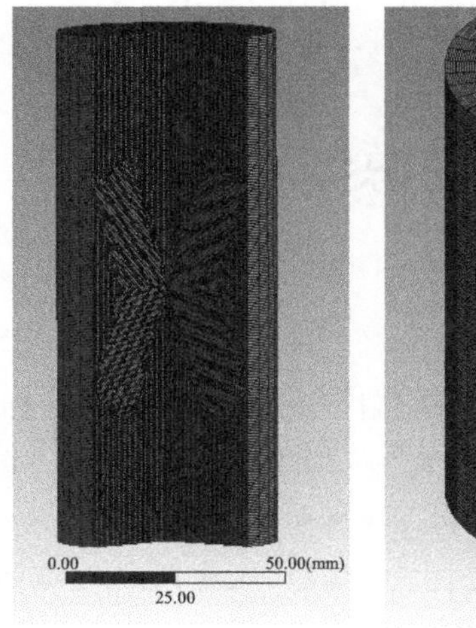

图 5.3　复合煤岩三维模型

模型求解涉及力学、热学、电磁学，材料的物性参数已列入表 5.1 中。

表 5.1　材料的物性参数

物性参数	煤	岩
弹性模量/MPa	1000	15000
密度/(kg/m^3)	1700	2435

续表

物性参数	煤	岩
比热容/[J/(kg·K)]	1130	916.9
热导率/[W/(m·K)]	1	2.8
热膨胀系数/$℃^{-1}$	6.435×10^{-6}	6×10^{-6}
泊松比	0.25	0.22
电阻率/Ω·m	550	

本书模型求解采用间接耦合法，即物理顺序耦合，将本阶段的场分析结果作为载荷作用于后续场分析中，进而达到力电热三场耦合的效果。煤岩多场耦合分析中，结构场分析采用 Workbench 的线性静力分析 Static Structural，将静态载荷作用于煤岩体，忽略惯性和阻尼。鉴于煤体内部的主要热红外辐射来源于裂隙的错动、摩擦，因此，热场瞬态分析采用瞬态结构动力学系统 Transient Structural 和耦合单元 PLANE 223 模拟摩擦生热，完成热场求解。王恩元等[2,3] 提到在煤岩变形破裂过程中压电效应、摩擦作用、裂纹扩展、热电子发射等因素产生的电荷，为电磁辐射的产生提供了电荷基础；电荷分离、变速运动以及电偶极子的振荡与瞬变均会产生电磁辐射。磁场分析中采用 Maxwell 2D 静态磁场求解器，将电场结果作用于磁场求解器中。求解成功，采用后处理器查看模型计算结果。

5.3 验证实验及特征总结

5.3.1 实验研究

图 5.4 为测得的复合煤岩整体红外辐射温度与应力随加载时间变化的曲线。图 5.5 为测得的煤岩电磁辐射脉冲强度与应力随时间变化的曲线。图 5.6 描述了电磁辐射和红外温度信号的阶段特征。煤岩在压密阶段，电磁辐射活动较弱，红外温度产生下降趋势，低于环境温度，这是因为煤岩在压密阶段气隙闭合，造成吸热现象；进入弹性阶段后，随着应力的增大，电磁辐射稳步上升，温度呈现阶梯式增长；进入屈服阶段后，内部裂隙扩展融合，在应力峰值附近电磁辐射能量与红外温度均达到峰值。试验测得的红外温度和电磁辐射强度变化趋势与仿真所得结果基本吻合，验证了数值仿真求解的正确性。

5.3.2 应力场分析

复合煤岩应力场分布云图如图 5.7 所示。其中间部分为煤，上、下两部分为岩石。由图 5.7 可以看出，在对复合煤岩进行加载时，上下的岩石层具有一定的承载能力，且对上层岩石的作用力会传递给煤层，煤层部分的应力分布发生大幅度的扰动；因岩石的应力低于煤，在煤、岩的交界处有明显的凸起，凸起由煤体中心向岩体扩散并逐渐消失。

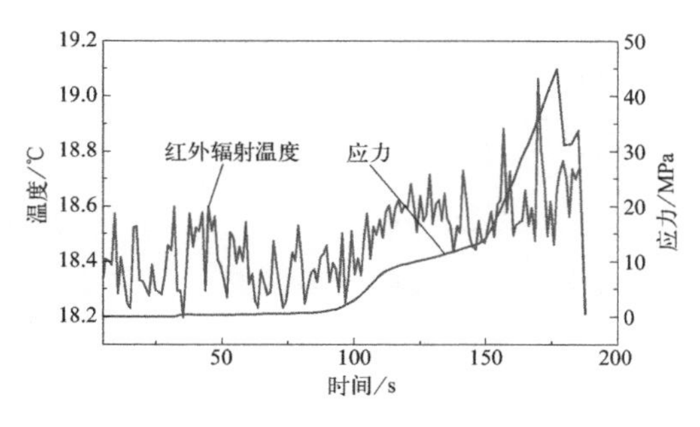

图 5.4　红外辐射温度与应力

图 5.5　电磁辐射强度与应力

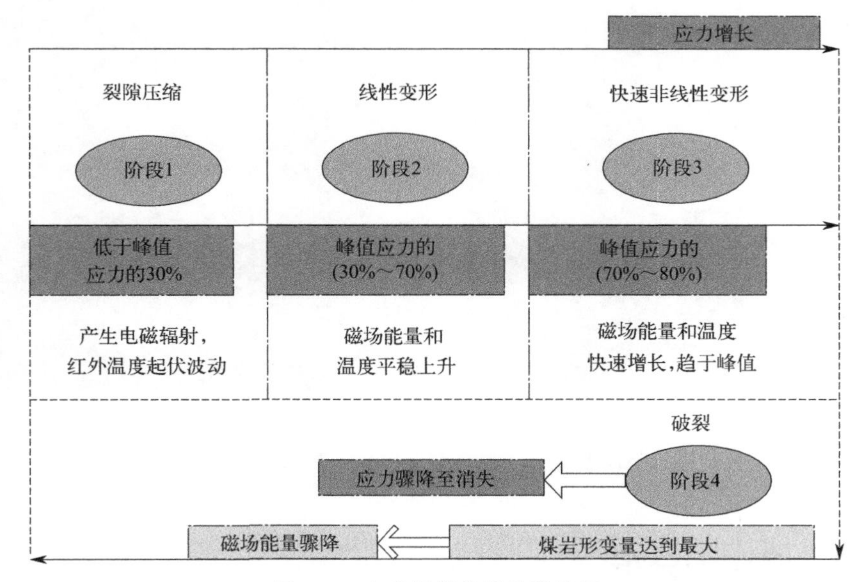

图 5.6　电磁辐射信号阶段特征

图 5.8 为煤岩受轴压后的整体形变量。在复合煤岩内部出现呈 X 形的裂隙；原本的岩体在黑色线框的位置，受载后上方岩层嵌入煤层；此过程中应变程度最大的部分为复合煤岩的中轴线。

图 5.9 为煤体裂隙处的局部应力放大云图。裂隙与应力的变化相关联，应力在裂隙的尖端为最大值，并随着裂隙的发展逐渐下降。

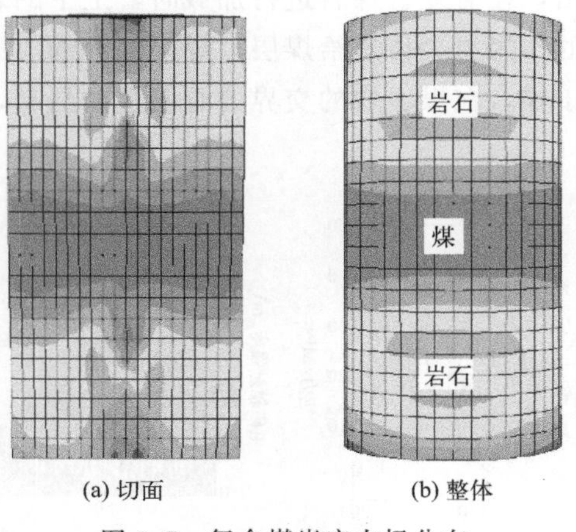

图 5.7 复合煤岩应力场分布

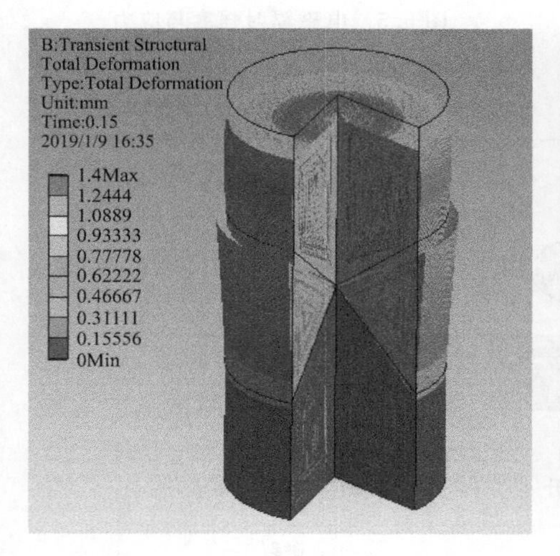

图 5.8 复合煤岩整体形变

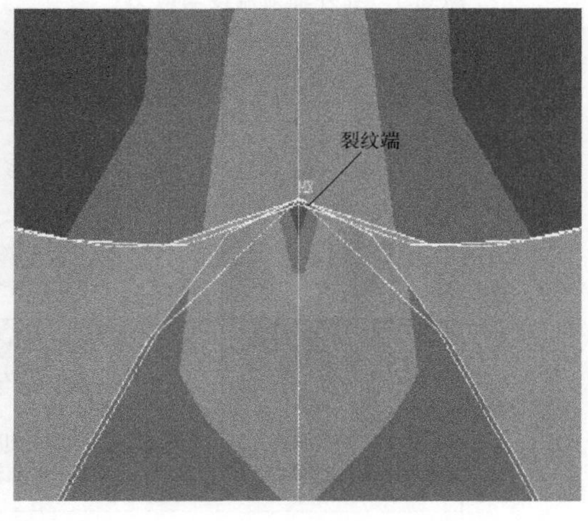

图 5.9 煤体裂隙处应力云图

5.3.3 温度场分析

图 5.10 和图 5.11 分别是煤岩和裂隙温度的云图。在加载的过程中会发生摩擦，产生热量使煤岩升温，只有一小部分的热量耗散在空气中，大部分的热量保留在煤岩中。由于岩体的热导率相对于煤体要高，因此岩体的温度云图呈均匀分布低温状，煤体呈高温状。温度在裂隙的尖端和摩擦处最高，随后向外扩散减小。

对煤岩内部裂隙在受载过程中的温度变化进行研究，随机选取煤岩裂隙处 1.5mm 进行煤岩红外温度场的研究。

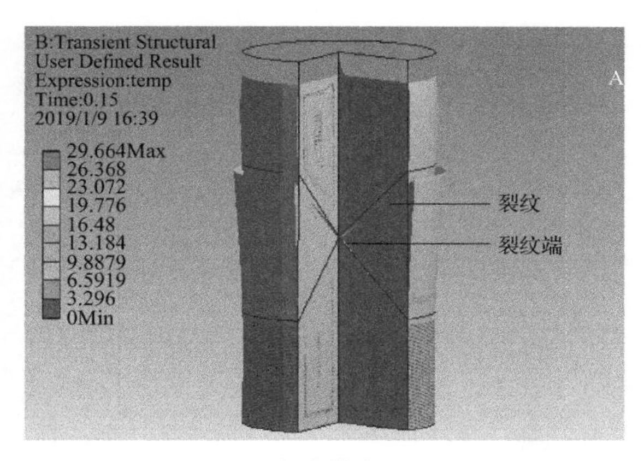

图 5.10　复合煤岩温度云图

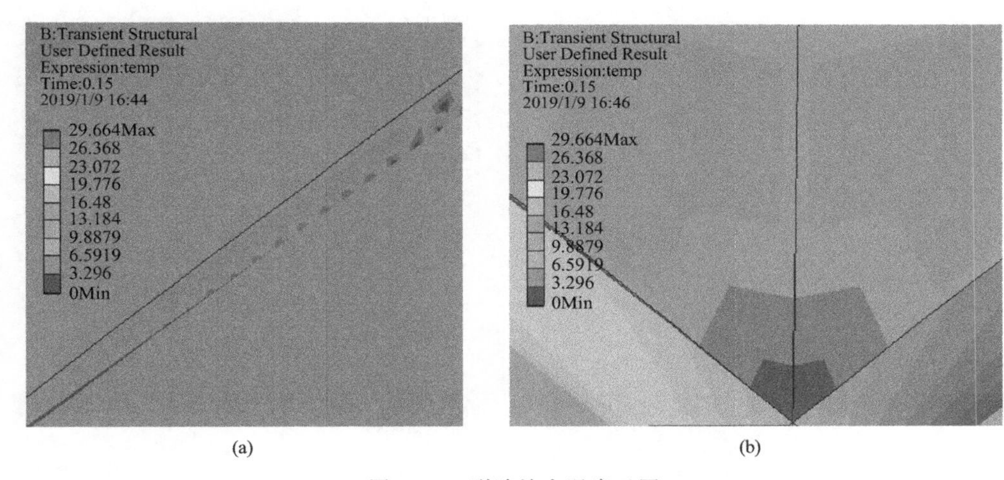

图 5.11　裂隙放大温度云图

图 5.12 为加载时间为 0.843s 时裂隙的温度和应力云图。由图可见，煤体、煤岩体、岩体的抗压强度依次增大，煤体、煤岩交界、岩体内部承受的最大应力分别为 0.029344MPa、0.041825MPa、0.0700MPa，最大红外辐射温度分别为 23.175℃、20.916℃、20.591℃。可分析出热传导系数越高温度场分布越均匀，温差越小，岩体的热传导系数相比煤体要高，煤体的等温线相比岩体更密集、温度梯度更大，而煤岩体作为混合体其等温线在煤与岩之间。

图 5.13 为煤体、煤岩、岩体裂隙的温度-时间曲线。岩体裂隙的基体温度变化最快，煤体裂隙最慢。裂隙尖端温度随应力的增大而上升。在初始加载的 0.2s 左右，煤岩内部并未出现明显的温升；当加载时间达到 0.2s 后，裂隙温度缓慢上升；加载时间在 0.6～0.75s 之间时，裂隙尖端温度稳步上升；在 0.75s 之后，尖端温度快速增长，直至达到最大值。由于建模设定裂隙的错动位移在同一时刻达到最

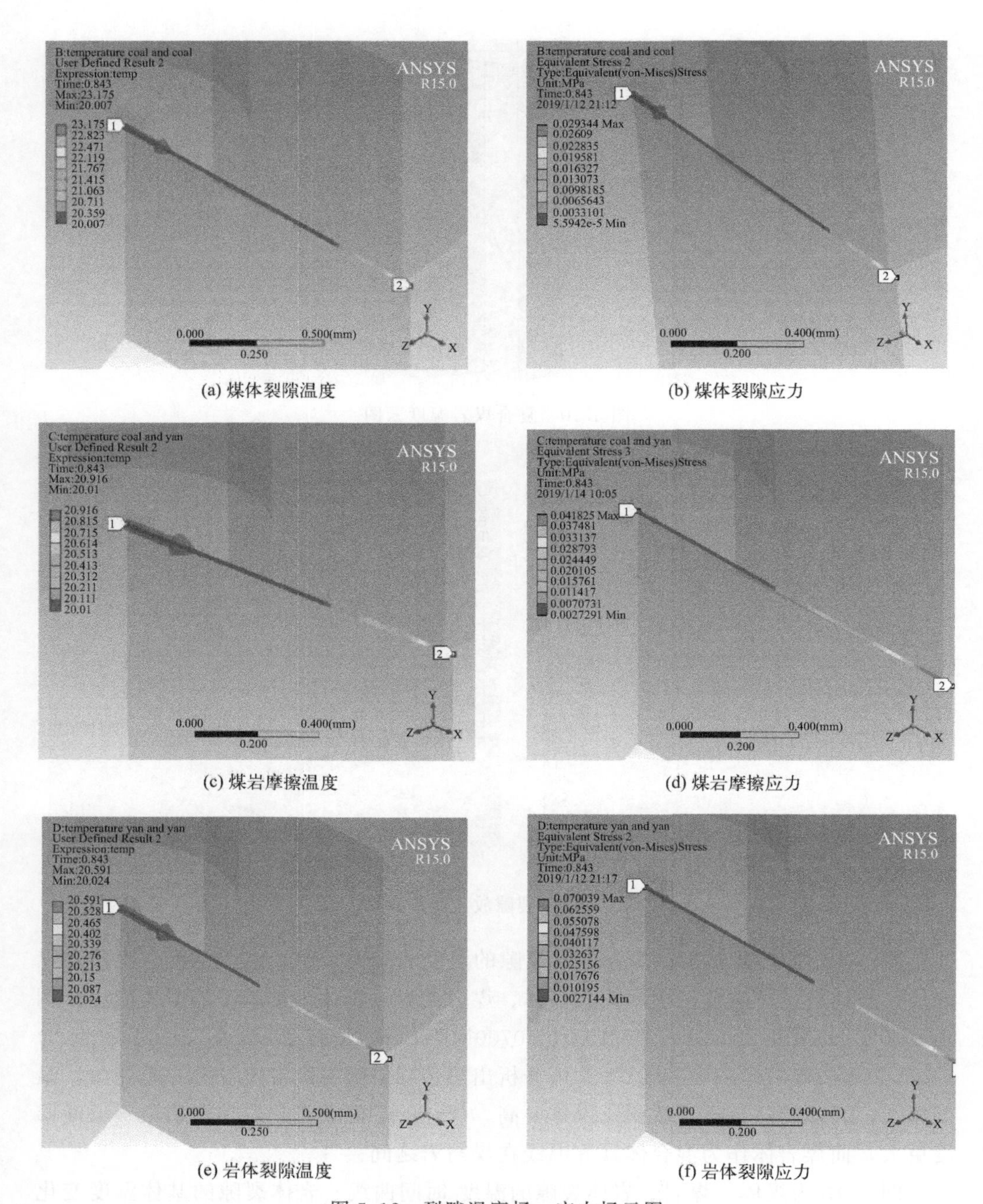

(a) 煤体裂隙温度　　(b) 煤体裂隙应力

(c) 煤岩摩擦温度　　(d) 煤岩摩擦应力

(e) 岩体裂隙温度　　(f) 岩体裂隙应力

图 5.12　裂隙温度场、应力场云图

大，因此，三者裂隙的温升达到最高值时，时间大致为 0.8～0.85s 之间。此时温度的最大值依次为 31.483℃、22.445℃、21.864℃。

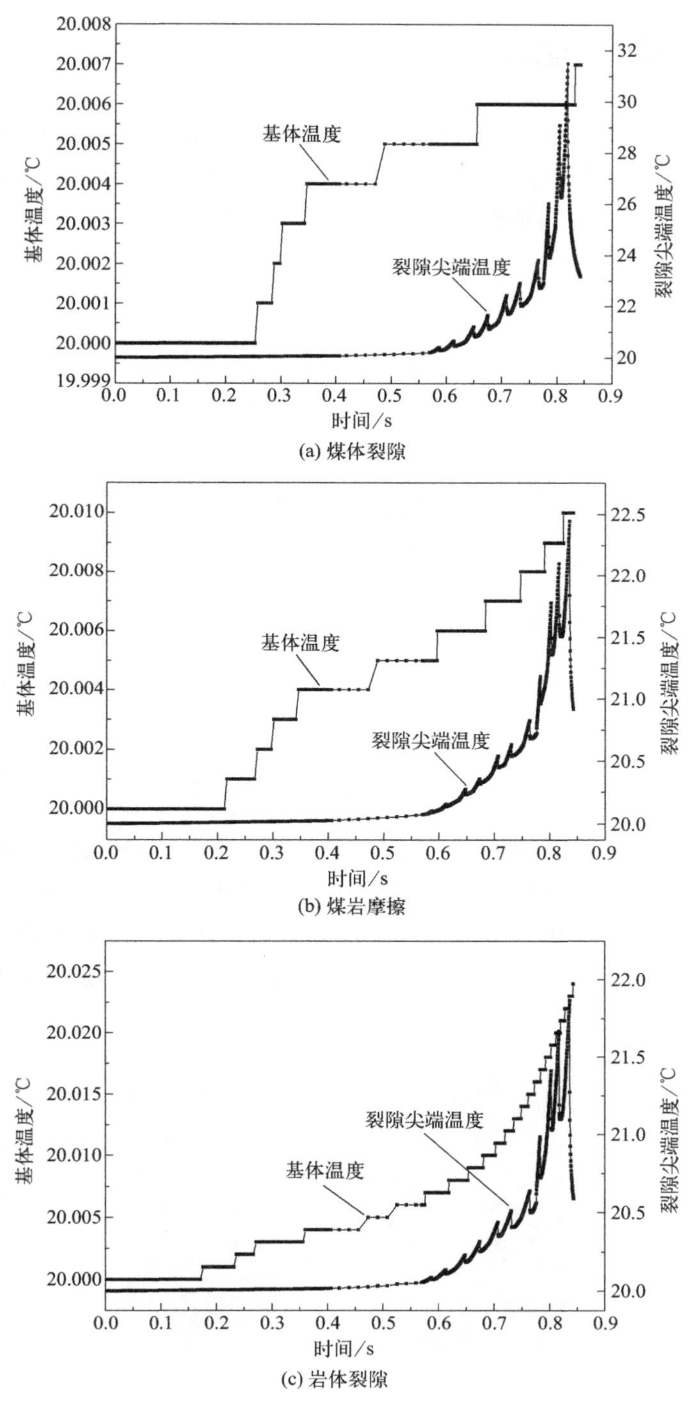

(a) 煤体裂隙

(b) 煤岩摩擦

(c) 岩体裂隙

图 5.13　裂隙低温、高温曲线

5.3.4 电磁场分析

煤岩单轴加载过程中，产生电磁辐射的因素受煤岩力学、电学、孔隙介质等的影响。将煤岩模型视作无数个圆形平面叠加而成，图 5.14 中显示了复合煤岩体模型中任一半径为 25mm 的圆形平面。

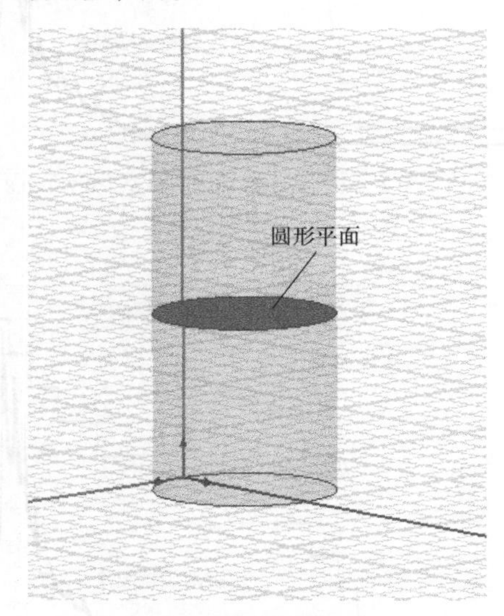

图 5.14 复合煤岩体中一圆形平面

在复合煤岩中某一圆形平面上均匀设定 8 个半径为 2mm 的裂隙微元体作为研究对象，假设裂隙微元体因压电效应所产生的感应电位相同，且均匀地分布在平面上，仿真观察煤岩在单轴加载时的电磁辐射强度，研究电磁辐射的变化规律。图 5.15、图 5.16 为不同时刻下，复合煤岩单轴加载产生的磁场强度和磁力线分布状态。

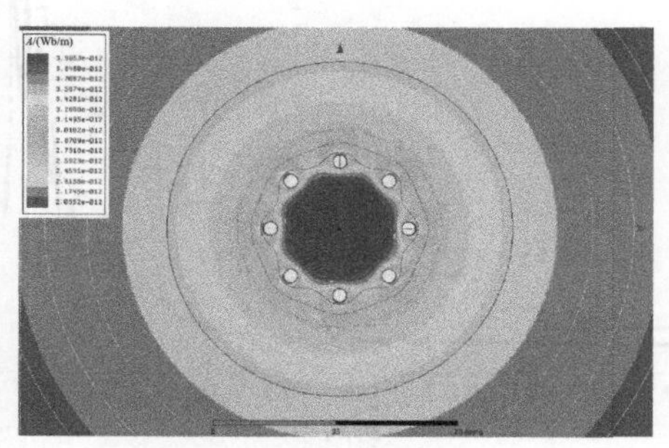

(a) t=0.504s

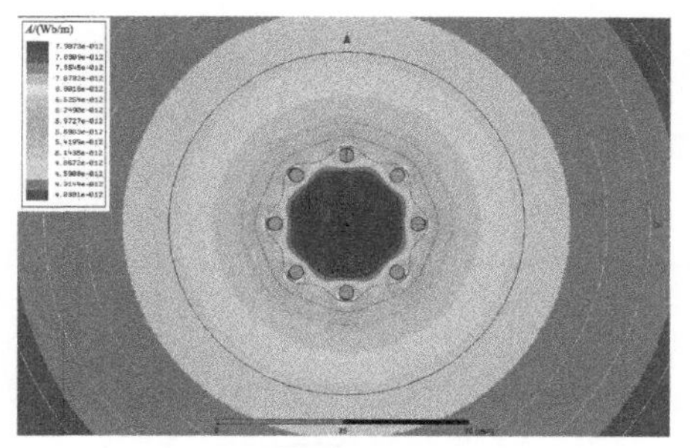

(b) t=0.765s

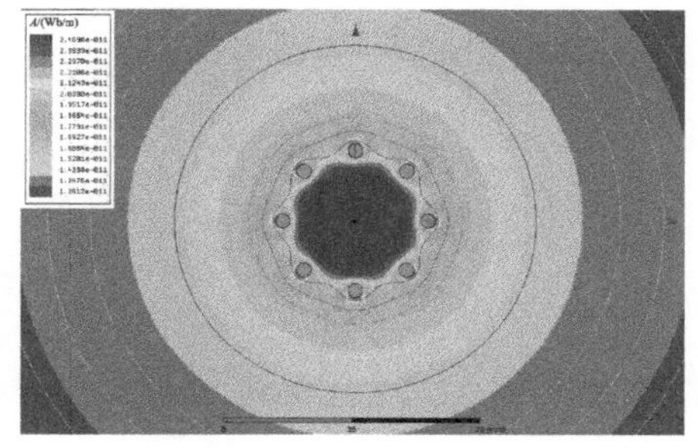

(c) t=0.845s

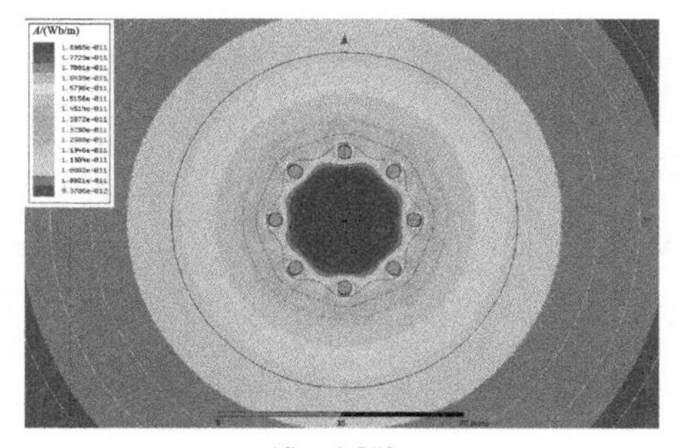

(d) t=0.872s

图 5.15　复合煤岩不同时刻下磁场强度

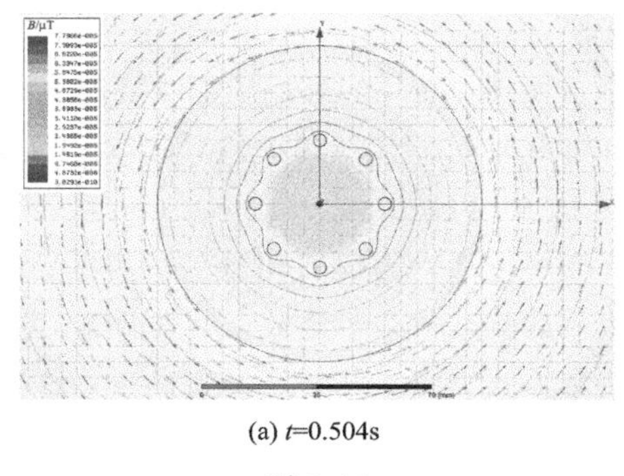

(a) t=0.504s

图 5.16

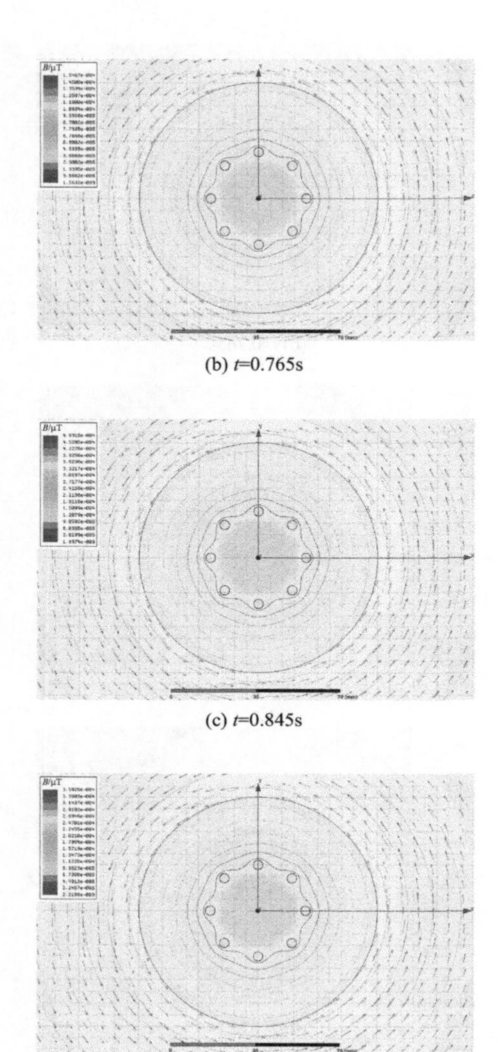

(b) t=0.765s

(c) t=0.845s

(d) t=0.872s

图 5.16　复合煤岩不同时刻下磁力线分布

观察磁场强度、磁力线发现，在煤岩外侧磁力线呈现圆形向外延伸扩展，磁场能量由内向外不断衰减。在加载时间 $t=0.845$s 时，煤岩产生的磁通量和磁感应强度达到峰值，分别为 2.4696×10^{-11}Wb/m，$4.8315\times10^{-4}\mu$T，磁感应强度的方向沿逆时针变化。磁感应强度在介质中传播，因煤岩和空气中的磁导率差异，在煤岩边界处，磁感应强度突增，其空气中的衰减速率明显低于煤岩内部。公式(5.4) 表明电磁辐射强度随着距离的增加以指数形式衰减。基于所设定的磁场强度测量值的起点和终点，图 5.17 展示了磁场强度幅值在煤岩和真空中传播的衰减曲线。随着煤岩加载时间的增长，磁场强度幅值先增加后下降。随着测量点距离的增加，磁场强度线性增长到最大值后，以指数形式不断衰减；在距离原点2mm处磁场强度达到峰值，四种时刻下的最大磁场强度幅值依次为62.16399μA/m、123.3412μA/m、284.606μA/m、211.6465μA/m。当传播距离达到80mm时，磁场强度依次为7.29μA/m、14.48μA/m、45.21μA/m、33.61μA/m。在复合煤岩边界处，磁场强度幅值并未发生突变。

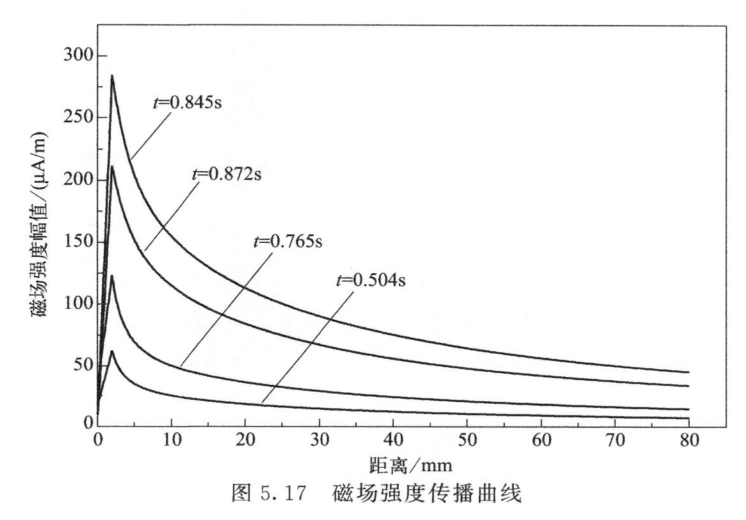

图5.17 磁场强度传播曲线

5.3.5 力电热耦合分析

如图5.18所示，首先煤体应力逐渐上升，温度随应力的变化连续升高，然后在应力峰值附近，温度升至最高点，最后应力骤降的同时温度快速衰减。

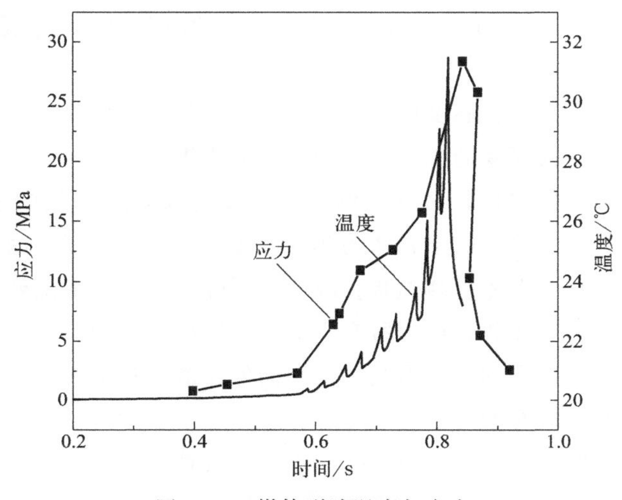

图5.18 煤体裂隙温度与应力

图 5.19 描绘了磁场强度幅值与应力的关系曲线。0.5～0.8s 之间时，电磁辐射与应力缓慢增长；在 0.8～0.85s 内，两者信号强度快速增长直至达到峰值；0.85s 之后，两者信号强度急剧下降，仿真实验结束。

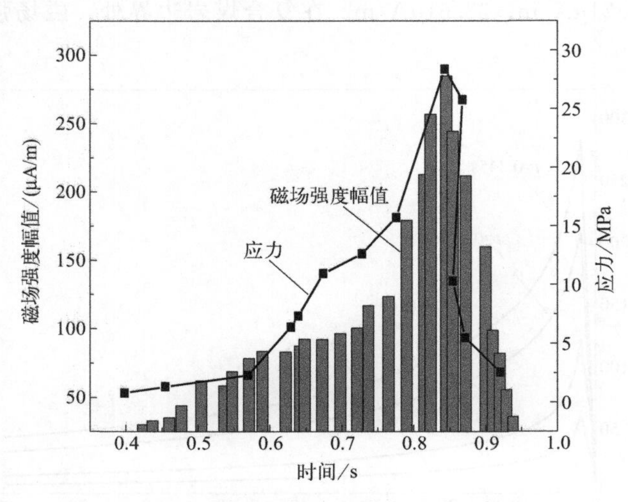

图 5.19 煤体裂隙应力与磁场强度

5.4 本章小结

（1）复合煤岩受载，微观分子链断裂，产生带电粒子并伴随能量释放，带电粒子在区域电场下加速运动，辐射磁场信号，煤岩应力增大带动温度和磁场能量升高，将应力场作为连接多物理场的关键因素，建立应力场-温度场-电磁场耦合模型。

（2）复合煤岩应力场、温度场、电磁场仿真结果：复合煤岩进行加载时煤层部分的应力分布会发生大幅度的扰动，岩的应力低于煤，在煤岩的交界处有明显的凸起，凸起由煤体中心向岩体扩散并逐渐消失。复合煤岩在加载的过程中会发生摩擦，产生热量使煤岩升温，由于岩体的热导率相对于煤体要高，因此岩体的温度云图呈均匀分布低温状，煤体呈高温状；温度在裂隙的尖端和摩擦处最高，随后向外扩散减小。复合煤岩在加载过程中所产生的电磁辐射会受到应力、温度、裂隙以及内部的丰富节理等因素影响。磁力线以圆形向外扩散，且不断衰减，电磁辐射信号的强度随着应力的增加而增大。

（3）复合煤岩单轴加载实验中，随应力的阶段性增长，红外温度和电磁辐射信号呈现出微小波动、平稳上升、快速增长至峰值、能量骤降至消失四个阶段。理论所分析的应力、红外温度和电磁辐射强度的变化趋势与 ANSYS 仿真结果趋于一致，因此采用应力场-温度场-电磁场耦合来解释煤岩破裂机制具有合理性，可为预防煤岩动力灾害提供新思路。

参考文献

[1] 陆菜平，窦林名．煤岩体电磁效应的影响因素［J］．矿山压力与顶板管理，2004（1）：83-85，111-118.

[2] Wang E Y，Zhao E L. Numerical simulation of electromagnetic radiation caused by coal/rock deformation and failure［J］. International Journal of Rock Mechanics & Mining Sciences，2013，57：57-63.

[3] 王恩元，何学秋，李忠辉，等．煤岩电磁辐射技术及其应用［M］．北京：北京科学出版社，2009.

[4] 谢和平，彭瑞东，鞠杨，等．岩石破坏的能量分析初探［J］．岩石力学与工程学报，2005，24（15）：2603-2607.

第6章

考虑裂隙运动的受载复合煤岩应力-电磁辐射数值模型

6.1 裂隙周期运动对煤岩应力-电磁辐射模型的影响

受载复合煤岩产生的电磁辐射信号实质为电磁波，其产生与带电粒子定向运动、迁移引起的微电流变化密切相关[1-3]。复合煤岩是一种内部结构复杂的混合物，主要由大量碳、氢、氧、氮等元素构成的芳香化合物及部分矿物晶体组成，其内部各分子在范德瓦耳斯力作用下形成氢键或离子键、共价键等化学键，并由此形成硬度、大小等物化特征不同的颗粒。现存研究表明煤岩属于非均质材料，其内部存在大量原生孔隙及微裂隙[4,5]，未对煤岩体加载时不能从外部测到电磁辐射信号。此时煤岩内部虽存有带电粒子，但因其内部排列及运动杂乱无序进而相互抵消，所以在宏观上显示电中性。当外加载荷时，复合煤岩因内存原生裂隙及材料颗粒性质不同，将导致内部各处受力不均发生形变，产生局部应力集中现象（特别是在物化特性不同的粒子间更易出现此现象）。当所受应力超过所处位置某一晶体的强度时，煤岩体内将满足破裂条件，使得内部各分子间原本稳定的化学键、氢键遭到破坏，进而在裂隙两侧产生等量异种电荷，导致裂隙接触面间形成电场，这为煤岩体内部微电流的形成提供了条件。

经上述分析可知，复合煤岩各原生裂隙及加载产生的新生裂隙均可等效为多个微电容，因煤岩自身为混合物，其多数初生裂隙两侧物化特征存在差异，所以在选取不同区域裂隙进行微元分析时，裂隙两侧的煤岩体介电常数通常不同。当复合煤岩受载时，煤岩体内部裂隙间距离改变以及裂隙两侧接触摩擦，促使复合煤岩内部产生多个时变微电流。微电流产生的机理如图 6.1 所示。由图 6.1 可知，在复合煤岩受载时其内部各裂隙状态变化可归纳为“受载压缩—形变释放—受载压缩”的闭环循环过程。其产生有以下两个原因：①外部持续加载产生的微振；②复合煤岩内各部分物化特征参数略有差距造成的承压能力差别。这一循环促使材料内部裂隙两接触面反复接触、摩擦、分离，造成裂隙两侧的电荷数量不断地增减。

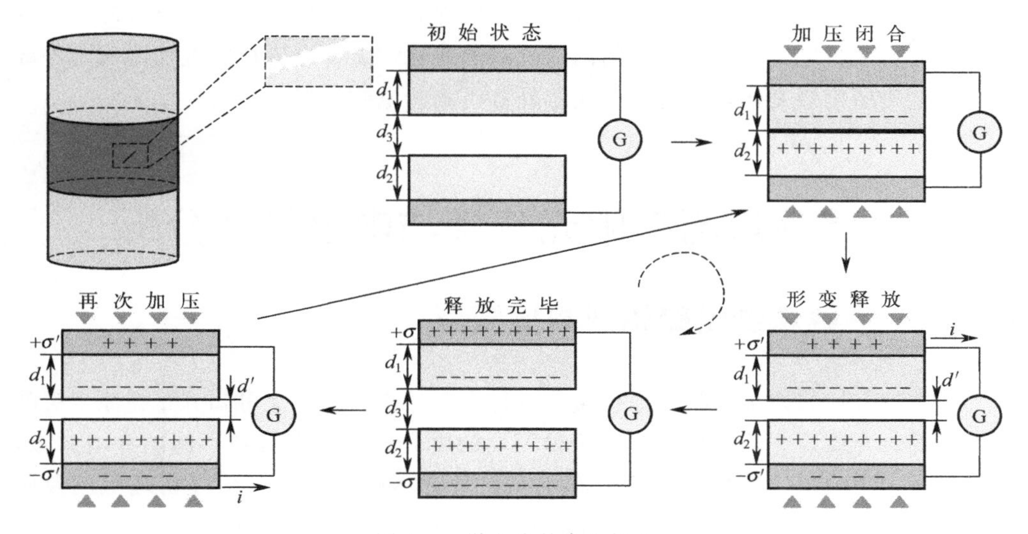

图 6.1　微电流的产生机理

下面以煤岩体内部某一裂隙为微元体进行具体分析。在未外加载荷的初始阶段，复合煤岩内部原生裂隙两侧电荷分布均匀，对外不显示电性，两接触面间存在初始间距 d_3，此时无微电流产生；当开始外加载荷，内部裂隙因外力作用闭合，两侧面接触并产生摩擦，两侧接触面一些粒子和晶体受力大于自身强度，导致部分原有的化学键及氢键断裂重组，在两接触面间快速形成等量异号带电粒子并达到新的电荷平衡，此过程带电粒子未发生定向移动，仍无微电流形成；之后因加载存在短暂间歇及内部能量的持续转化，原生裂隙弹性应变能得以释放，局部也会发生塑性形变或进一步破裂，从而在裂隙两接触面间产生间距 d' 的微小裂隙，这破坏了原生裂隙间的新电荷平衡，使裂隙两侧面分别产生了独立的等量异号带电粒子；由静电感应原理可知，形变释放时裂隙所处微元外侧将感应出与接触面上极性不同的异号电荷，进而在微元外侧产生电动势，复合煤岩作为一种可导电的半导体[6]，微元体外侧多余的负电荷将在电动势的驱动下经外部介质定向移动，并在短时内形成微电流；当形变释放完毕且微元体外侧电荷量与裂隙接触面间电荷量相同时，裂隙所处微元体再次达到电荷平衡，此时将不存在微电流；载荷持续作用会使得新产生的裂隙再次闭合，再次打破形变释放完毕获得的电荷平衡，裂隙两接触面间的带电粒子在范德瓦耳斯力作用下再次重组平衡，且为实现微元体的电量平衡，外侧因静电感应出的负电荷将再次经由外部介质发生定向移动，此次电荷运动方向与弹性释放阶段的方向相反，进而可知此时在短期内将形成之前反向的微电流；当电荷重新达到守恒后，外侧电荷将不再运动，微电流再次消失，微元体将再次进入弹性释放阶段，形成上述的闭环循环过程。

由上述对原生裂隙所处微元体的分析可知，此闭环循环中复合煤岩体内部将不断产生多个不同方向的微电流，这进一步导致煤岩内部产生多个交变电流源。交变电流源的交变微电流不断激发空间内电磁场的变化，多个电磁场的叠加形成了外部可测的电磁场信号变化，这直接促使了外部可测的电磁辐射信号的形成。

6.2 受载煤岩有限元建模与电磁信号分析

6.2.1 受载煤岩电磁辐射数值模型

任选复合煤岩内部的某一原生裂隙进行微元分析，由前文可知分布在原生裂隙两侧的煤岩介质因非均一性可视为两种不同的电介质，因而具备不同的介电常数，同时微元内裂隙两侧的煤岩厚度分布不均，具有不同的厚度。结合物理机制及图6.1分析可知，当对复合煤岩外加载荷时，其内部原生裂隙会在外力作用下闭合，导致裂隙两侧不同电介质间距减小，发生接触摩擦的概率增大。这促使了裂隙间发生电荷转移，且其数值与两接触面间距离有关。而当裂隙内发生形变释放时，裂隙两接触面具备分离趋势，此时两接触面具有异种电性。静电感应下微元体外侧感应出异号电荷，其数值也与裂隙间距离有关。

根据电磁理论及文献［7］可知，此时裂隙两接触面间的感应电动势为

$$U=\sigma'(d',t)\left(\frac{d_1}{\varepsilon_1}-\frac{d_2}{\varepsilon_2}\right)+\frac{\sigma'(d',t)-\sigma_{\mathrm{d}}}{\varepsilon_0} \tag{6.1}$$

式中，U 为感应电动势，V；$\sigma'(d',t)$ 为微元外侧感应的电荷量，C；d'为裂隙两接触面的相对距离（指运动方向固定以某一接触面为参考系，另一接触面的所在位置与初始位置间的相对运动距离，其值随时间 t 改变），m；ε_1、ε_2 分别为裂隙两侧介电常数，F/m；σ_{d} 为转移电荷量，C；ε_0 为真空中的介电常数，F/m。

复合煤岩受载时，内部裂隙两接触面接触摩擦，可看作接触面间发生短路。此时感应电动势 $U=0$，将其代入式(6.1）并整理可得

$$\sigma'(d',t)=\frac{\sigma_{\mathrm{d}}}{\frac{d_1\varepsilon_0}{\varepsilon_1}-\frac{d_2\varepsilon_0}{\varepsilon_2}+1} \tag{6.2}$$

由上述分析可知，煤岩内裂隙两接触面的相对距离 d'与微元外侧感应电荷量 σ'均为和时间 t 有关的函数。为简化后续分析应将 d'从 σ'中分离解耦。由前文机理分析可知，煤岩受载时外界感应电荷量 σ'与裂隙的相对距离 d'呈正相关，两者的关系可表示为

$$\sigma'(t) \propto Kd'(t) \tag{6.3}$$

式中，K 为修正比例系数。

裂隙两侧接触瞬间，短时间内外部仍存在电荷转移，即 $\sigma_{\mathrm{d}} \neq 0$，但此时介质外侧的感应电荷 σ'已不存在，即此时分离 d'参量的 $\sigma'(t)$ 数值为 0。将该条件代入式(6.2)，同时考虑式(6.3) 可得

$$\sigma'(t)=\frac{K\sigma_{\mathrm{d}}d'(t)}{\dfrac{d_1\varepsilon_0}{\varepsilon_1}-\dfrac{d_2\varepsilon_0}{\varepsilon_2}+1} \tag{6.4}$$

根据麦克斯韦方程组与电场本构关系[8] 可知，电位移场可表示为

$$\vec{D}=\varepsilon_0\vec{E}+\vec{P} \tag{6.5}$$

式中，$\vec{D}$ 为电位移矢量，$\mathrm{C/m^2}$；$\vec{E}$ 为电场强度，$\mathrm{V/m}$；$\vec{P}$ 为电极化强度，$\mathrm{C/m^2}$。在分析复合煤岩电场变化时极化可能较低，由此取 $\vec{P}=0$。

将式(6.5) 电磁学中电位仪矢量与位移电流间关系代入式(6.4)，可得在煤岩裂隙运动过程中外部产生的位移电流 $\vec{J}_D$。即产生的微电流为

$$\begin{aligned}\vec{J}_D&=\frac{\partial\vec{D}}{\partial t}=\frac{\partial\sigma'(t)}{\partial t}\\&=\frac{K\sigma_{\mathrm{d}}}{\dfrac{d_1\varepsilon_0}{\varepsilon_1}-\dfrac{d_2\varepsilon_0}{\varepsilon_2}+1}\times\frac{\mathrm{d}d'}{\mathrm{d}t}\end{aligned} \tag{6.6}$$

当极化强度 P 取 0 时，根据式(6.5) 和式(6.6) 可得

$$\frac{\partial E}{\partial t}=\frac{K\sigma_{\mathrm{d}}}{\dfrac{d_1\varepsilon_0^2}{\varepsilon_1}-\dfrac{d_2\varepsilon_0^2}{\varepsilon_2}+\varepsilon_0}\times\frac{\mathrm{d}d'}{\mathrm{d}t} \tag{6.7}$$

式中，$\mathrm{d}d'/\mathrm{d}t$ 项为两接触面分离运动速率，设 v'表示该项，加载时的短期时间内其可视为常数。对式(6.7) 两端以时间 t 积分，可得

$$E(t)=\frac{K\sigma_{\mathrm{d}}v'}{\dfrac{d_1\varepsilon_0^2}{\varepsilon_1}-\dfrac{d_2\varepsilon_0^2}{\varepsilon_2}+\varepsilon_0}t \tag{6.8}$$

式(6.8) 揭示了裂隙运动与电场强度之间的关系。由其可见当时间 t 一定时，电场强度 E 与裂隙接触面分离运动速率 v'呈正相关，即运动分离速率越大，电场

强度越大，两者基本呈线性关系。同时可见，电介质间转移的电荷量 σ_d 越大，电场强度 E 也会越大。在此基础上进一步分析加载条件与电磁信号变化间的关系，人为设定复合煤岩受载时外界载荷过程总平均速率为 v，方向竖直向下。但因煤岩体内部结构复杂，且内部原生裂隙受力并非始终处于平衡状态，将造成各单位时间内的加载速率存在差异，不能实时令各单位时间内的加载速率均为 v，所以在煤岩受载时其内部各裂隙的运动存在加速度，总体方向与外界施加的总平均速率方向一致。

图 6.2 为复合煤岩受载时内部裂隙处应力与速度的矢量分解。由图可知，当复合煤岩受载时总平均加载速率竖直向下，其内部原生裂隙处的受力关系满足

$$\sigma_1-\sigma_1\cos^2\theta-f\sin\theta=ma \tag{6.9}$$

式中，σ_1 为轴向应力，Pa；θ 为裂隙与水平方向的夹角，°；f 为接触面上的摩擦力，N；m 为单位质量，kg；a 为各时刻的加速度，m/s^2。当外界以一定平均速率 v 加载时，则式(6.9) 右端应为一个常数且趋于 0。对其分析可知，应力 σ_1 随时间 t 持续增大，则左端含 θ 的项必随时间减小，即裂隙与水平方向的夹角 θ 随时间有减小的趋势，这也促使了裂隙进一步延伸发展。

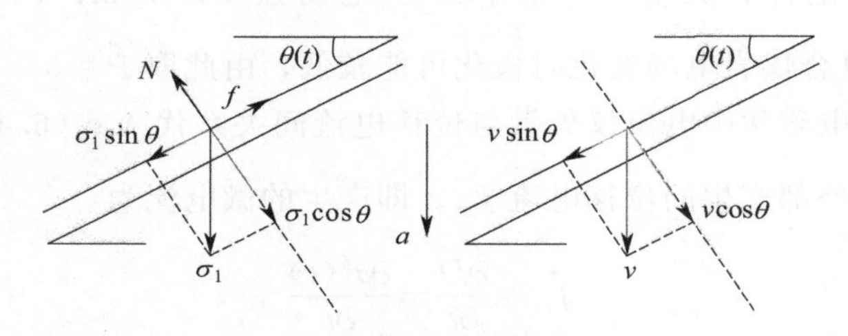

图 6.2 内部裂隙处矢量分解

此外由图 6.2 可见，平均加载速率 v 可分解为沿裂隙与垂直裂隙两个分量。其分别促使裂隙闭合与错动摩擦，则在式(6.9) 的基础上，可得此时的平均加载速率 v 为

$$\begin{aligned} v=at&=\frac{1}{m}\sigma_1 t(\sin\theta-\mu\cos\theta)\sin\theta \\ &=\frac{\sqrt{\mu^2+1}}{m}\sigma_1 t\sin(\theta-\arctan\mu)\sin\theta \end{aligned} \tag{6.10}$$

式中，μ 为裂隙处摩擦系数。由上述分析易知式(6.8) 中的 $v'=v\cos\theta$，将其代入式(6.8) 并联立式(6.10)，则可得复合煤岩受载时电磁辐射数值模型

$$\begin{cases} E(t)=\dfrac{K\sigma_d v\cos\theta}{\dfrac{d_1\varepsilon_0^2}{\varepsilon_1}-\dfrac{d_2\varepsilon_0^2}{\varepsilon_2}+\varepsilon_0}t \\ v(t)=\dfrac{\sqrt{\mu^2+1}}{m}\sigma_1 t\sin(\theta-\arctan\mu)\sin\theta \end{cases} \tag{6.11}$$

由式(6.11)和上述分析可知，轴向应力 σ_1 与电场强度 E 呈正相关，两者变化趋势基本一致。但随复合煤岩加载进程持续推进，裂隙间夹角 θ 将持续减小，裂隙接触面运动速率 $v\cos\theta$ 将持续增大，同时，裂隙间集聚转移电荷量 σ_d 也对电场强度 E 有很大影响，使得电场强度 E 的变化愈发剧烈。

6.2.2 受载复合煤岩仿真模型建立

在 COMSOL 中以轴对称方式建立三维复合煤岩有限元模型，探讨复合煤岩受载时应力及电磁参数的场分布情况，更便于验证数值模型与电磁辐射产生机理。在此基础上，建立二维复合煤岩局部内部裂隙有限元模型，用于分析加载过程内部裂隙扩展与局部电磁场演化规律的作用关系。

由图 6.3 可见，仿真模型主要由空气域、煤岩模型、内部裂隙三部分构成。其中煤岩模型直径 50mm、高 100mm，为三层结构；根据实际与以往成果[9-13]从上至下材料分别设为“岩-煤-岩”，体积比为 1∶1∶1。外界空气域球面半径为 150mm。仿真中利用单轴沿 z 轴位移加压方式施加载荷。仿真模型的裂隙位置根据初步应力场仿真结果与材料性质综合确定，设置在应力梯度较大处。这种设置方式较直接给定位置更易于后续分析电磁辐射产生与演化规律，更能确保获得结论更符合实际，也具有较强的客观性。

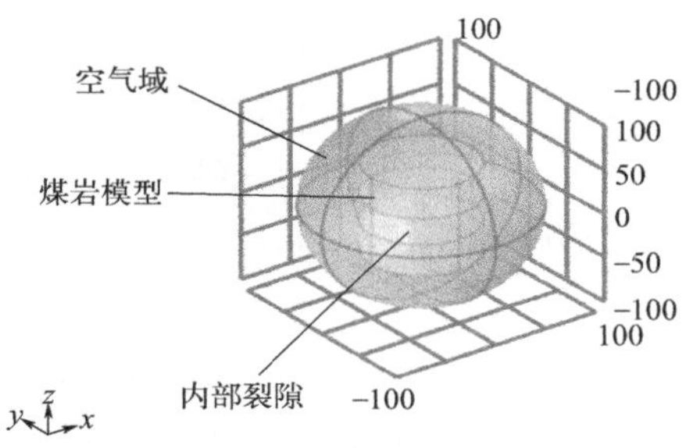

图 6.3　复合煤岩有限元模型（单位：mm）

在三维模型的基础上，建立如图 6.4 所示的煤岩内部裂隙有限元二维模型。其由矩形煤岩和内置裂隙组成，可用于模拟复合煤岩内部裂隙所处状态。内置裂隙与煤岩体中心重合，裂隙与竖直方向夹角为 a，a 值对应裂隙方向，煤岩材料的参数根据裂隙所处位置设置。仿真通过对二维模型施以轴向边界载荷模拟煤岩加载过程。

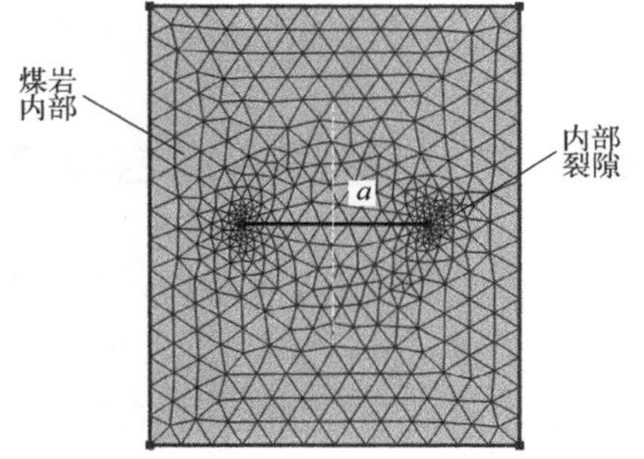

图 6.4　内部裂隙二维模型

6.2.3 仿真条件及求解过程

所建立的有限元仿真模型尺寸已在前文给出，其他求解所需物性参数参考文献［12］设置。其数值如表 6.1 所示。

表 6.1 仿真所需物性参数

物性参数	煤层	岩层	空气
密度/(kg/m^3)	1450	2400	1.20
杨氏模量/GPa	1.00	13.50	
摩擦角/(°)	30	40	
内聚力/MPa	1.00	2.06	
泊松比	0.31	0.12	
介电常数/(F/m)	3.50	6.00	1.00

模型主要采用结构力学弹塑性、静电场、动网格三个求解器进行求解，电磁场、应力场间采用间接法耦合。仿真时模型的网格主体上根据物理场自动划分，设置为较细化精度，内部裂隙两端采用更细化的网格。仿真进行的环境温度设为20℃，环境气压为1atm（1atm＝101325Pa）。仿真步骤如下：

（1）对不含裂隙的三维模型以0.1mm/步载荷条件仿真至结果收敛，观测应力变化与分布云图，由此设定内部裂隙位置与形状；

（2）对含裂隙的三维模型以0.1mm/步载荷条件仿真至收敛，观测云图分析应力变化，取探针值在二维模型以同种条件仿真，利用J积分分析裂隙开裂趋势；

（3）对含裂隙的三维模型在不同加载速度下进行仿真，获取各时刻裂隙处电场分布云图，在煤岩内部到空气域中设置多个探针，对所在处电场强度值进行采样，分析电磁信号空间传播衰减规律。

最后通过仿真求解复合煤岩有限元模型，来验证前文所建立的受载复合煤岩电磁辐射数值模型，同时对因加载产生的电磁辐射形式及其在煤岩介质中的衰减规律展开分析，得出加载时电磁辐射信号演化规律。

6.2.4 受载复合煤岩电磁辐射演化规律

电磁辐射来源于电磁场，本质上是一种波能量。电磁场包括电场和磁场，两者相互激发能量值相等[14]。电场强度是电场重要的物理矢量，电场强度模可用于表示电磁辐射强度。为研究电磁辐射信号在煤岩介质内外的传播规律，在如图6.5的裂隙外侧同一轴线上取7个探针（探针编号a～g），分别检测内部裂隙边缘、煤岩内接近裂隙区域、煤岩内远离裂隙区域、煤岩与空气边界煤岩侧区域、煤岩与空气边界空气侧区域、空气接近煤岩区域、空气远离煤岩区域的电场强度模值。由前文分析可知，复合煤岩在不同阶段单形变周期内电场强度模变化趋势一致，各周期内变化趋势均呈近正弦脉动波形。下面仅对1ms内弹性前中期复合煤岩模型仿真，获得的电场强度（即电磁辐射强度）结果如图6.5所示。

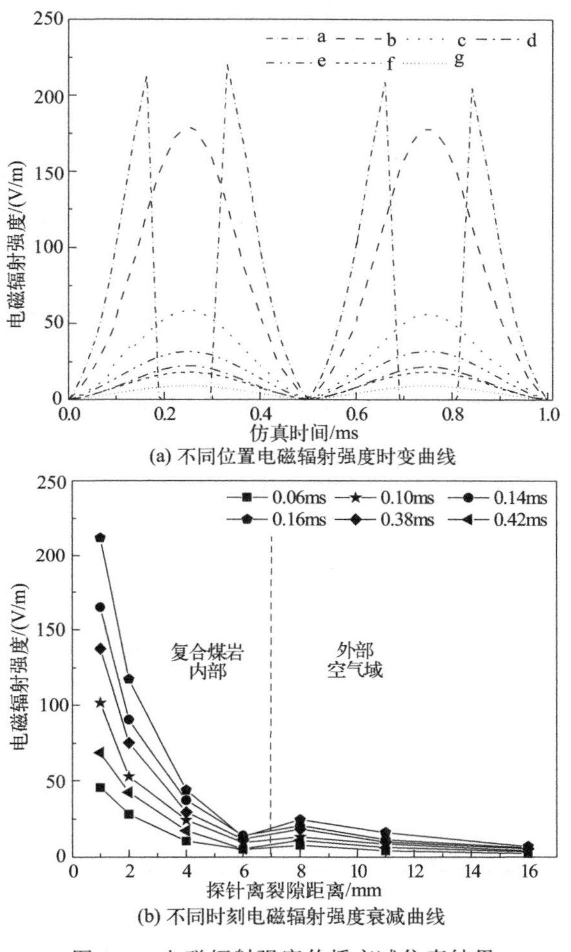

(a) 不同位置电磁辐射强度时变曲线

(b) 不同时刻电磁辐射强度衰减曲线

图 6.5　电磁辐射强度传播衰减仿真结果

由图 6.5(a) 可见，除内部裂隙附近的电磁辐射强度曲线 a 在每个周期中均发生显著畸变外，其他位置电磁辐射强度的时变曲线 b～g 趋势相同，均为近似正弦的脉冲，且各处电磁辐射强度变化基本同步，无明显延时效应。同时如图 6.5(b) 所示，不同时刻复合煤岩受载产生的电磁辐射强度总体上均具备非线性衰减趋势，但在距裂隙 6～10mm 的煤岩-空气交界面附近区域电磁辐射强度外部明显高于内部，与总体趋势不一致，在介质交界面处存在突变点。这一特征与图 6.5(a) 中 e 曲线的电磁辐射强度明显高于 d 曲线相符。此外，由图 6.5(b) 可见，当以煤岩-空气交界面为分界时，复合煤岩内部电磁辐射强度的衰减速率明显高于外部空气域电磁辐射强度的衰减速率。

当以煤岩-空气交界面为分界时，对图 6.5(b) 中 6 个时刻的数据分别进行指数拟合，拟合结果如表 6.2 所示。

由表 6.2 可见，无论是在复合煤岩内部还是外界空气中，在电磁辐射不发生畸变时电磁辐射强度（即电场强度模 E'）与距裂隙距离 L 间均呈指数函数关系，所有拟合曲线的相关系数 R^2 基本在 0.999 以上，拟合结果具有较高的可信度，但相同区域内的拟合结果具体表达式并不相同。同时，同种介质中不同时刻的电磁辐射强度拟合得到的指数函数其底数范围相对固定，在复合煤岩中介于 0.57～0.60 之间，在空气中介于 0.74～0.90 之间。因此可知在煤岩与空气中，不同时刻电磁辐射强度的衰减变化趋势基本一致，其区别仅在于幅值大小。

表 6.2　不同时刻电磁辐射强度衰减曲线拟合结果

拟合范围	拟合结果	R^2
0.06ms 煤岩	$E'=1.54+73.88\times0.60^L$	0.9998
0.06ms 空气	$E'=1.72+67.37\times0.74^L$	0.9997
0.10ms 煤岩	$E'=9.11+158.89\times0.58^L$	0.9950
0.10ms 空气	$E'=1.07+39.91\times0.88^L$	0.9999
0.14ms 煤岩	$E'=9.29+257.55\times0.58^L$	0.9983
0.14ms 空气	$E'=3.75+130.44\times0.77^L$	0.9998
0.16ms 煤岩	$E'=4.31+371.13\times0.59^L$	0.9990
0.16ms 空气	$E'=6.98+70.77\times0.90^L$	0.9999
0.38ms 煤岩	$E'=7.64+244.02\times0.57^L$	0.9991
0.38ms 空气	$E'=3.84+130.36\times0.76^L$	0.9998
0.42ms 煤岩	$E'=1.70+110.36\times0.60^L$	0.9993
0.42ms 空气	$E'=2.51+65.22\times0.77^L$	0.9998

表 6.2 所示的煤岩、空气各段曲线拟合结果基本符合王恩元等在文献［15］中提出的单一煤或岩介质中电磁波动方程

$$\begin{cases}\vec{E}'(t,L)=E(t)\mathrm{e}^{-\beta L+i(\omega t-\alpha L)}\\ \alpha=\omega\sqrt{\dfrac{\mu_\mathrm{b}}{2}\left[\sqrt{\varepsilon^2+\left(\dfrac{\sigma_\mathrm{e}}{\omega}\right)^2}+\varepsilon\right]}\\ \beta=\omega\sqrt{\dfrac{\mu_\mathrm{b}}{2}\left[\sqrt{\varepsilon^2+\left(\dfrac{\sigma_\mathrm{e}}{\omega}\right)^2}-\varepsilon\right]}\end{cases}\tag{6.12}$$

式中，$\vec{E}'$ 为距电场中心 L 处的电场强度矢量，V/m；E 为中心电场强度的模值［当电场源位于受载煤岩内部时其数值随时间 t 改变，变化规律符合式(6.11)］，V/m；L 为距离，m；α、β 分别为相移常数与衰减常数，二者仅与材料参数有关；ω 为角频率，rad/s；μ_b 为介质的磁导率，H/m；σ_e 为介质的电导率，S/m；ε 为介质的介电常数，F/m。

对式(6.12) 分析可知，电磁辐射信号在煤岩单一介质中传播时呈指数变化，这与表(6.2) 中的拟合结果吻合。同时，复合煤岩内部、裂隙间空间及空气作为不同介质，其自身的介电常数 ε、磁导率 μ_b、电导率 σ_e 等物性参数不同，由式(6.12) 可知，当中心电场模值 E 一定且距离 L 相近时，不同介质交界面两侧电场强度矢量 $\vec{E}'$会因所处介质不同而发生明显改变，从而使交界面两侧附近电场强度模值即电磁辐射强度衰减曲线不同。这也阐释了表 6.2 中相同时刻煤岩和空气拟合曲线不同的原因。

此外由式(6.12) 可知，电磁辐射衰减规律仅与中心电场强度 E 和材料物性参数有关，若中心电场强度 E 随时间 t 变化，不同时刻相同材料中电磁辐射强度的衰减曲线幅值应趋于一致。图 6.6 为表 6.2 中拟合结果曲线，其拟合结果趋势基本符合上述分析。但从图 6.6 中也可见，同一介质曲线间存在一定偏差。造成这一现象的原因有以下两方面：①仿真软件所达精度对结果存在一定影响；②电磁波传播需要一定时间，因此同一时刻不同位置的电磁场对应的中心源点 E 并不相同，虽然在图 6.6(a) 中总体上未见延时效应，但数据拟合时偏差多次累加，会造成延时效应。

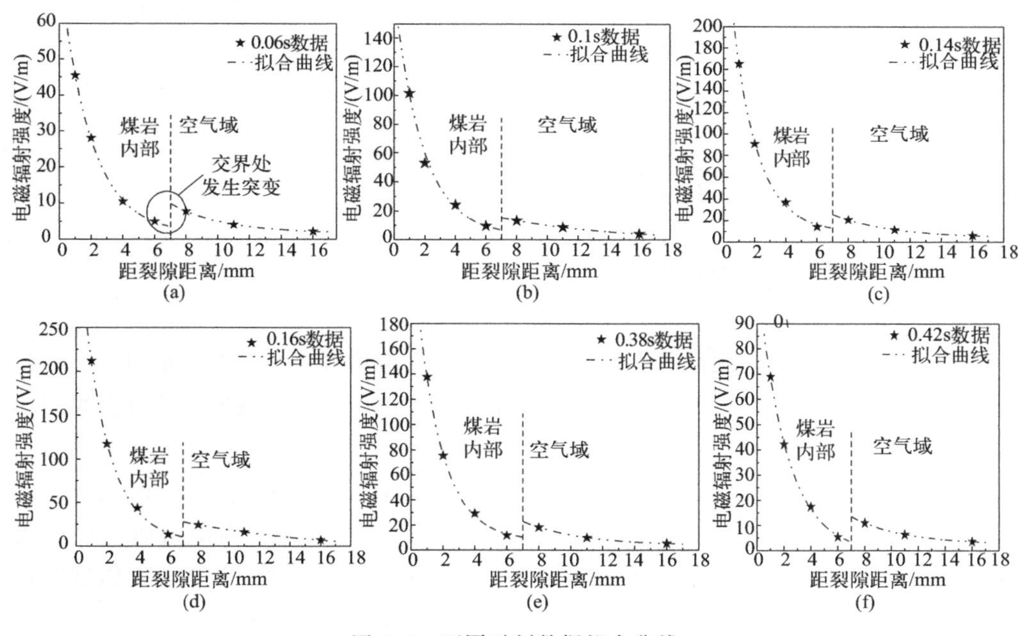

图 6.6　不同时刻数据拟合曲线

下面以受载复合煤岩 0.06ms 时的拟合曲线［图 6.6(a)］为例具体分析。由图 6.6 可知，电磁辐射强度随距离 L 增大而快速衰减，越接近裂隙电磁辐射强度衰减越快。此外，在交界面处电磁辐射强度会发生突变，与图 6.5 中存在突变点的特征一致。此现象的产生与电场强度变化有关。由电磁场边值条件可知，电场强度矢量 $\vec{E}'$ 在两介质交界面上仅切向分量连续，法向分量受两侧介电常数 ε 影响，因此两侧电场强度的模值不同，从而在煤岩-空气交界面处电磁辐射强度产生如图 6.5 和图 6.6 所示的突变点。同理，图 6.5(a) 中裂隙边缘曲线 a 也因电磁场边界切向与法向分量连续性不同而发生畸变。同时由图 6.6 可见，除交界面外电磁辐射强度衰减拟合曲线连续平滑，总体上煤岩内的电磁辐射强度大于空气中，但在交界面±2.5mm 区域内空气中大于煤岩内部。结合图 6.5(a) 可知，外部空气中接近于复合煤岩表面 1.0～2.5mm 的区域电磁辐射强度较大，且在上述范围内电磁辐射强度变化特征明显而稳定，与煤岩内部变化趋势一致。因此，若要在实际中非接触采集电磁辐射信号，应尽量保持探头在此范围内避免畸变的影响。

综上，电磁辐射强度从裂隙向外传播时总体呈指数衰减趋势但并不连续，其将在裂隙边缘、煤岩空气交界等不同介质交界面发生畸变或突变，但这并不会导致空气中离煤岩表面较近的电磁辐射信号的平滑性，其仍与煤岩内部电磁辐射的形式一致、状态同步；电磁辐射信号时变曲线由多个连续的近似正弦脉冲组成，脉冲幅值与煤岩内部损伤破裂状态有关，脉冲幅值越高，煤岩内部损伤越严重，随加载的不断推进，电磁辐射脉冲的幅值越来越高。此外，当其他条件相同时，加载速率越高，电磁辐射脉冲幅值也应越高。

6.3 实验验证及特征总结

6.3.1 场景及实验步骤

为验证前文建立的受载复合煤岩电磁辐射模型及仿真获得的电磁辐射信号演化规律的正确性，在图 6.7 所示的实验场景中开展了多组不同加载速率的复合煤岩单轴受载实验。

由图 6.7 可见，实验对象为圆柱三层煤岩组合件。所有试样高为 100mm，底面直径为 50mm，其上、下两层为砂岩，中层为原煤，均采自中国山西大同某煤矿，各层体积比为 1∶1∶1，各层间相互黏合。实验设备主要由 SNS 万能试验压力机、岩石力学加载系统、屏蔽罩、电磁辐射监测系统组成。SANS 万能试验压力机在岩石力学加载系统的控制下可实现对试样的加载过程，最大载荷可达 300kN，并且可实时监测试样的应力与轴向应变的变化。电磁辐射监测系统主要由磁棒天线、信号调理电路、NF5035 型电磁辐射仪和计算机组成。该系统可采集 1Hz～1MHz 间的电磁辐射信号，并通过 NF5035 型电磁辐射仪采集上传到上位计算机，

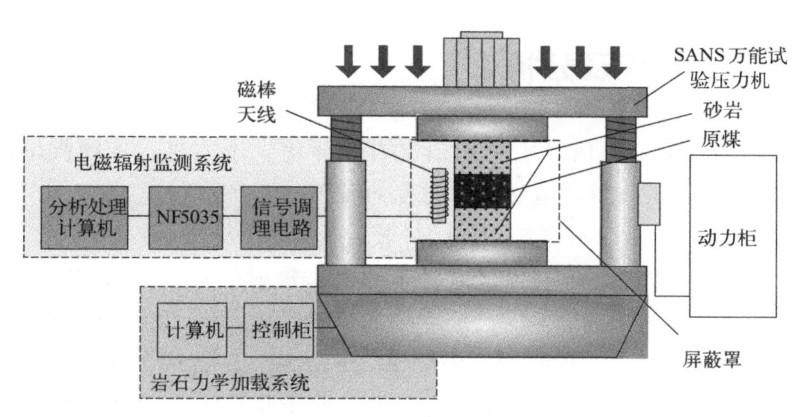

图 6.7　实验场景示意图

实现电磁辐射数据实时显示及后续进一步处理与分析。屏蔽罩的外部由 200 目紫铜网覆盖，可起到屏蔽外界电磁干扰的作用，确保电磁辐射监测系统所测的电磁变化是由复合煤岩受载形变引起的。

具体实验步骤如下：

(1) 取复合煤岩试样置于压力机中心，安装电磁辐射监测系统的磁棒天线，用绝缘线将其悬挂于试样中部。根据前文仿真分析，磁棒天线与试样表面的距离为 3～5mm。

(2) 在试样外加装屏蔽罩，同时关闭实验室周围非必要的设备、照明等电气设备，进一步避免工频电磁场对所获数据的影响。

(3) 接通电源，启动压力机，同步开启电磁辐射监测系统的 NF5035 和上位机监控软件的录波功能，对未加载时实验环境中的电磁辐射信号强度进行检测，检测完毕后复位，准备正式开始实验。

(4) 开始实验，令压力机以预先设定的位移加载速率对试样单轴压缩。该过程中应保持加载速率恒定不变，同时实时监测试样轴向应力变化曲线；当轴向应力达到应力峰且试样破坏时，应立刻停止加载。

(5) 导出岩石力学加载系统中记录的应力、应变数据，以及电磁辐射监测系统中煤岩受载时电磁辐射信号的录波数据，实验结束。

为充分验证前文所提的模型与结论，实验共设置 0.1mm/min、0.3mm/min、0.7mm/min、1.0mm/min 共 4 个不同的复合煤岩加载速率，同时准备 20 个完全相同的复合煤岩试样，并从中随机取出 16 个试样编为 $1^{\#}$～$16^{\#}$，按顺序分成 4 组，分别对应上述 4 个加载速率。为保证实验效果，同组 4 个试样在同种条件下进行重复实验，用于消除实验的偶然性。20 个试样中的剩余 4 个试样作为整体实验的备用试样，若各情况下的组内 4 个试样实验结果离散性过大或效果不佳，应用其补做。

6.3.2 结果处理及分析

实验采集的电磁辐射信号中可能包含自然环境、压力机、工频供电的电磁信号[16]，因此直接采集获得的电磁辐射时变信号 E_Y 可表示为

$$E_Y(t)=E_t(t)+E_0+\sum E_{ei}(t)+E_s(t) \tag{6.13}$$

式中，E_t 为试样加载时包含试样状态的电磁辐射信号，mV；E_0 为自然环境中的电磁噪声；E_{ei} 为工频第 i 次谐波产生的电磁噪声；E_s 为压力机加载切割磁感线产生的电磁干扰信号。式(6.13) 中除 E_t 外均为与煤岩状态无关的干扰项，为保证分析数据的合理性应在分析数据前滤除这些干扰项。自然环境中的电磁噪声 E_0 在一定时间内可视为常量函数，本实验中通过测底噪的方式去除。煤岩受载时 11 次以内的工频谐波 $E_{e1}\sim E_{e11}$ 对结果有一定影响，但各谐波均为 50Hz 的整数倍，周期性明显；同时 E_s 与压力机运动有关，其切割磁感线的频率也具备明显的周期性。对此本实验参考前期成果[17] 采用滤波算法对原始采集信号进行处理，从而提高电磁辐射信号的信噪比，这样也利于后续分析。实验中测得底噪为 58.1mV，对所有直接采集到的原始电磁信号进行处理，最终试样 1# ～16# 的尺寸、抗压强度及滤波处理后的电磁辐射峰值如表 6.3 所示。对表 6.3 中的抗压强度及电磁辐射峰值绘制折线图可得图 6.8 所示的不同加载速率下复合煤岩特征参数变化趋势。

表 6.3 试样尺寸与实验结果

编号	加载速率/(mm/min)	高度/mm	直径/mm	抗压强度/MPa	电磁辐射峰值/mV	编号	加载速率/(mm/min)	高度/mm	直径/mm	抗压强度/MPa	电磁辐射峰值/mV
1#	0.1	100.34	49.82	24.021	686.994	9#	0.7	99.98	49.82	33.382	974.462
2#	0.1	100.18	49.94	23.575	729.740	10#	0.7	100.22	50.08	30.879	982.101
3#	0.1	99.74	49.68	25.693	798.677	11#	0.7	100.08	50.28	32.124	1000.545
4#	0.1	99.86	50.06	23.221	710.312	12#	0.7	99.68	49.02	31.924	994.338
5#	0.3	100.10	50.14	29.998	912.86	13#	1.0	100.24	49.98	35.298	1976.52
6#	0.3	100.02	50.04	27.576	880.221	14#	1.0	100.16	50.02	36.129	1207.244
7#	0.3	100.28	49.86	29.388	902.147	15#	1.0	100.02	50.12	36.383	1213.073
8#	0.3	100.12	49.96	28.024	845.763	16#	1.0	99.98	49.76	34.997	1953.245

结合图 6.8 和表 6.3 可知，当加载速率从 0.1mm/min 增大至 1mm/min 时，复合煤岩试样的抗压强度从 23.221MPa 增至 36.383MPa。由此可知当外界其他条件相似时，加载速率与复合煤岩抗压强度间具有相关性，抗压强度随加载速率增大而增大。这与其他已有相关研究的实验[18-22] 获得的数据特点相同，因而本实验结

果可信度高，具有一定的普适性。同时电磁辐射峰值的变化与抗压强度的变化趋势及特征一致，同种加载条件下不同试样间的电磁辐射峰值间也具备离散性。此外可见，在相同加载速率下复合煤岩的抗压强度并不恒定，数值在 1～2MPa 范围内小幅波动，实验结果不稳定，具有一定的离散度，这与不同煤岩试样自身物性参数因采集位置不同存在差异有关，且在其他外界条件一致时，复合煤岩的电磁辐射峰值随加载速率的升高而增大，当加载速率为 1.0mm/min 时复合煤岩试样的电磁辐射最大可达 1213.073mV。这基本符合所建立的数值模型［式(6.11)］对复合煤岩加载速率 v 与电磁辐射强度 E 的描述，也间接有效地验证了所提出的受载复合煤岩电磁辐射生成机理的合理性。

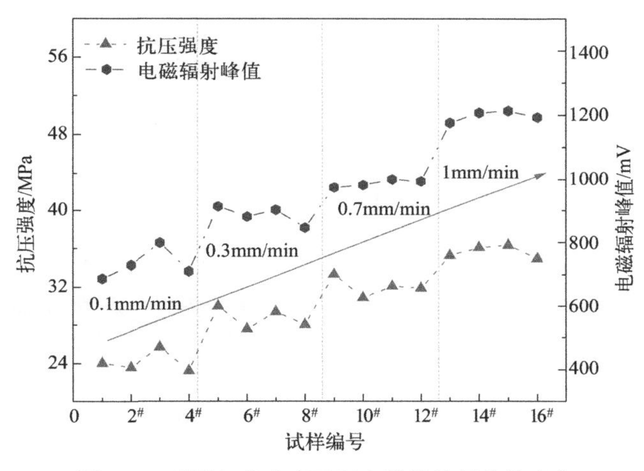

图 6.8　不同加载速率下复合煤岩特征参数变化

6.3.3　受载复合煤岩电磁辐射演化规律

实验中不同复合煤岩试样同一加载速率下轴向应力、电磁辐射强度总体变化趋势基本一致，因而在各加载速率下，在 4 组试样中选取一个数据曲线较为清晰的实验结果分析轴向应力变化及电磁辐射演化规律。2#、5#、9# 和 15# 试样的受载特征参数变化曲线如图 6.9 所示。

对比图 6.9(a)～(d) 可见，不同加载速率下复合煤岩试样轴向应力、电磁辐射强度变化趋势一致，不同试样受载时其电磁辐射信号均为不同脉冲强度组成的脉冲信号串，与前文理论及仿真分析结果一致。此外，受载复合煤岩轴向应力、电磁辐射强度变化具有阶段性，两者变化特征间存在明显的对应性，实验获得的不同加载速率下各试样的应力曲线均与前文图 6.6(d) 仿真结果相似。由此可知，前文建立的受载复合煤岩模型符合实际，仿真对应力的分析具有参考性与适用性，因而实

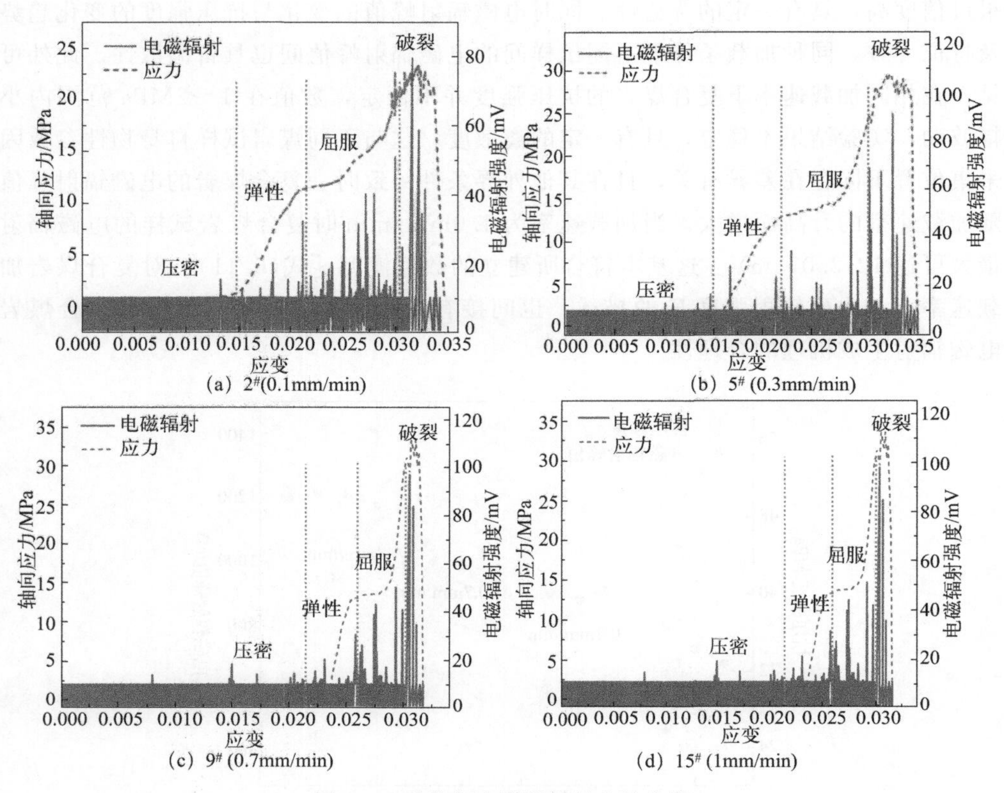

图 6.9 受载复合煤岩特征参数曲线

验曲线也可划分为压密、弹性、屈服、破裂这四个阶段，在讨论复合煤岩受载时对电磁辐射演化规律进行分析。下面以加载速率为 0.1mm/min 的 2# 试样实验结果[图 6.9(a)] 为例进行具体分析。

由图 6.9(a) 可见，受载复合煤岩各应力阶段电磁辐射强度变化特征不同，总体呈现先平稳后剧烈的演化规律。在压密阶段大部分时间内，电磁辐射脉冲的幅度基本不发生改变且波动平稳，其电磁辐射强度基本保持在 10mV 左右。此阶段内电磁辐射强度变化和轴向应力变化趋势基本一致。此阶段大部分时间内应力主要用于压实煤岩体中原始存在的大量微小裂隙，内部裂隙两接触面初始时并不显示电性，受力内部各裂隙运动幅度较为规律，且不会产生明显裂隙延伸造成电荷量的增大，因此并未出现明显的电磁辐射信号强度变化与波动，这符合前文所述的微观分析。压密阶段末期即压密与弹性阶段交界处，电磁辐射脉冲出现局部强度不大的波动，其数值略高于平均值 10～15mV。此时受载复合煤岩仍以压实内部原生裂隙为主，但因不同原生裂隙结构尺寸存在差异，煤岩体内少数尺寸较小的裂隙将由于应力持续增大达到抗压极限，从而造成裂隙向两侧延伸形变并产生电荷，导致电磁辐射信号波动，且较高峰值脉冲数量较少。弹性阶段内，复合煤岩试样的轴向应力近线性快速上升，且其主要以弹性形变为主。该阶段内电磁辐射信号多数时刻仍保持在10mV，但在不同区域内仍会偶发显著波动，且随轴向应力增大，电磁辐射脉冲波动幅值逐步升高，而信号总体波动幅值不高，其主要介于11～20mV间。这与煤岩体内因受载逐步到达应力极限向外延展释放形变的原生裂隙数目增多有关，这一效应使这些裂隙表面产生电荷，并在静电效应下发生迁移，同时在煤岩内部逐步形成多个时变微电流源，因而其在叠加效应下造成电磁辐射脉冲的波动与幅值增长，但此阶段复合煤岩试样主要仍以弹性形变为主，其内部绝大部分仍未达到应力极限，因此裂隙处新生电荷形成微电源仍为偶发现象。屈服阶段，复合煤岩轴向应力仍在上升，但其非线性变化特征愈发明显，同时电磁辐射脉冲波动愈发剧烈且电磁辐射脉冲峰值显著提高，最高可达50mV以上，这与前两个阶段的信号特征截然不同。此阶段复合煤岩内部越来越多裂隙因持续加载达到受力极限，且这一现象的发生会随加载的推进而不断加快，总体可见煤岩内部各裂隙向外扩张趋势意发明显，塑性形变逐步代替弹性形变起主要作用，在试样加载时可听到微弱破裂声，这些变化促使试样内部各裂隙单周期往复运动最大距离持续增加、运动频率不断加快，同时致使单位时间产生的自由电荷总量因裂隙扩展时粒子间化学键断裂不断增多，因此在以上条件共同作用下受载复合煤岩外部电场分布在此阶段打破了前两个阶段的稳定特征，使电磁辐射脉冲信号具备了不稳定持续波动、幅值不断快速增长等阶段特征，这些特征基本符合前文仿真分析结果。破裂阶段时，复合煤岩轴向应力迅速达到峰值，该过程伴随剧烈波动，电磁辐射信号变化快速且剧烈，其脉冲幅值明显高于其他阶段，该阶段电磁辐射脉冲峰值显现，其与应力峰值对应的应变几乎相同，具有同步性，达到峰值时外部可听到明显的破裂声，且整体受力已达抗压强度，试样内部大规模发生塑性形变，内部裂隙延伸效果较前期更加明显，这使得裂隙间可运动的最大距离及其运动频率明显增大，形成了电磁辐射快速变化的结构基础，并且此时随着大量新生裂纹沿着原生裂纹的迅速产生，还致使内部裂隙处单位电荷密度迅速增大，煤岩内部带电粒子定向运动产生的微电流有效值不断增大，最终促使电场分布变化更为剧烈，进一步提高了电磁辐射信号脉冲的幅值，这种效应在轴向应力达到最大时最为猛烈，因而使得受载复合煤岩的应力峰和电磁辐射峰趋于同步。轴向应力越过峰值后快速下降，复合煤岩试样电磁辐射信号逐渐恢复平稳，同时外部可见试样表面出现明显破裂并伴随巨大破裂声，此时虽然外部仍在施力，但试样本身裂隙已明显破坏了初始结构，裂隙两侧扩展延伸虽仍会增大自身电荷量，但裂隙间距过大已不足以形成稳定的电场，从而导致实际形成电磁辐射信号的电荷数量大幅减少，电磁辐射脉冲幅值因而下降再次回归到压密阶段的初始状态。

上述对实验结果的分析进一步揭示了复合煤岩受载时电磁辐射信号各应力阶段的特征及其演化规律。此外还可见，实验结果符合前文理论分析建立的受载复合煤岩应力-电磁辐射数值模型与有限元仿真结论，从侧面保证了前文理论分析的合理性与正确性。结合综合仿真与实验结果可得复合煤岩受载破裂电磁辐射演化规律如图 6.10 所示。

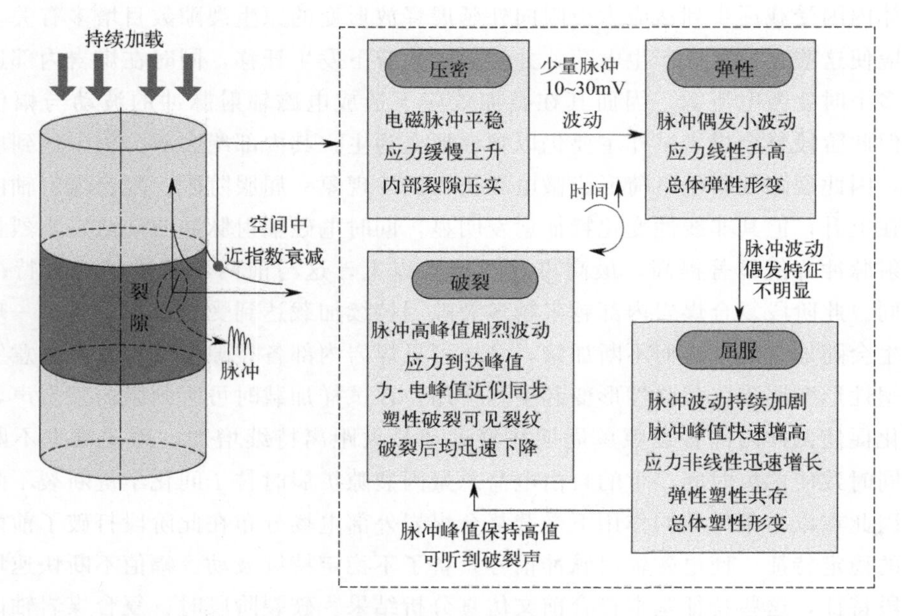

图 6.10　受载复合煤岩电磁辐射演化规律示意图

6.4 本章小结

以组合比 1∶1∶1 的复合煤岩为研究对象，基于微观理论分析，研究复合煤岩辐射信号的生成机理，通过构建复合煤岩受载时应力-电磁辐射数值模型，利用有限元仿真进而获取受载煤岩电磁辐射信号形式及其各应力阶段下特征和传播衰减规律，最后通过单轴实验验证理论与仿真结论，并进一步研究受载复合煤岩电磁辐射信号的演化规律，得到如下结论：

(1) 复合煤岩受载时内部各原生裂隙摩擦延伸及其“受载压缩—形变释放—受载压缩”周期性变化致使内部电荷量改变产生电势差，在此电势差驱动下电荷发生定向运动形成交变微电流源，促使电场分布周期性变化，产生随应力及时间变化的电磁辐射信号，且加载速率、应力与电磁辐射强度呈正相关。

(2) 受载复合煤岩裂隙多发煤层中，受载后期裂纹出现于煤层外侧，其两侧面受剪力错动变形且斜向外延伸，各内部裂隙可等效于总电量与极板间距时变的电容器，受载时煤岩内外空间各点电磁辐射信号形式均为近正弦脉冲，每个脉冲对应一次内部裂隙循环运动，裂隙形变至周期极限时对应脉冲值最大，且裂隙运动频率、电磁辐射峰值均随应力增大而增大，电磁辐射脉冲峰值越高复合煤岩内部损伤越大，其越具有趋于破裂的趋势。

（3）受载复合煤岩空间中电磁辐射从裂隙处向外指数形衰减，裂隙边缘、介质交界面因两侧电参数的差异信号而发生畸变或突变产生断层，但并不影响其他区域的信号特征与平滑性，对内外数据指数拟合，其相关系数均达 0.999 以上，且不同位置的电磁辐射信号延时效应可忽略，煤岩内外 1.0～2.5mm 区域内空气域中的电磁辐射强度高于煤岩中，且其特征明显，具有一定稳定性，在此范围内可采集到质量较好的电磁辐射数据。

（4）受载复合煤岩各应力阶段电磁辐射形式相同但特征不同，压密阶段电磁辐射总体小幅平稳波动，末期因局部裂隙达到极限出现 10～15mV 的脉冲波动；弹性阶段电磁辐射信号规律波动，同时伴有偶发性脉冲强度小幅增长；屈服阶段信号波动猛烈且脉冲强度迅速增大，煤岩由弹性形变向塑性形变快速过渡，裂隙扩展效应增强；破裂阶段电磁辐射信号保持高幅值波动，出现与应力峰几乎同步的电磁辐射峰，之后煤岩破裂，应力跌落，电磁辐射强度恢复压密阶段的平稳状态。实验结果与仿真结果相符。

参考文献

[1] Song X Y, Li X L, Li Z H, et al. Study on the characteristics of coal rock electromagnetic radiation (EMR) and the main influencing factors [J]. Journal of Applied Geophysics, 2018, 148: 216-225.

[2] 窦林名，何学秋．冲击矿压危险预测的电磁辐射原理 [J]. 地球物理学进展，2005，20（2）：427-431.

[3] Yavorovich L V, Bespalko A A, Fedotov P I, et al. Electromagnetic radiation generated by acoustic excitation of rock samples [J]. Acta Geophysica, 2016, 64 (5): 1446-1461.

[4] Chen Y L, Cui H D, Pu H, et al. Study on mechanical properties and cracking mode of coal samples under compression-shear coupled load considering the effect of loading rate [J]. Applied Sciences, 2020, 10 (20): 7082.

[5] Lian X G, Zhang Y J, Liu J B, et al. Rules of overburden crack development in coal mining with different ratios of rock-soil strata conditions [J]. Arabian Journal of Geosciences, 2022, 15: 511.

[6] Peng C, Wang E Y, Chen X X, et al. Regularity and mechanism of coal resistivity response with different conductive characteristics in complete stress-strain process [J]. International Journal of Mining Science and Technology, 2015 (5): 779-786.

[7] 孙云菲．多界面结构摩擦纳米发电机 [D]. 西安：西安电子科技大学，2021.

[8] Sobolev V, Bilan N, Dychkovskyi R, et al. Reasons for breaking of chemical bonds of gas molecules during movement of explosion products in cracks formed in rock mass [J]. International Journal of Mining Science and Technology, 2020, 30 (2): 122-126.

[9] Li X, Zuo H, Yang Z, et al. Coupling mechanism of dissipated energy electromagnetic radiation energy during deformation and fracture of loaded composite coal-rock [J]. ACS Omega, 2022, 7: 4538-4549.

[10] Li X, Li H, Yang Z, et al. Coupling mechanism of dissipated energy-infrared radiation energy of the deformation and fracture of composite coal-rock under load [J]. ACS Omega, 2022, 7 (9): 8060-8076.

[11] Li X, Wang X, Yang Z, et al. Variation law of infrared radiation temperature of unloading fracture of composite coal-rock [J]. Geofluids, 2021, 2021: 7108408.

[12] Li X, Li H, Yang Z, et al. Experimental study on triaxial unloading failure of deep composite coal-rock [J]. Advances in Civil Engineering, 2021, 2021: 1-14.

[13] 李鑫，李昊，杨桢，苏小平，等．复合煤岩变形破裂温度-应力-电磁多场耦合机制 [J]. 煤炭学报，2020，45 (5): 1764-1772.

[14] Pavoni M, Sirch F, Boaga J. Electrical and electromagnetic geophysical prospecting for the monitoring of rock glaciers in the Dolomites, Northeast Italy [J]. Sensors, 2021, 21 (4): 1294.

[15] 王恩元，何学秋，李忠辉，等．煤岩电磁辐射技术及其应用 [M]. 北京：科学出版社，2009.

[16] 李成武，董利辉，王启飞，等．煤岩微弱电磁信号的噪声源识别及去噪方法 [J]. 煤炭学报，2016，41 (8): 1933-1940.

[17] 刘桂芬，蔡景怡，杨桢，等．基于 AEEMD 与 IWT 的电磁辐射信号去噪研究 [J]. 传感器与微系统，2016，35 (7): 38-41.

[18] 余伟健，潘豹，李可，等．岩-煤-岩组合体力学特性及裂隙演化规律 [J]. 煤炭学报，2022，47 (3): 1155-1167.

[19] 魏文辉，魏皑冬，段敏克．轴向加载速率对原煤力学和渗透特性的影响 [J]. 煤矿安全，2021，52 (7): 39-46.

[20] 杨博飞．不同加载速率下煤岩试样力学参数与声发射规律研究 [D]. 徐州：中国矿业大学，2020.

[21] Huang B, Liu J. The effect of loading rate on the behavior of samples composed of coal-rock [J]. International Journal of Rock Mechanics & Mining Sciences, 2013, 61: 23-30.

[22] Bai J, Dou L, Makowski P, et al. Mechanical properties and damage behavior of rock-coal-rock combined samples under coupled static and dynamic loads [J]. Geofluids, 2021: 1-18.

第 7 章

循环加-卸下复合煤岩受载破裂红外辐射-能量演化及耦合机制

7.1 基于表面温度的煤岩受载状态识别方法

7.1.1 复合煤岩卸荷热力耦合模型研究

由斯特潘-玻尔兹曼定理（Stefan-Boltzmann law）可知，煤岩表面的热红外辐射能与其物理温度的 4 次方和发射率成正比，当煤岩材料类型及表面光洁度一定时，其表面接收的热红外辐射强度只与煤岩物理温度有关[1]。所以，在加载-卸荷过程中，复合煤岩在应力作用下热红外辐射强度会发生改变，原因就是外加应力引发了煤岩热场改变，从而导致煤岩表面热红外辐射温度场的异化。这种热变化实际上是一种热力耦合效应，其中热应力作用会产生热损伤等影响，加速煤岩体失稳破坏。

按照弹性损伤理论（elastic damage theory），煤岩损伤后的等效弹性模量 E 可以表示为

$$E=(1-D)E_0 \tag{7.1}$$

式中，E_0 为损伤前的初始弹性模量；D 为损伤变量，用于描述外载荷作用下煤岩的损伤程度及演化。

以煤岩体内部微元体为研究对象时，加卸荷过程中的三个主应力大小均不为零，整体符合广义胡克定律。其中主应力应变公式为

$$
\begin{cases}
\varepsilon_x = \dfrac{1}{E}[\sigma_x - \mu(\sigma_y + \sigma_z)] \\
\varepsilon_y = \dfrac{1}{E}[\sigma_y - \mu(\sigma_x + \sigma_z)] \\
\varepsilon_z = \dfrac{1}{E}[\sigma_z - \mu(\sigma_x + \sigma_y)]
\end{cases} \tag{7.2}
$$

式中，ε_x、ε_y、ε_z 为主应变；σ_x、σ_y、σ_z 为主应力；μ 为泊松比。

剪应变公式为

$$
\begin{cases}
\gamma_{xy} = \dfrac{1}{G}\tau_{xy} = \dfrac{2(1+\mu)}{E}\tau_{xy} \\
\gamma_{yz} = \dfrac{1}{G}\tau_{yz} = \dfrac{2(1+\mu)}{E}\tau_{yz} \\
\gamma_{zx} = \dfrac{1}{G}\tau_{zx} = \dfrac{2(1+\mu)}{E}\tau_{zx}
\end{cases} \tag{7.3}
$$

式中，γ_{xy}、γ_{yz}、γ_{zx} 为剪应力；τ_{xy}、τ_{yz}、τ_{zx} 为剪应变；$G=E/[2(1+\mu)]$，为拉梅常量。

式(7.2)、式(7.3) 两公式共同表示了复合煤岩在卸荷条件下的应力应变关系。

在三维弹性系统中，应变可以用主应变和剪应变分量来表征。根据热力学原理及相关文献，可进一步推导出复合煤岩各组分的温度变化与其应变的关系式为

$$
\Delta T = \frac{T_0 V}{C}(\sum \beta\varepsilon_i + \sum \beta\tau_{ii}) \tag{7.4}
$$

式中，T_0 为复合煤岩的初始温度，℃；V 为复合煤岩不同组分的体积，m^3；C 为复合煤岩不同组分的比热容，J/(kg·K)；$\beta=\left(\dfrac{\partial \sigma_i}{\partial T_0}\right)_\varepsilon$ 或 $\left(\dfrac{\partial \tau_{ii}}{\partial T_0}\right)_\varepsilon$，为热应力系数。

则复合煤岩不同组分任意时刻的温度场 T 为

$$
T = T_0 + \Delta T \tag{7.5}
$$

将公式(7.1)～公式(7.3) 代入式(7.4) 中，并根据公式(7.5) 可得到复合煤岩各组分温度场与其应变的具体关系式：

$$
T = T_0\left\{\left(1+\frac{V}{C}\right)\left[\frac{1-2\mu}{(1-D)E_0}(\beta_x\sigma_x + \beta_y\sigma_y + \beta_z\sigma_z) + \frac{(1-D)E_0}{1-2\mu}(\beta_{xy}\sigma_{xy} + \beta_{yz}\sigma_{yz} + \beta_{zx}\sigma_{zx})\right]\right\} \tag{7.6}
$$

为建立热力耦合模型，还需补充热传导方程确定煤岩体中温度场 T 的分布。依据热力学中的热量平衡原理，假设复合煤岩比热容 C 和热导率 λ 为不随温度改变的常数，则可引入固体三维各向异性热传导的微分方程描述复合煤岩内部温度

场。具体微分方程为

$$\frac{\partial T}{\partial t}=\frac{f(t)}{\rho C}\left[\frac{\partial}{\partial x}\left(\lambda_{x}\frac{\partial T}{\partial x}\right)+\frac{\partial}{\partial y}\left(\lambda_{y}\frac{\partial T}{\partial y}\right)+\frac{\partial}{\partial z}\left(\lambda_{z}\frac{\partial T}{\partial z}\right)\right] \tag{7.7}$$

式中，T 为温度场；ρ 为材料的密度，kg/m^3；λ_x、λ_y、λ_z 为材料在三个方向上的导热率，W/(m·K)；$f(t)$ 为放热速率。

而当煤岩在外力作用下发生损伤后，将会引起煤岩热导率和比热容的升高。现假设损伤 D 对复合煤岩的比热容 C 和热导率 λ 的影响满足如下函数关系：

$$C=C_0 e^{D/\alpha_{\lambda_i}},\lambda_i=\lambda_0 e^{D/\alpha_{\lambda_i}} \tag{7.8}$$

式中，C_0、λ_0 和 C、λ_i 分别为煤岩损伤前后的比热容和热导率；α_{λ_i} 为损伤对煤岩热导率的影响系数。

将式(7.8) 代入式(7.6) 和式(7.7) 中，可以计算出煤岩不同组分的温度及煤岩内各点的瞬时温度。而平均红外辐射温度（T_{ave}）是指某一时刻煤岩表面各点所对应的红外辐射温度平均值，整体上反映煤岩表面红外辐射温度场的变化特征，其具体公式为

$$T_{ave}=\frac{1}{n}\sum_{i=1}^{n}T_i \tag{7.9}$$

式中，T_i 为温度场中第 i 个点的辐射温度；T_{ave} 为 T_i 的均值；n 为选取的复合煤岩点数。

综上，复合煤岩卸荷破裂过程中热红外辐射温度场、应力场耦合数学模型为

$$\begin{cases} T=T_0\left\{\left(1+\dfrac{V}{C_0 e^{D/\alpha_C}}\right)\left[\dfrac{1-2\mu}{(1-D)E_0}(\beta_x\sigma_x+\beta_y\sigma_y+\beta_z\sigma_z)\right.\right. \\ \qquad \left.\left.+\dfrac{(1-D)E_0}{1-2\mu}(\beta_{xy}\sigma_{xy}+\beta_{yz}\sigma_{yz}+\beta_{zx}\sigma_{zx})\right]\right\} \\ \dfrac{\partial T}{\partial t}=\dfrac{\lambda_0 f(t)}{\rho C_0 e^{D/\alpha_C}}\left[\dfrac{\partial}{\partial x}\left(e^{\frac{D}{\alpha_{\lambda_x}}}\dfrac{\partial T}{\partial x}\right)+\dfrac{\partial}{\partial y}\left(e^{\frac{D}{\alpha_{\lambda_y}}}\dfrac{\partial T}{\partial y}\right)+\dfrac{\partial}{\partial z}\left(e^{\frac{D}{\alpha_{\lambda_z}}}\dfrac{\partial T}{\partial z}\right)\right] \\ T_{ave}=\dfrac{1}{n}\displaystyle\sum_{i=1}^{n}T_i \end{cases} \tag{7.10}$$

7.1.2 复合煤岩卸荷仿真模型研究

利用 FLAC3D 软件建立尺寸为 ϕ50mm×100mm 的标准圆柱体复合煤岩三维模型，其组分岩-煤-岩的比例为 1∶1∶1；模型总体划分为 79200 个单元，80581 个节点。设定复合煤岩三维模型在力学模式下的本构关系为常用的摩尔-库伦塑性模型[2]，热学模式下的本构模型为各向异性热传导模型。仿真模型的材料物性参

数见表 7.1。

设定热学模式下复合煤岩仿真模型的初始温度及环境温度为 20℃；力学模式下三轴加载-卸荷仿真步骤为：

(1) 对模型顶部和底部施加固定约束和轴向应力，并施加 10 MPa 围压。

(2) 保持围压不变，以 0.05mm/min 的位移速率加载，记录应力加载曲线直至煤岩破裂，并记录应力峰值强度。

(3) 在步骤 (2) 的仿真条件下重新进行三轴加载，当应力达到峰值强度的 80%时，以不同卸围压速率 (0.003MPa/s、0.03MPa/s、0.05MPa/s) 进行卸荷仿真，直至煤岩破裂，仿真结束。

表 7.1 材料的物性参数

物性参数	煤	岩
体积模量/GPa	1	4.5
剪切模量/GPa	0.8	3
内聚力/MPa	1	2.5
抗拉强度/MPa	1	2
密度/(kg/m^3)	1450	2400
比热容/[J/(kg·K)]	1200	920
热膨胀系数/$℃^{-1}$	6.435×10^{-6}	3.9×10^{-5}
热导率/[W/(m·K)]	0.258	3.081

7.2 循环加-卸受载煤岩红外辐射信号演化规律

对于煤岩加载，红外辐射来源于热弹效应和摩擦热效应[3]。热弹效应存在于弹性变形中，受压部分温度上升，受拉部分温度下降。但摩擦热效应存在于塑性变形中，破裂区域因摩擦温度上升。红外辐射温度是物质能量释放的一种形式，与能量变化密切相关。

试验对试样表面的温度-时间曲线进行研究。15 个试样曲线变化趋势及规律，如表 7.2 示。这里仅针对 1# 试样 (300N/s) 的加卸荷速率及温度变化做深入分析，其他试样不再详细分析。

1# 试样的加卸荷红外辐射温度-应力-时间曲线见图 7.1，热红外成像见图 7.2。根据各阶段温度变化规律，试验过程分四个阶段进行分析：起始升温阶段 (*OA* 段) 加卸荷开始，煤岩反复受力，内部存在的一些原生裂隙和孔洞等非连续构造在受力闭合过程中消耗能量，且由于热弹效应，在时间 $t=68.4$s 时，煤体顶板、底板砂岩升温均约为 0.2℃。温度平稳阶段 (*AB* 段) 在加卸荷的持续作用下，煤体平均温度稳定在 18.8℃附近，此阶段煤体表面没有明显变化。随着压力机的做功

表 7.2 复合煤岩红外温度数据

试样编号	加载速率/(N/s)	顶板岩温度差/℃	底板岩温度差/℃	煤体温度差/℃	破坏载荷/kN	抗压强度/MPa
0#	300	0.379	0.413	0.6	45.762	24.076
1#	300	0.362	0.372	0.671	46.646	24.595
2#	300	0.401	0.401	0.626	46.897	24.798
3#	300	0.297	0.376	0.597	46.529	24.329
4#	300	0.426	0.397	0.616	47.078	24.998
5#	500	0.38	0.41	0.715	57.029	29.466
6#	500	0.36	0.39	0.7	57.498	29.806
7#	500	0.425	0.468	0.682	57.576	30.103
8#	500	0.408	0.386	0.716	58.034	30.395
9#	500	0.407	0.309	0.709	56.977	29.072
10#	800	0.405	0.482	0.814	67.061	34.097
11#	800	0.432	0.479	0.823	67.527	34.576
12#	800	0.368	0.368	0.797	67.826	34.926
13#	800	0.291	0.397	0.805	67.263	34.371
14#	800	0.371	0.365	0.814	66.925	33.836

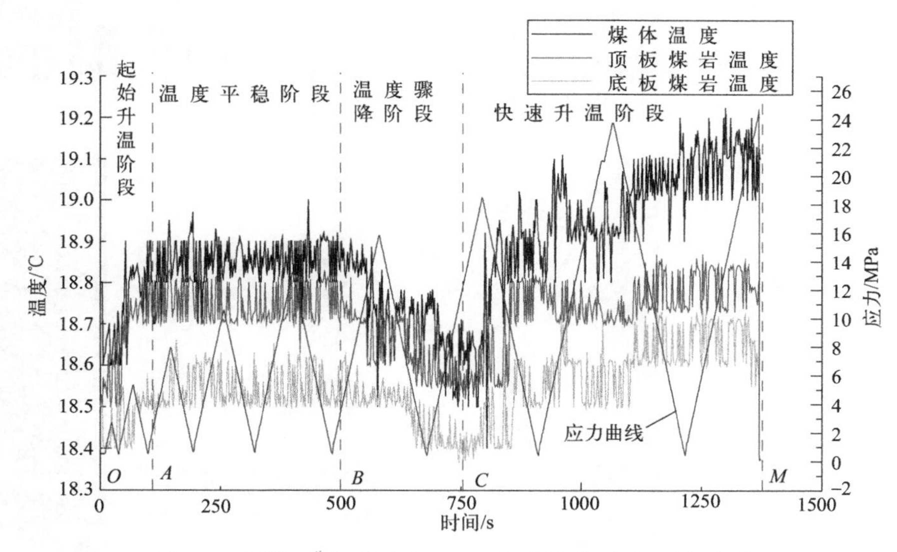

图 7.1 试样 1# 加载速率 300 N/s 的温度-应力-时间曲线

不断增大，试样弹性势能增加，煤岩体总能量不断增加。温度骤降阶段（BC 段），时间 $t=550$s 时，应力为 11.734MPa，此时位于弹性阶段末期，热弹效应不明显，且裂纹还未大量生成，机械能大量聚集但未转化为热能，随着时间延长温度降低，煤体降温幅度约为 0.2℃，岩体部分也有小幅度降温。快速升温阶段（*CM* 段），当 $t=825$s 时，煤体红外辐射温度曲线开始呈现阶跃式上升，升温约 0.4℃。通过热弹效应和裂纹生成扩展过程中分子内摩擦生热，可将煤体增加的机械能转化为热能。在第 8 次卸荷 $t=1184$s 时有明显破裂声音，煤组分中煤岩接触面产生碎裂，此时煤岩释放能量。第 9 次加载煤组分时其承载结构被破坏，$t=1370$s 时试样失稳，最终煤体温度阶跃式上升到 19.2℃。复合煤岩承受的最大应力为 24.595MPa。

从图 7.2 的热成像可以看出煤体的温度变化最明显，且温度最高点位于煤体的中间轴向区域和中下部区域，岩体部分温度变化幅度较小。

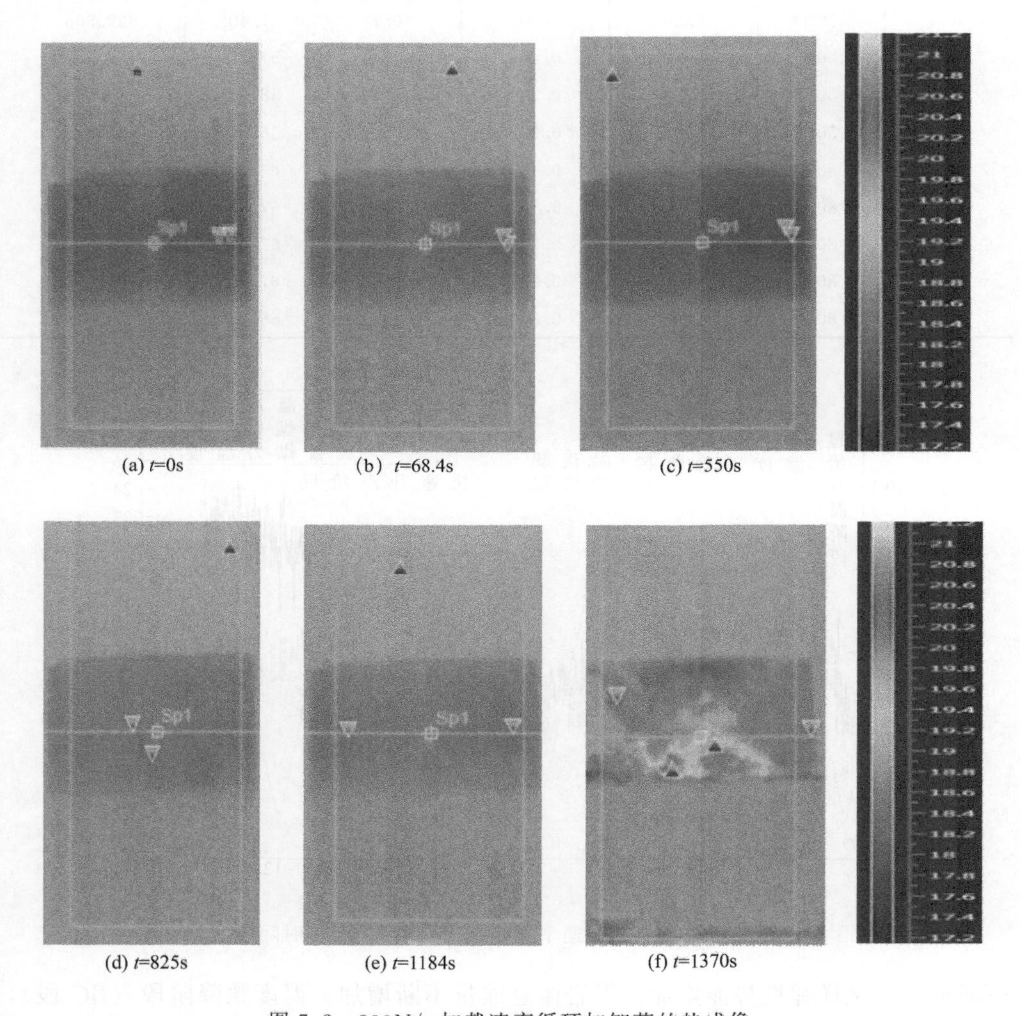

图 7.2　300N/s 加载速率循环加卸荷的热成像

如表 7.2 所示，通过对比在三种不同加卸荷速率下温度-应力-时间的数据，可得加卸荷速率越大，煤岩承受的应力越大，循环加卸荷次数也越多，且可以看出在不同应力条件下，其温度变化趋势大体一致。复合煤岩在塑性阶段初期裂纹扩展导致温度上升，当宏观断裂面产生的热量快速耗散时，会导致温度快速降低；后期因为裂纹大量生成并扩展，将部分弹性势能转化为热能，温度呈现阶跃式上升。加卸荷速率为 300N/s 时，*CM* 段升温约 0.6℃；速率为 500N/s 时，*CM* 段升温约 0.7℃；速率为 800N/s 时，*CM* 段升温约 0.8℃。由此可知，加卸荷速率越高，积累的能量越多，快速升温阶段温升也就越大（煤体部分温升更为明显）。

7.3 红外辐射-能量演化耦合机制

对煤岩体加卸荷时，其吸收大量能量，而煤岩体中的一部分能量以温度的形式体现出来，结合后面对能量的计算可找到能量与温度的相关性。

7.3.1 煤岩能量计算

对复合煤岩进行循环加卸荷其实属于外力做功。此过程是能量聚集和耗散的过程，加卸荷的外力做功可以转化成煤岩弹性应变能和耗散能。将外力做功转化成的能量密度设置为 U，可释放弹性能密度 U^{e} 和耗散能密度 U^{d}，其公式为

$$U=U^{\mathrm{e}}+U^{\mathrm{d}} \tag{7.11}$$

弹性能密度 U^{e} 是由卸荷曲线与应变轴围成的面积。耗散能密度 U^{d} 是由加载曲线、卸荷曲线以及应变轴围成的面积。其能量密度可以表示为

$$U^{\mathrm{e}}=\int_{\varepsilon_0'}^{\varepsilon'}\sigma'\mathrm{d}\varepsilon' \tag{7.12}$$

$$U^{\mathrm{d}}=\int_0^{\varepsilon}\sigma\mathrm{d}\varepsilon-\int_{\varepsilon_0'}^{\varepsilon'}\sigma'\mathrm{d}\varepsilon' \tag{7.13}$$

式中，ε_0' 表示卸载为最低点时的残余应变值；ε' 为卸荷时复合煤岩的应变值；σ' 为卸荷过程中复合煤岩的应力；σ、ε 为加荷载过程中的应力、应变。

7.3.2 能量演化规律研究

通过上述能量分析及计算方法计算出了复合煤岩单轴加卸荷各卸荷点对应的弹性能密度和耗散能密度，绘制了能量曲线图。如图 7.3 所示，弹性能密度随着轴向荷载增加呈非线性增长；只有轴向载荷对弹性能密度变化趋势有大的影响。加卸荷速率与弹性能密度变化趋势相同，主要受加卸荷最大应力和最小应变的双重影响。

而在加卸荷初期煤岩内部微裂纹较少，产生的红外辐射大多来源于热弹效应。

如图 7.4 所示，加卸荷速率为 300N/s、轴向荷载为 15～35kN 时塑性耗散能增长率较大，达到 35kN 时，塑性耗散能增长率急剧增大。复合煤岩破坏前，需要消耗大量的耗散能。但后两组试样在循环加卸荷过程中塑性耗散能随着轴向载荷增加耗散能增大。三种能量曲线中，耗散能分布最为分散。以试样 6[#] 为例，加载到 50kN 时耗散能密度达到 0.029mJ/mm³，最后一次耗散能达到 0.042mJ/mm³，增幅达到 45%。复合煤岩接近破坏时，由于煤岩内部的微裂纹、孔隙充分摩擦和扩展，因此所需塑性耗散能较大，而加载速率越大耗散能越大，温升越高。

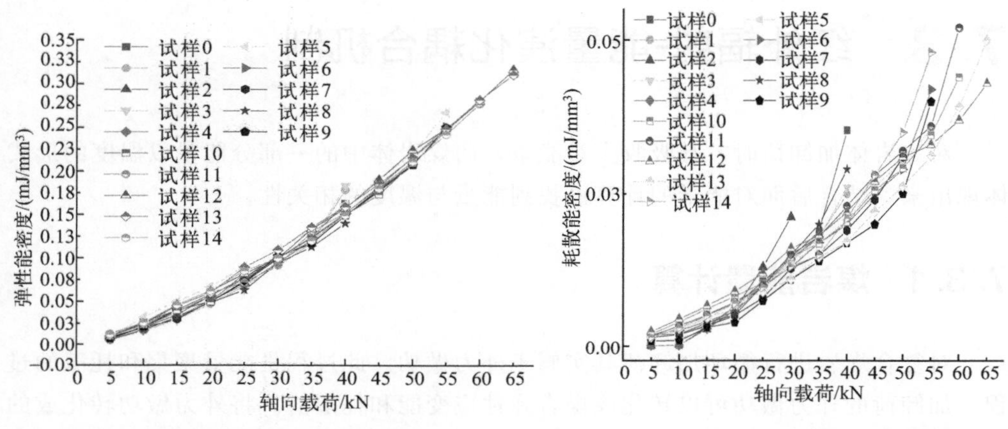

图 7.3　轴向荷载与弹性能密度曲线　　图 7.4　轴向荷载与耗散能密度曲线

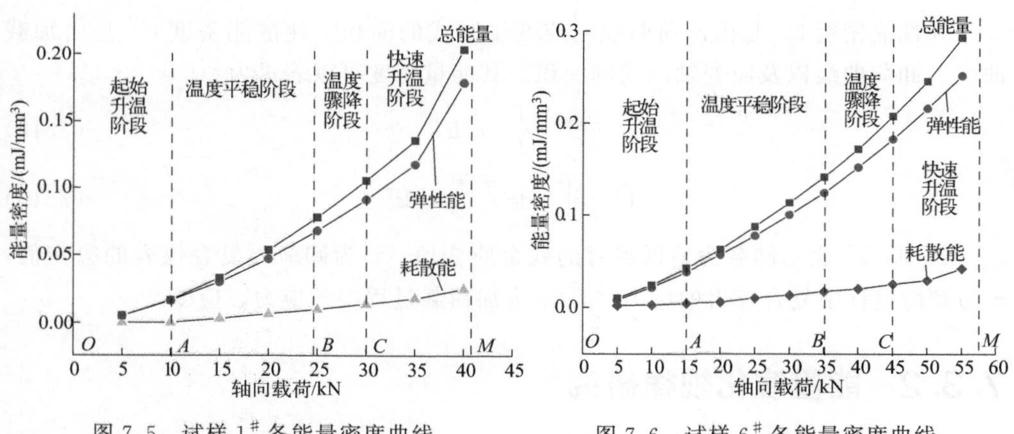

图 7.5　试样 1[#] 各能量密度曲线　　图 7.6　试样 6[#] 各能量密度曲线

为了方便分析试验各温度变化阶段中能量的发展规律，取三组中典型试样（试样 1[#]、6[#]、13[#]）的能量变化曲线绘制不同加载速率下能量变化曲线，如图 7.5～图 7.7 所示。起始升温阶段（OA 段），总能量开始上升，弹性能所占比例分别为

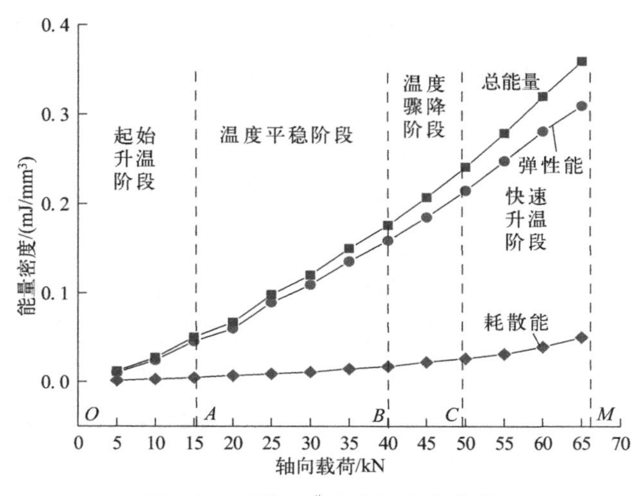

图 7.7 试样 13# 各能量密度曲线

87.7%、85.7%、86.1%。弹性能占比非常大，可发现此时煤岩温度产生主要来自于热弹效应。对比三组试验数据发现，因为三者弹性能增量近似相等，所以起始升温阶段温升均为 0.2℃左右。温度平稳阶段（*AB* 段），在加卸荷的持续作用下，能量在持续增加，但这一时期复合煤岩内部没有新的裂纹产生，大部分机械能以弹性能储存在煤岩体内部，温度保持不变。温度骤降阶段（*BC* 段），总能量持续增加，复合煤岩内部开始有微裂隙产生并扩展，裂隙的产生需要吸收能量，导致温度发生骤降。快速升温阶段（*CM* 段）能量达到较大值，煤岩达到储能极限，能量会以升温形式呈现阶跃式增长，最后煤岩失去承载能力发生失稳破裂。

表 7.3 表示实验中三组具有代表性的 1#、6#、13# 试样的总能量、弹性能、耗散能和轴向载荷的二次拟合方程（式中，F 为轴向载荷），拟合效果较好，相关性系数 R^2 均在 0.98 以上。复合煤岩加卸荷过程中的总能量、弹性能、耗散能呈非线性演化特征。

表 7.3 1#、6#、13# 试样加载过程能量演化的拟合方程

能量类型	加载速率/(N/s)	与轴向荷载拟合方程	相关性系数 R^2
总能量	300	$U=1.28\times10^{-4}F^2-4.7\times10^{-4}F-7.8\times10^{-3}$	0.9863
	500	$U=4.61\times10^{-5}F^2-0.0023F+0.0011$	0.9997
	800	$U=2.9\times10^{-5}F^2-0.0031F+0.0046$	0.9994
弹性能	300	$U^e=1.1\times10^{-4}F^2-5.3\times10^{-4}F+0.009$	0.9833
	500	$U^e=4.7\times10^{-5}F^2+0.002F-0.003$	0.9999
	800	$U^e=3.1\times10^{-5}F^2+0.0028F-0.0059$	0.9992
耗散能	300	$U^d=1.4\times10^{-5}F^2+6.9\times10^{-5}F-1.07\times10^{-3}$	0.9943
	500	$U^d=1.37\times10^{-5}F^2-8.9\times10^{-5}F-2.4\times10^{-3}$	0.9805
	800	$U^d=1.23\times10^{-5}F^2-1.3\times10^{-4}F-3.4\times10^{-3}$	0.989

鉴于表 7.2 分析煤样的红外辐射温度变化更为明显，将试样 1[#]、6[#]、13[#] 不同加卸荷速率下复合煤岩的能量与煤体红外辐射温度进行曲线拟合。得到的煤体平均红外辐射温度与各能量之间为三次多项式关系，可表示为

$$T=k_1U-k_2U^2+k_3U^3+m \tag{7.14}$$

式中，T 为煤体部分平均红外辐射温度,℃；U 为复合煤岩在加卸荷过程中的能量密度，J/mm^3；m 为拟合曲线的截距。各拟合曲线如图 7.8～图 7.10 所示，可以看出总能量、弹性能和耗散能与煤体温度相关性较强。

表 7.4 为图 7.8～图 7.10 中拟合曲线上的相关参数。复合煤岩的总能量、弹性能和耗散能与煤体红外辐射温度的相关系数较高，均大于 0.88。可知复合煤岩循环加卸荷过程中煤体表面平均温度与能量密度之间有较强的相关性，岩体温度与能量密度相关性差。由表 7.2 可知，顶板岩和底板岩红外辐射温度均小于 0.4℃。

表 7.4　1[#]、6[#]、13[#] 试样能量和红外辐射温度关系的拟合方程参数

能量类型	加载速率/(N/s)	拟合方程系数				相关性系数
		k_1	k_2	k_3	m	R^2
总能量	300	8783.28	-1.1×10^7	3.66×10^{11}	18.575	0.9027
	500	6970.31	-6.1×10^7	1.51×10^{11}	18.856	0.9194
	800	5802.6	-4.5×10^7	9.36×10^{10}	18.872	0.9547
弹性能	300	10188	-1.3×10^8	5.45×10^{11}	18.568	0.9010
	500	8349.6	-8.5×10^7	2.43×10^{11}	18.85	0.9234
	800	7428.4	-6.5×10^7	1.56×10^{11}	18.85	0.9707
耗散能	300	60.6169	−6401.83	189238.25	18.636	0.9031
	500	39.3889	−2549.34	45476.96	18.908	0.8939
	800	19476.2	-1.2×10^9	2.14×10^{13}	18.97	0.8847

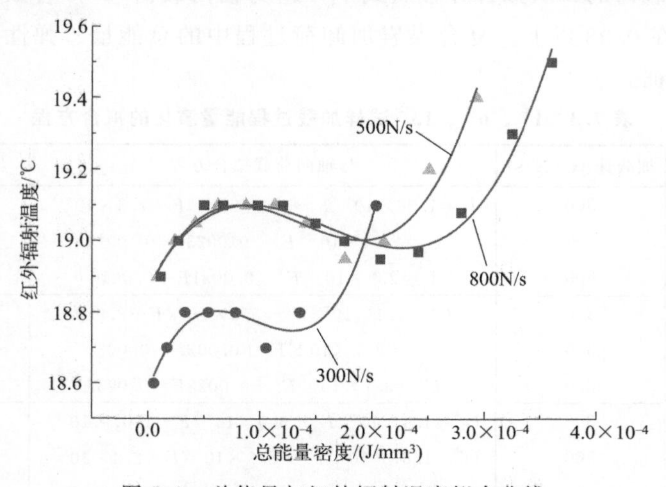

图 7.8　总能量与红外辐射温度拟合曲线

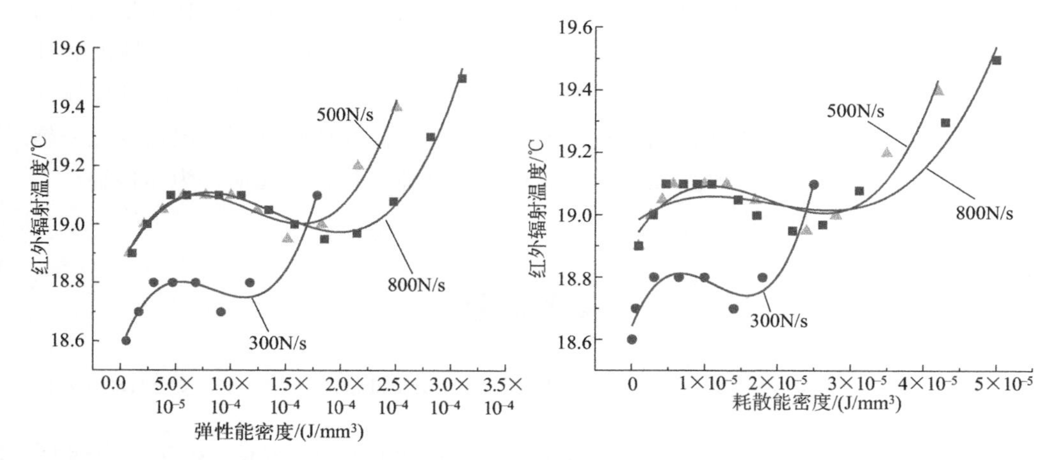

图 7.9 弹性能与红外辐射温度拟合曲线

图 7.10 耗散能与红外辐射温度拟合曲线

结合表 7.2 和表 7.4 可知，复合煤岩中煤体红外辐射温度与各个能量的相关系数要远高于岩体。在循环加载的前期和后期总能量和弹性能与温度的变化是相同的，在加卸载中期时随着能量的增加温度是下降的。这是因为煤体中有多个细小的裂隙，在持续受到外力作用时，煤体中的多个裂隙被破坏，导致裂隙中的空气向外排出散发热量。

7.4 本章小结

（1）考虑应力、热红外辐射温度对各向异性复合煤岩卸荷破裂的共同影响，基于力学基本理论和损伤力学公式，推导卸荷破裂过程中各向异性复合煤岩不同组分在任意时刻平均热红外辐射温度与应力的关系，建立卸荷破裂条件下的热力耦合数学模型。

（2）针对深部复合煤岩试样在 300N/s、500N/s、800N/s 不同加卸荷速率下进行循环加卸荷试验，结果表明：复合煤岩在加卸荷期间，中心区域红外辐射温度波动明显，其中煤体红外辐射温度变化最明显，其变化趋势为先缓慢上升，再保持平稳状态，然后经过温度低谷，最后呈阶跃式上升；在不同加载荷速率下，煤体部分红外辐射平均温度变化具有较强的一致性。加载速率越大，快速升温阶段（*CM* 段）的温升越高。

（3）不同加卸荷速率下，弹性能密度-轴向荷载曲线变化趋势一致，加卸荷速率对弹性能密度影响较小。煤岩加载接近破坏时，煤岩内部微裂纹、孔隙充分摩擦和扩展，所需耗散能较大；加载速率越大耗散能越大，温升越高。

（4）对各能量和载荷、红外辐射进行数学拟合研究，结果表明：各能量与轴向荷载呈二次相关性，相关性较强，相关系数均在0.98以上；总能量、弹性能和耗散能与煤体红外辐射温度三次相关性较强，相关系数均在0.88以上。通过煤体的红外辐射温度变化趋势能预测出能量的变化。通过检测煤体红外辐射温度变化来辅助现场开采，在达到最大承受压力时，煤体中的裂隙会释放出瓦斯，为非接触动力灾害预测提供了新方法和思路。

参考文献

[1] 杨桢，齐庆杰，李鑫，等．复合煤岩受载破裂电磁辐射和红外辐射相关性试验［J］．安全与环境学报，2016（2）：103-107.

[2] 齐庆新，潘一山，李海涛，等．煤矿深部开采煤岩动力灾害防控理论基础与关键技术［J］．煤炭学报，2020，45（5）：1567-1584.

[3] 来兴平，刘小明，单鹏飞，等．采动裂隙煤岩破裂过程红外辐射异化特征［J］．采矿与安全工程学报，2019（4）：777-785.

第8章

卸荷条件下复合煤岩受载破裂多场耦合模型

8.1 复合煤岩卸荷多场耦合数学模型

复合煤岩加卸荷变形破裂，在卸围压条件下岩体的脆性破坏特征显著，破坏更为突然。宏观方面，煤岩体在初始受力状态下产生大量微裂纹后，裂纹延伸扩展，煤体产生热效应，温度发生变化，最终破裂。从微观角度而言，煤岩是由原子和电子构成的，劳恩[1] 在微观结构的分子键断裂过程中研究了煤岩裂纹扩散，裂纹出现是分子、原子之间的错位、缺漏现象，裂纹延伸扩展破裂是分子间化学键断裂的结果，旧分子链断裂形成新的分子链最终保持新的平衡，在新分子链形成过程中伴随有能量释放。前期研究结果表明红外辐射产生的主要原因之一是裂隙之间的摩擦生热，而电磁辐射产生的主要原因之一是电荷的变速运动。不同应力、不同含水量和不同温度的条件下，“水-力-热”多相耦合作用下的煤岩损伤的红外线特征和规律也不尽相同，在对应力场、温度场和电磁场进行耦合时，是选取了复合煤岩内的微元体进行研究。

式(8.1) 和式(8.2) 共同构成广义胡克定律，其表示复合煤岩在卸荷条件下的应力应变关系，且需要两组公式共同构成，因此通过引用有效应力公式[2,3] 表示复合煤岩所受有效应力与应变的关系：

$$
\begin{cases}
\sigma_{x}^{*}=\dfrac{\sigma_{x}E\varepsilon}{\sigma_{z}-\mu(\sigma_{x}+\sigma_{y})}\\
\sigma_{y}^{*}=\dfrac{\sigma_{y}E\varepsilon}{\sigma_{z}-\mu(\sigma_{x}+\sigma_{y})}\\
\sigma_{z}^{*}=\dfrac{\sigma_{z}E\varepsilon}{\sigma_{z}-\mu(\sigma_{x}+\sigma_{y})}
\end{cases}
\tag{8.1}
$$

式中，σ_x^*、σ_y^*、σ_z^* 为复合煤岩有效应力；ε 为应变。

根据前期研究及文献［4］可知，煤岩产生的电磁辐射强度主要取决于裂纹的电荷量、裂纹扩展速度和加速度。复合煤岩卸荷破裂过程中，红外辐射温度场、应力场、电磁场耦合数学模型如下：

$$\begin{cases}\Delta T=\dfrac{TV}{C}\left(\dfrac{(1-2\mu)}{E}(\beta_x\sigma_x+\beta_y\sigma_y+\beta_z\sigma_z)+\dfrac{E}{2(1+\mu)}(\beta_{xy}\gamma_{xy}+\beta_{yz}\gamma_{yz}+\beta_{zx}\gamma_{zx})\right)\\ \vec{E}=\vec{E}_1+\vec{E}_2\\ \quad=\left(1-\dfrac{n^2v^2}{c_0^2}\right)\dfrac{e\vec{r}}{4\pi\varepsilon'\left[\left(1-\dfrac{n^2v^2}{c_0^2}\right)r^2+(n\vec{v}\times\vec{r})^2\right]^{\frac{3}{2}}}+\dfrac{n^2e}{4\pi\varepsilon' c_0^2 r}\times\dfrac{\vec{n}\left[\left(\vec{n}-\dfrac{n\vec{v}}{c_0}\right)\vec{v}\right]}{\left(1-\dfrac{n\vec{v}\times\vec{n}}{c_0}\right)^3}\\ \vec{B}=\vec{B}_1+\vec{B}_2=\dfrac{n^2\vec{v}}{c_0^2}\vec{E}_1+\dfrac{n}{c_0\vec{n}}\vec{E}_2\\ =\left(1-\dfrac{n^2v^2}{c_0^2}\right)\dfrac{en^2\vec{v}\times\vec{r}}{4\pi\varepsilon c_0^2\left[(1-\dfrac{n^2v^2}{c_0^2})r^2+(n\vec{v}\times\vec{r})^2\right]^{\frac{3}{2}}}+\dfrac{n^3e}{4\pi\varepsilon c_0^3 r}\dfrac{\left[\left(\vec{n}-\dfrac{n\vec{v}}{c_0}\right)\vec{v}'\right]}{\left(1-\dfrac{n\vec{v}\times\vec{n}}{c_0}\right)^3}\\ \vec{E}=(a\sigma_z^3+b\sigma_z^2+c\sigma_z)e^{-\alpha r}e^{i(\omega t-\eta r)}\end{cases}\tag{8.2}$$

式中，n 为煤岩体介质的折射率；c_0 为真空中电磁波的传播速度，m/s；e 为粒子的电荷量，C；ε' 为介质的绝对介电常数；$\vec{v}$ 为带电粒子的运动速度，m/s；r 为带电粒子与观察点之间的距离，m；$\vec{n}$ 为 $\vec{r}$ 方向上的单位矢量；$\vec{v}'$ 为带电粒子的加速度，m/s^2；σ_z 为电磁辐射源所在微元体所受的轴向应力；a、b、c、d 为实验常数；α 为衰减系数；η 为相位常数。

8.2 卸荷下受载复合煤岩多物理场演化规律

8.2.1 煤岩有限元建模

8.2.1.1 模型的建立

建立三维轴对称复合煤岩模型并进行仿真，研究在加卸荷过程中煤岩的应力场、温度场和电磁场分布规律。建立底面半径 25mm、高 100mm 的标准圆柱体，分为“岩-煤-岩”三个部分，比例为1∶1∶1，求解域为空气半径200mm，环境温度为20℃，对其侧面进行围压为3MPa的加卸荷。在温度仿真中，设定在煤与岩的交界面存在摩擦力且可以发生相对滑动，煤体主裂隙夹角为38.66°。复合煤岩三维模型如图8.1所示。

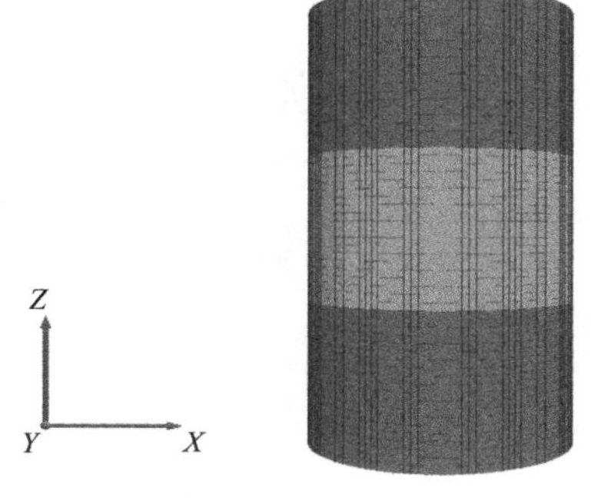

图8.1　复合煤岩三维模型

8.2.1.2　模型求解

模型求解涉及力学、热学和电磁学材料的物性参数已列入表8.1中，模型尺寸已在4.1节中给出。

表8.1　物性参数

物性参数	煤	岩	空气
密度/(kg/m^3)	1450	2400	
体积模量/GPa	1	4.5	
剪切模量/GPa	0.8	3	
比热容/[J/(kg·K)]	1130	916.9	
热导率/[W/(m·K)]	1	2.8	
热膨胀系数/℃$^{-1}$	6.435×10^{-6}	6×10^{-6}	
泊松比	0.25	0.22	
电阻率/Ω·m	550		
相对渗透率/(m/d)	1×10^{-6}		1.256×10^{-6}

为实现力、电、热三场耦合，对模型采用间接耦合的方法。结构场分析采用摩尔-库伦塑性模型。热场瞬态分析采用瞬态结构动力学系统Transient Structural和耦合单元PLANE 223。磁场分析中采用Ansys-Maxwell 3D静态磁场分析，设定求解域的介质为空气。

8.2.2　仿真研究

8.2.2.1　应力场分析

在外加载荷作用下，复合煤岩内部应场力呈现轴对称分布，在相切于裂隙方向上分布的切应力在裂隙处最大，沿切线方向下降，煤岩边界处拉应力随外加载荷量的增加而增大，沿轴线方向的主应力在煤体中最大，岩体底部的应力高于岩体顶部。

由前文中的式(5.1)可知，$G=\frac{E}{2(1+\mu)}$。式中，E 为弹性模量，μ 为泊松比。E（弹性模量）是通过下面的公式得来的：

$$E=\frac{pD(1-\mu^2)\omega}{S} \tag{8.3}$$

式中，D 为承压板尺寸；ω 位于承压板刚度和图形有关的系数。复合煤岩体积弹性模量为

$$K=\frac{E}{3(1-2\mu)} \tag{8.4}$$

应力在煤岩被开挖轴向上逐渐增大，在此分为四个阶段：初始受载阶段、弹性阶段、微破裂阶段、峰后破裂阶段。初始受载阶段，在载荷的作用下煤岩内部原生裂纹发生闭合的现象，消耗能量率呈上升趋势。裂隙煤岩在弹性阶段被视为弹性介质，由于在初始受载阶段煤岩内部的裂纹是闭合的，因此在这个阶段煤岩的耗散能量率几乎不发生改变。随着载荷的逐渐增大，煤岩的弹性特性被破坏，先由弹性体转变为弹-塑性体，再逐渐转变为塑性体进入微破裂阶段，耗散能量率逐渐减小，最后进入峰后破裂阶段，煤岩完全被破坏。

在煤岩被破坏时煤与岩会发生不同的应力变化，岩的抗压强度要高于煤，而煤的应力要高于岩，在受压时岩会发生应变恢复，对煤起到了负荷作用，同样的压力下煤产生的应力更大，高于煤对岩的负荷作用，在煤与岩的边界会向岩的方向产生应力，并逐渐减小。煤的抗压强度与岩的抗压强度成正比，与煤岩的高度比成反比。

图 8.2 为煤岩轴向应力-时间曲线，设置条件围压为 3MPa，卸围压速率为 0.03MPa/s。由图 8.2 可知，复合煤岩三轴加卸荷共分为五个阶段：0～2s 为三向

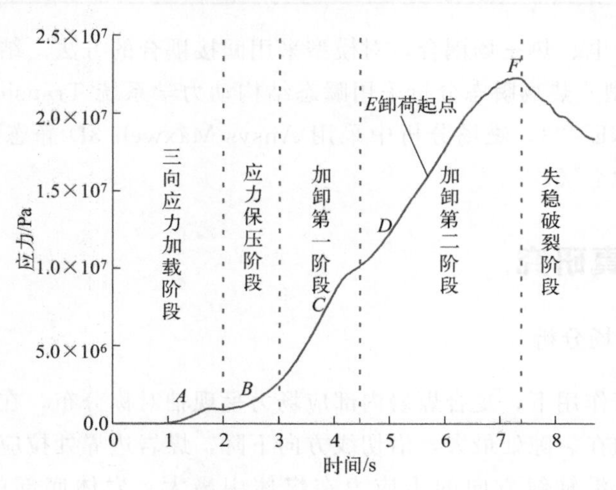

图 8.2　轴向应力-时间曲线图

应力加载阶段，此阶段轴压和围压开始施压使复合煤岩内部发生改变；此时煤岩原有的微小裂隙随应力增大而被压实，类似单轴加载中的压密阶段。受煤岩模型尺寸的限制，此阶段较短。2～3s 为应力保压阶段，这一阶段时间较短，是轴压与围压相互抵抗的过程。这一过程应力数值变化不明显，轴压非线性变化，偏应力减小，最终轴压克服围压成为主导。3～4.5s 为“加卸”第一阶段，此阶段曲线呈弹性趋势，应力呈线性增加，斜率较大，弹性模量较大，复合煤岩呈弹性。4.5～7.5s 为“加卸”第二阶段，煤岩力学趋势先呈线性后呈非线性，此阶段复合煤岩由弹性逐渐转为塑性。7.5s 后为失稳破裂阶段。在 E 点（$t=5.8$s）处以一定的速率开始卸围压，直到 F 点（$t=7.5$s）轴向应力达到最大值，煤岩彻底破裂，曲线快速下降，表现为应变软化。

图 8.3 为加卸荷中复合煤岩应力场分布云图，图(a)～(f) 分别对应图 8.2 的 A、B、C、D、E、F 六个时刻点。由于两点之间均为近似线性，A、B、C 分别为三向应力加载阶段、应力保压阶段和“加卸”第一阶段的中间点，D 为“加卸”第二阶段起点与卸荷起点 E 的中间点，F 为复合煤岩失稳破裂点（也是应力的最高点）。在加卸荷初期岩体应力场的变化并不明显，煤体受到的应力更大，原因是煤体内部原本有许多孔隙，经过压缩后孔隙闭合，相比于岩体，煤体的应变量更大。在应力保压阶段，围压和轴压同时作用于复合煤岩且二者的作用效果相同，整个复合煤岩的上下底面和侧面均受力，其内部应力场发生改变呈“O”形，此阶段轴压在逐步克服围压。在“加卸”第一阶段纵向应力场有呈“X”形的趋势[5]，此时轴压已克服围压成为主导复合煤岩的力。进入“加卸”第二阶段后，复合煤岩逐渐向塑性状态转变，开始有轻微形变产生，此时煤体内部开始产生裂隙和错动摩擦，岩体受到的应力也在逐渐加大，煤体内部微破裂更为明显。在破裂点，由于煤体的抗压强度小于岩体，煤体内部有大量的裂隙首先失稳破裂，岩体内部出现明显裂纹，整个应力场达到最大值。整个加卸荷过程中复合煤岩内部的应力场均呈轴对称分布。

8.2.2.2 温度场分析

当煤岩被破坏时，自身的物理温度会随着应力作用发生变化，这就是热力耦合效应[6]。根据红外辐射理论可知，凡是高于热力学“绝对零度”以上的物质，分子与原子之间的热运动都会产生红外辐射。杨桢等的研究结果表明复合煤岩受载破裂红外辐射主要来源于微观裂缝面的错动摩擦及煤岩颗粒的摩擦热效应和热弹效应。

就算在相对稳定的环境煤岩层内部之间也有相对较小的分子与原子的运动，也会产生弱一些的红外辐射信号[7,8]。如果煤岩在加载过程中分子与原子之间的运动会加剧红外辐射温度场会更加明显，这是热弹效应和摩擦力热效应产生的。热量最高的位置是在裂纹的尖端，裂纹尖端的二维温度场公式如下：

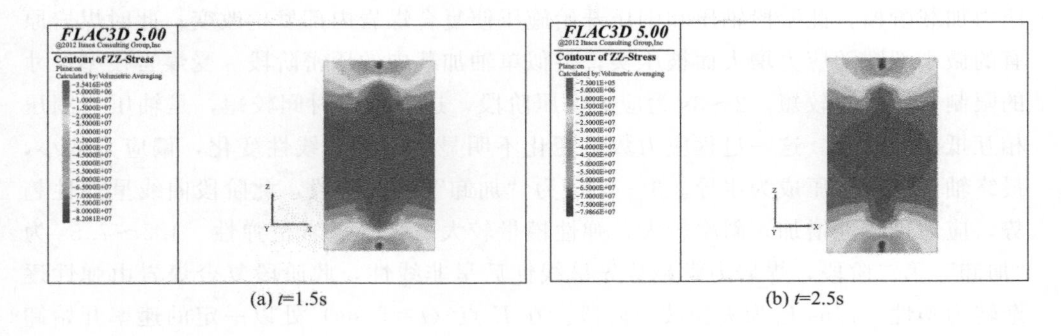

(a) t=1.5s (b) t=2.5s

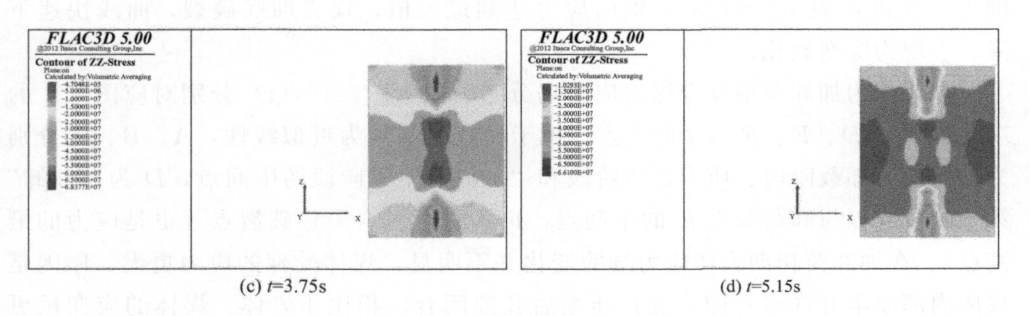

(c) t=3.75s (d) t=5.15s

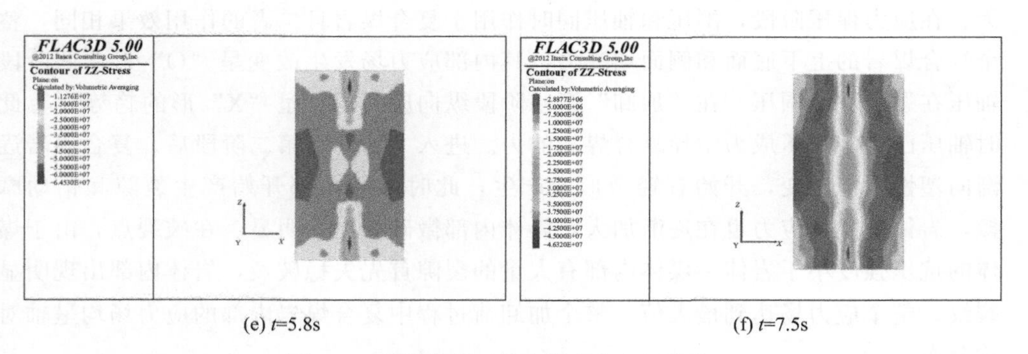

(e) t=5.8s (f) t=7.5s

图 8.3 不同阶段下复合煤岩应力场分布

$$\frac{\partial^2 T}{\partial x^2}+\frac{\partial^2 T}{\partial y^2}+\frac{\phi}{k}=\frac{1}{\lambda}\times\frac{\partial T}{\partial t} \tag{8.5}$$

式中，k 为热导率；λ 为热扩散系数。

图 8.4 为复合煤岩不同时刻的温度云图，当仿真时间在 1.5s、2.5s、3.5s、5s、5.8s、7.5s 时分别对应图 8.2 的 A、B、C、D、E、F 六个时刻点。在加卸荷初期煤体内部没有明显高温点，进入“加卸”第二阶段后高温点开始逐渐出现，有形成裂隙的趋势。由于复合煤岩的材料不同，煤体的热导率低于岩体，因此相比于岩体，煤体的温度分布更均匀，温度梯度更大[9]。

在煤岩的交界面和煤体内两处进行温度检测［如图 8.4(f) 标记，Y 为煤、岩

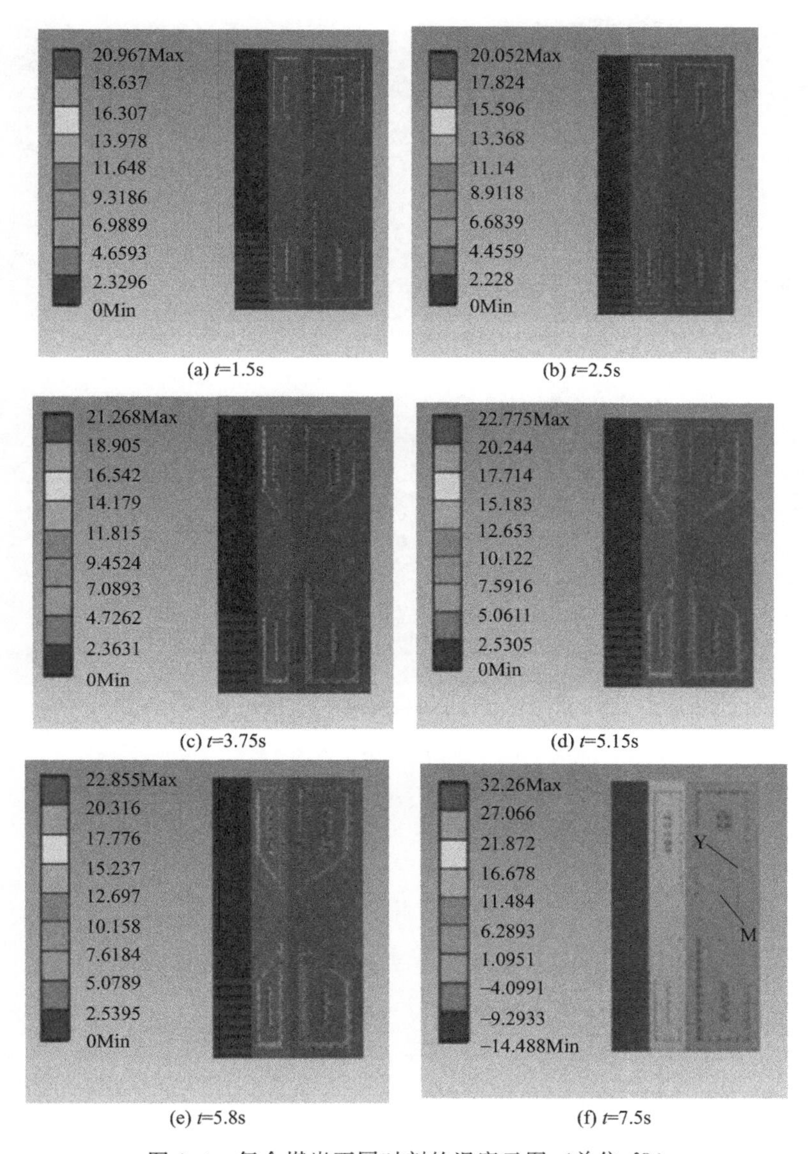

(a) t=1.5s　(b) t=2.5s

(c) t=3.75s　(d) t=5.15s

(e) t=5.8s　(f) t=7.5s

图 8.4　复合煤岩不同时刻的温度云图（单位：℃）

摩擦处，M 为煤体内部高温点产生处]，其变化过程放大云图见图 8.5(a)、(b)。图中可以明显看出在加卸荷的初期煤体高温点并不存在，煤、岩摩擦也并不明显；煤体内部的温度要更均匀一些，煤、岩摩擦面的尖端温度最高；煤体内部的平均温度比煤岩摩擦处更高，具体可以见图 8.6 的对比。

图 8.6 为复合煤岩在加卸荷阶段的温度曲线。煤、岩摩擦面，煤体高温点处对应的温度时间曲线变化趋势是一致的。在复合煤岩加卸荷初期，三向应力加载和应

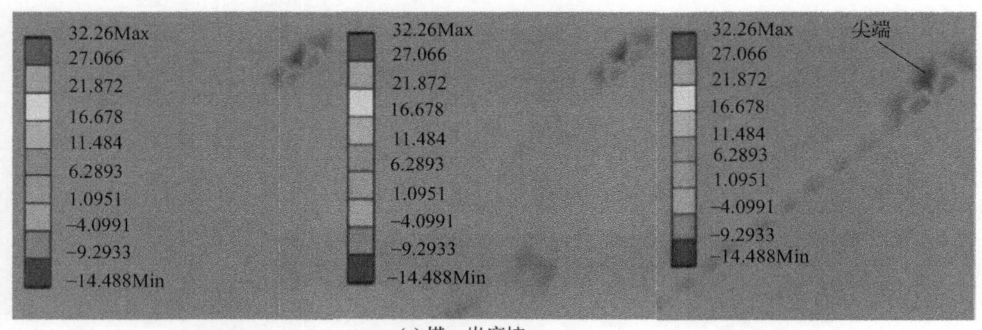

(a) 煤、岩摩擦

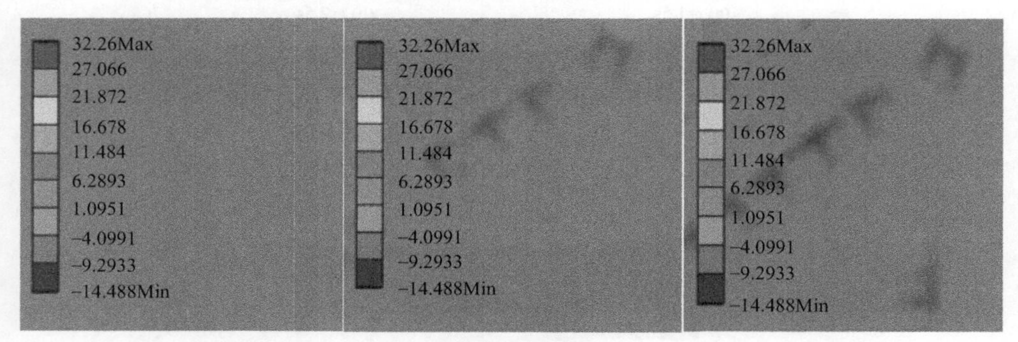

(b) 煤体高温点

图 8.5　放大温度云图

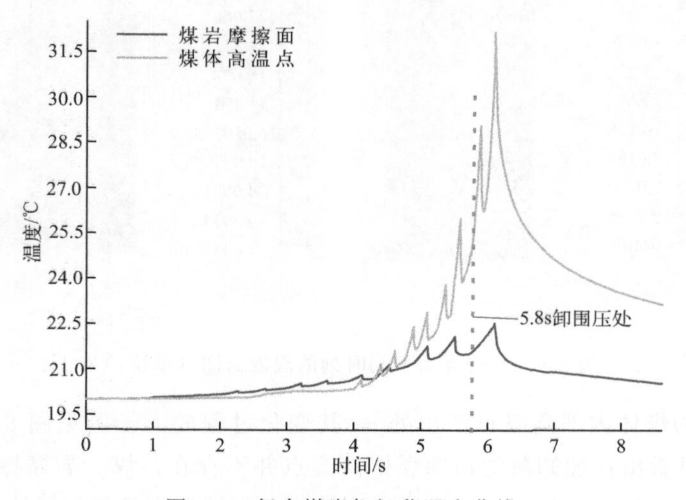

图 8.6　复合煤岩加卸荷温度曲线

力保压两个阶段煤体内部没有裂隙产生，煤与岩交界处也无明显摩擦。进入“加卸”第一阶段，煤、岩摩擦面温度开始有上升的趋势。在“加卸”第二阶段煤体内部开始有高温点出现，且升温幅度比煤、岩摩擦面大，这时煤体内部已有明显的微破裂产生。在5.8s处开始卸围压，围压的减少使得复合煤岩突然减小了其束缚内部产生的大量裂隙以及摩擦，使得温度突增，煤体抗压强度比岩体小，因此煤体破裂更为明显，温升更大。在6.1s时煤、岩摩擦和煤体高温点分别达到最大值22.536℃、32.16℃，随后在7.5s达到应力最大，失稳破裂。

8.2.2.3 电磁场分析

电磁辐射是由带电粒子变速运动产生的，电磁辐射产生的前提条件是电荷的分离。所有物质都是由原子和电子组成的，煤岩体没受到外界扰动的情况下不显示电磁辐射现象，但当受到外界的扰动时，会使其中原有的一部分束缚电荷变为自由电荷，使自由电荷的浓度、数量增加，同时使煤岩体本身的不均匀结构及各向异性复合，这个过程中发生电荷转移、运动从而产生电磁辐射现象。

（1）电磁辐射的瞬变电偶极子机理。煤岩加载过程电偶极子的形成及瞬变过程，何学秋和刘明举已经比较详细地论述过。受载煤岩体破裂时裂纹的扩展是通过裂纹尖端原子间的引力进行的，在裂纹表面受拉区域出现负电荷，受压区域出现正电荷，从而形成运动的偶极子群。煤岩受载破裂过程偶电层随应力、应变而发生变化，从而产生电磁辐射，偶电层辐射相当于偶极辐射。在煤岩加载过程中由于裂纹扩展是曲折的、间歇的，而且在某些条件下还会发生分岔，这就会形成多极子辐射。郭自强教授建立了电磁辐射的电四极模型。

根据脆性断裂力学理论[10] 可以导出常力加载条件下裂纹扩展的速度为

$$v=\sqrt{\frac{2\pi E}{k\rho}}\left(1-\frac{l_0}{l}\right)=v_{\mathrm{T}}\left(1-\frac{l_0}{l}\right) \tag{8.6}$$

式中，v为裂纹扩展速度；E为杨氏弹性模量；ρ为煤岩体密度；k为常数；l_0为裂纹的初试长度；l为裂纹扩展时的长度；v_{T}为裂纹的极限速度。

则裂纹的加速度为

$$\dot{v}=v_{\mathrm{T}}^2\frac{l_0}{l^2}\left(1-\frac{l_0}{l}\right) \tag{8.7}$$

裂纹的加加速度为

$$\ddot{v}=v_{\mathrm{T}}^3\frac{l_0}{l^3}\left(\frac{3l_0}{l}-2\right)\left(1-\frac{l_0}{l}\right) \tag{8.8}$$

由上可知，裂纹扩展长度越短，则加速度、加加速度越高。

根据电动力学可知电四极辐射在近场区（$R\ll\lambda$）和远场区（$R\gg\lambda$）的电场和磁场为

$$E_{\mathrm{N}}=\frac{3\mu_0}{2\pi}\times\frac{p\dot{v}}{R^2}\sin\theta\cos\theta\vec{e}_{\varphi}+\frac{\mu_0}{2\pi}\times\frac{p\dot{v}}{R^2}(3\cos^2\theta-1)\vec{e}_{\mathrm{R}} \tag{8.9}$$

$$B_{\mathrm{N}}=\frac{3\mu_0}{2\pi}\times\frac{p\dot{v}}{R^3}\sin\theta\cos\theta\vec{e}_{\varphi} \tag{8.10}$$

$$E_{\mathrm{F}}=\frac{\mu_0}{4\pi}\times\frac{p\ddot{v}}{c^2R^2}\sin\theta\cos\theta\vec{e}_{\theta} \tag{8.11}$$

$$B_{\mathrm{F}}=\frac{\mu_0}{4\pi}\times\frac{p\ddot{v}}{cR}\sin\theta\cos\theta\vec{e}_{\varphi} \tag{8.12}$$

（2）电磁辐射的电荷变速运动机理。煤岩变形破裂能够产生自由电荷，该过程中会在裂纹尖端新生表面附近产生电荷，电荷会随着裂纹的变速扩展而做变速运动，从而产生电磁辐射。根据低速（$v\ll c$）带电粒子产生的电磁场，低速运动的带电粒子产生的电磁场为[11]

$$E=\frac{q\vec{r}}{4\pi\varepsilon_0r^3}+\frac{q}{4\pi\varepsilon_0c^2r^3}\vec{r}\times(\vec{r}\times\dot{v}) \tag{8.13}$$

$$B=\frac{q\dot{\vec{v}}\times\vec{r}}{4\pi\varepsilon_0c^3r^3}+\frac{q\vec{v}\times\vec{r}}{4\pi\varepsilon_0c^2r^3} \tag{8.14}$$

电场 E 分为两项，第一项是静电荷的库仑场，第二项是辐射场。库仑场与 r^2 成反比，它存在于粒子附近，当 r 大时可以忽略。辐射场实际上是一电偶极辐射场。所以低速运动的带动粒子产生的辐射相当于一个电偶极辐射。

（3）自由电荷产生的量子力学理论。郭自强等曾通过改变岩石典型构造——硅氧四面体中电子的位置坐标证明了通过量子力学及量子化学可以求出变形情况下电子的状态。该研究表明，当分子构型畸变达到一定程度时，部分分子轨道能级变为正值，从而根据 Koopmans 定理判断，处于正值分子轨道上的电子已经由束缚态转为自由态而脱离了分子体系。加载引起的分子轨道能级变化，会引起煤岩体宏观电性质（电位、电导、介电等）发生变化，使其中原来处于平衡态的自由电子和由分子轨道能级畸变产生的自由电子状态发生变化，进而引起转移、运动，产生电荷分离现象。

实际加载时，由于煤岩固体结构及其内部杂质分布的不均匀性，宏观应力在煤岩体不同位置引起的作用完全不同，在各个基本结构单元产生的应力集中也不同，因此基本结构单元的变形状态并非完全一致，有的分子构型畸变较大，分子轨道能级已经变为正值，其电子已经成为自由态，有的还没有受到应力的干扰。加载初期应力较低，大部分基本单元只发生很小的变形，其原子中的分子轨道能级畸变较小，还没有达到成为自由态的程度，但也有一小部分畸变程度已经能够使束缚电子成为自由态，使原有的处于平衡态的自由电子浓度增大；随加载过程的进行及应力的增大，变为自由态的电子数量增多，因此积累产生的电场和电子加速度更高，辐射的强度变大。煤岩体是由一定尺寸的极限颗粒组成的，一般应力情况下，极限颗

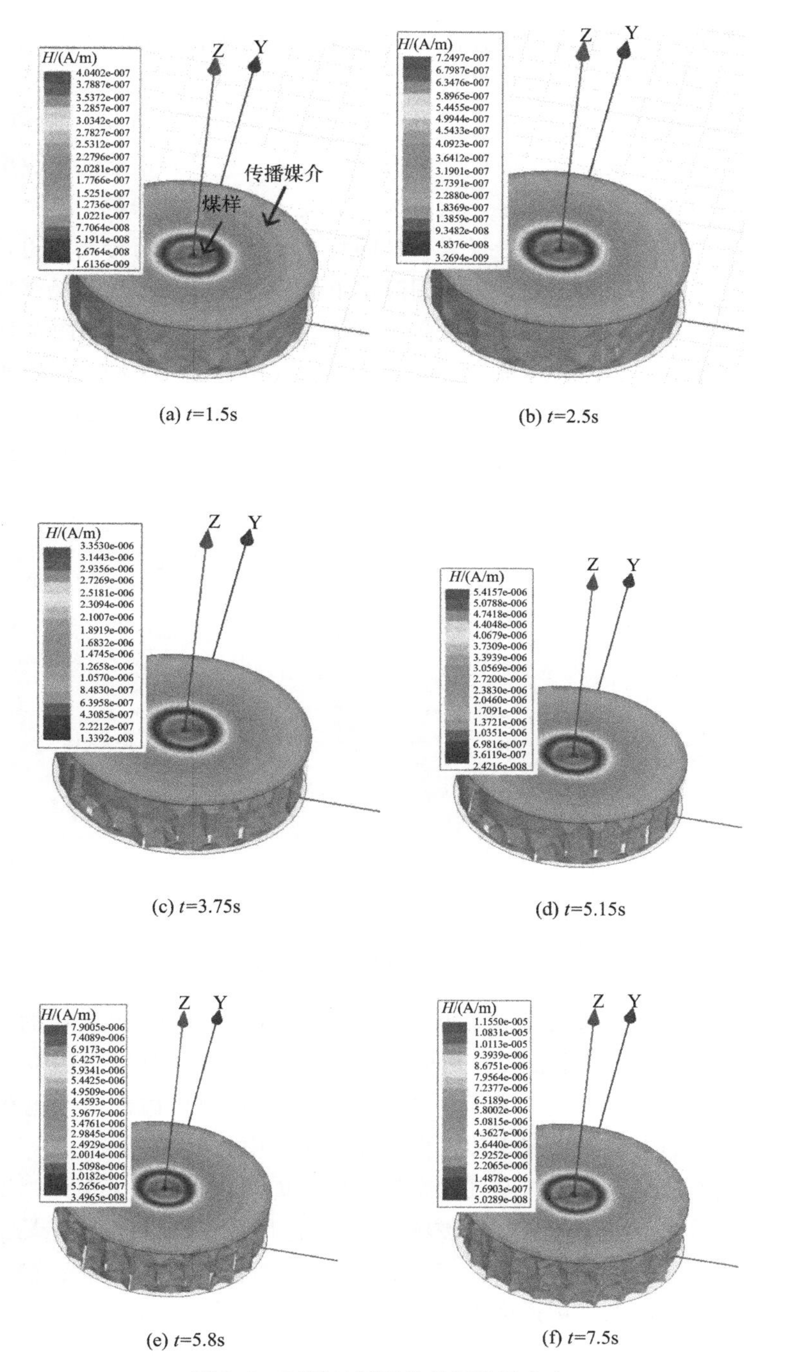

(a) t=1.5s　(b) t=2.5s

(c) t=3.75s　(d) t=5.15s

(e) t=5.8s　(f) t=7.5s

图 8.7　不同时刻下的磁场强度分布

粒很少受到破坏。因此电子云畸变产生的自由电子大多与位于晶体（极限颗粒）边缘的悬键有关，只有当裂纹扩展速度较高，发生沿晶断裂并破坏了极限颗粒时，才可能在破裂发生前出现较多数量的自由电子。

综上所述，在煤岩加载变形破坏过程中，微观上基本单元分子轨道能级畸变，当成为正值时，处于该轨道上的电子成为自由电子（或具有动能的自由电子）而增加原有煤岩体中的自由电子浓度，从而为辐射提供了电荷的来源。

在复合煤岩加卸荷的过程中煤岩颗粒间相互摩擦，使电荷分离，电荷变速运动产生电磁辐射。图 8.7(a)～(f) 为不同时刻下煤体加卸荷产生的磁场强度，依次对应图 8.2 中 A、B、C、D、E、F 六个时刻点。观察磁场强度云图发现，在煤体内部磁场强度是由中心向外逐渐增大的，而在空气中是逐渐衰减的；在轴向应力最大（t=7.5s）时，煤体产生的磁场强度达到最大值（10.82μA/m）。

图 8.8 为电磁场强度矢量图，可以更清楚地看到煤体内部与外界真空处的磁场方向为同向，电磁场强度沿煤体表面逐渐向外传播衰减。

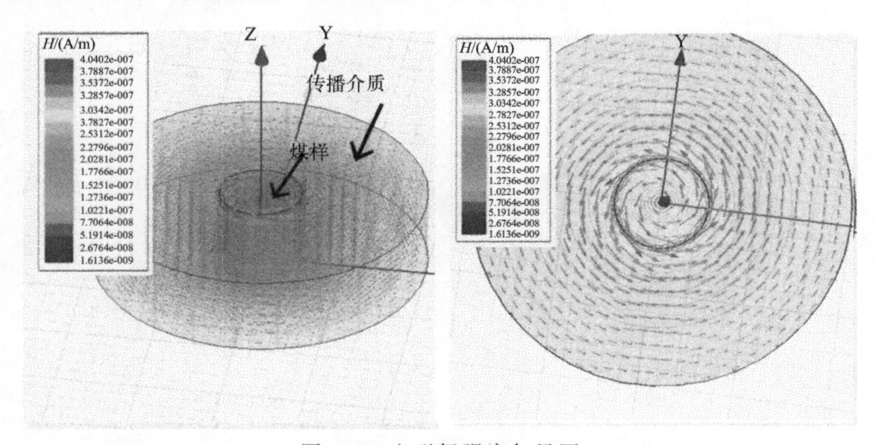

图 8.8　电磁场强度矢量图

图 8.9 为煤体电磁场强度传播曲线。图中六条曲线对应图 8.2 中的 A、B、C、D、E、F 六个时刻点。观察磁场强度传播曲线发现，无论何时电磁场强度最大值均在煤体与传播介质的交界，距离原点 25mm 处。在煤体内部由于电荷运动分离的原因，使大量的电荷聚集在煤体表面，导致煤体中心电磁场强度低，越接近其表面，电磁场强度越高。煤体与空气的交界处由于传播介质的改变电磁强度出现小幅度的波动，随后在空气中传播时电磁场强度由内向外不断衰减，整体呈指数形式下降。在复合煤岩加卸荷初期（A 点、B 点）电荷运动较弱，电磁场变化幅度不明显。在进入弹性阶段后，电磁场强度以及变化幅度明显增强。六个时刻的最大电磁场强度值依次为 0.35015μA/m、0.7003μA/m、5.261μA/m、6.476μA/m、7.567μA/m、10.82μA/m。当传播距离达到 200mm 时，六个时刻的电磁场强度依次为 0.07675μA/m、0.1535μA/m、1.298μA/m、1.487μA/m、1.713μA/m、2.639μA/m。

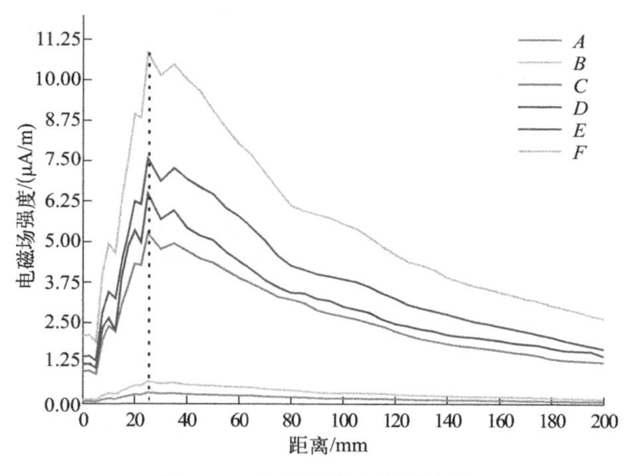

图 8.9　电磁场强度传播曲线

8.2.3　复合煤岩卸荷多场耦合机理研究

利用应力场在电磁场和温度场之间建立起联系，对复合煤岩施加应力使其内部微元体的运动状态发生改变，打破其原本的平衡。在这个过程中内部分子化学键断裂产生应变并释放能量以致其红外辐射温度发生变化，而在煤岩裂隙产生电荷的变速运动中产生了电磁辐射现象，引起电磁场变化。

图 8.10 为电磁场强度、煤岩整体平均温度与应力的关系曲线。其中电磁场强度与轴向应力具有良好的一致性，随着应力的变化电磁辐射也发生相应的变化。0～2s 时复合煤岩处于三向应力加载阶段，应力小幅度增长，内部电荷运动缓慢，电磁辐射开始活动但并不明显，此阶段煤体内部空隙的气体被排出，这一过程消耗一部分热量导致整体温度下降。2～3s 时复合煤岩处于应力保压阶段，此时轴压正克服围压的束缚，复合煤岩内部应力场处于平稳阶段，相应地电磁辐射活动和温度也较为平稳。3～4.5s 时进入“加卸”第一阶段，随着应力的增长复合煤岩内部的电荷受到外力的影响开始运动，电磁场强度也随之增强，受热弹效应影响复合煤岩开始升温且温度曲线近似线性。4.5～7.5s 为“加卸”第二阶段，并在 5.8s 处开始以一定速率卸围压，其中电磁场强度与电荷的运动相关，轴压的增加会导致复合煤岩所受应力仍在增长，且其内部电荷运动速度加快，围压的减小并未对电磁场强度造成影响，电磁场强度继续加大直至与其所受应力同时到达峰值。此阶段温度发生了三次变化，4.5～5.8s 由于外力做功，煤岩产生微破裂发生塑性形变，吸收热量温度下降；5.8s 时开始卸围压而轴压继续增加，突然减轻围压约束的复合煤岩相比之前内部微破裂加剧，产生大量的裂纹并延伸扩展，热量突增达到最大值(27.26℃)，这一短暂快速的升温阶段是复合煤岩对卸围压的一个过渡适应期；适

应期结束后复合煤岩内部已有大量的微破裂，形变相比之前更加明显，产生二次膨胀，消耗更多的热量，温度再次降低。

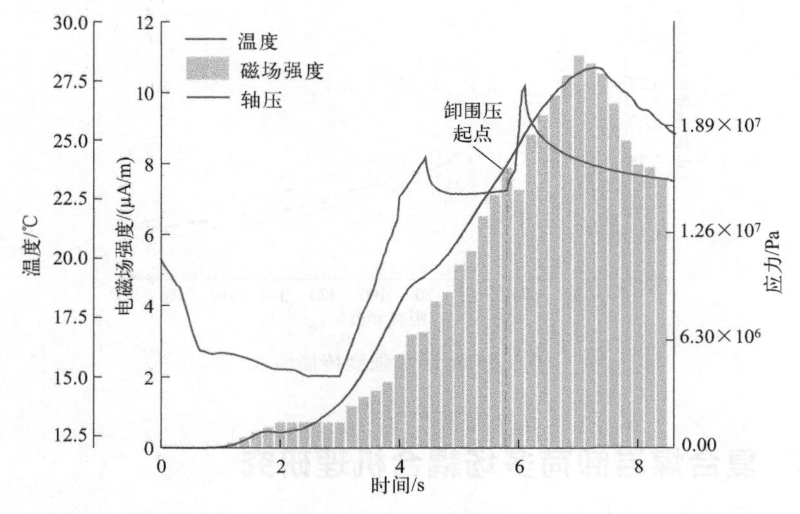

图 8.10　复合煤岩电磁场强度、整体平均温度与应力的关系曲线

复合煤岩电磁辐射的产生主要源于电荷的变速运动。在加卸荷前期的应力保压阶段，轴压已克服围压成为主导，因此卸围压的过程并未对其造成过多的影响，随着轴压加大，电磁场强度持续增强[12]。复合煤岩产生大量的热主要来源于内部裂纹的摩擦生热，在“加卸”第一阶段煤岩内部并无明显摩擦，升温主要源于热弹效应；进入第二阶段后煤体内部开始产生裂隙错动摩擦，而围压突然的减小打破了其原本的平衡，内部裂纹产生速度加快，温度突增。卸围压的速率是一定的，适应了卸围压这一过程后复合煤岩再次回到一个相对平衡的状态并进入二次膨胀，致使温度降低。对比复合煤岩应力与电磁辐射和温度的关系发现，卸围压的过程对电磁辐射的变化几乎没有影响，温度则需要一个短暂的过渡适应期。

8.3 实验验证与结果分析

结合前文，三轴试验设备及现场测试示意图见图 3.2 和图 3.3。实验系统由 TAW-2000 型微机控制高温岩石三轴试验机、控制柜、数据采集器和计算机组成。煤岩样本都来自山西大同忻州窑的深部煤层。在实验室对煤和岩石样本进行切割，把顶砂岩、底板砂岩、煤样按照高度为 1∶1∶1 的比例切割组合成为半径为 25mm、高度为 100mm 的圆柱形复合煤岩，将其 6 个样本分为两组：0.05MPa/s

(1# ～3#)，0.2MPa/s（4# ～6#）。

试验步骤：

（1）用热缩管对复合煤岩样本进行密封，并加装应变传感器、红外探头以及电磁辐射仪探头。将其放入压力缸内，并将压力缸推入试验仪中，打开油阀注入硅油，待注满后关闭油阀。

（2）接通电源，按净水压力条件施加三向应力（$\sigma_x=\sigma_y=\sigma_z$）至 10MPa。

（3）保持围压恒定，轴压以 0.002mm/s 的速率进行加载，直到达到三轴加载时抗压强度的 70%左右开始卸围压。

（4）卸荷过程中保持轴压继续加载，卸荷速率分别设置为 0.05MPa/s、0.2MPa/s。

（5）轴向应力越过应力峰值，试样破坏，立刻停止卸围压操作，保持围压不变，轴向应力继续施加，直到应力曲线不再随应变的改变而改变，试验结束。

图 8.11 为试样实验结果照片。复合煤岩的煤样发生贯穿型劈裂破坏，表面裂

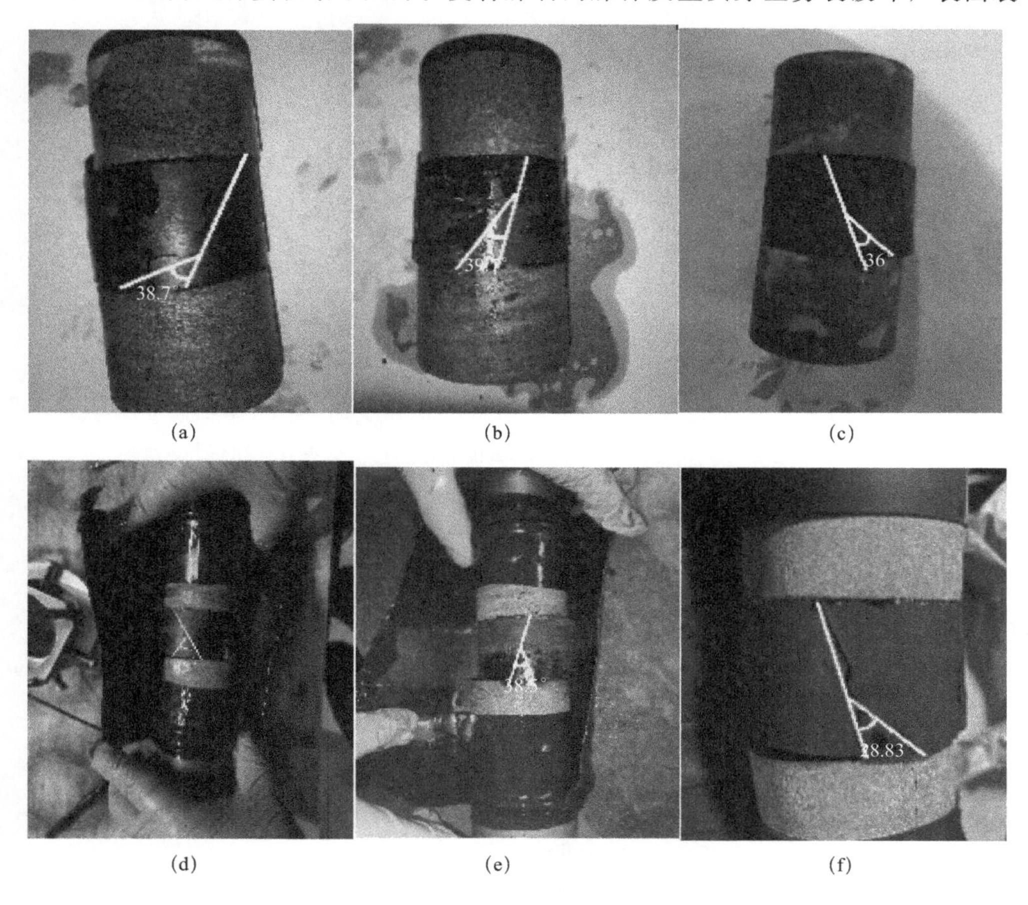

(a) (b) (c)

(d) (e) (f)

图 8.11 试样结果

纹呈近似“Y”形，裂隙夹角大致在35°～45°之间，岩体部分无明显裂隙。

图8.12(a)、(b)为试样在10MPa围压的条件下，以0.05MPa/s和0.2MPa/s的速率进行卸围压的电磁辐射强度、温度与应力关系曲线。复合煤岩受力为轴压和围压同时进行，煤岩内部的空隙排气与单轴相比加载更加迅速。在0～20s时为三向应力加载和应力保压阶段，这两个阶段的时间极其短暂，尤其是应力保压阶段只

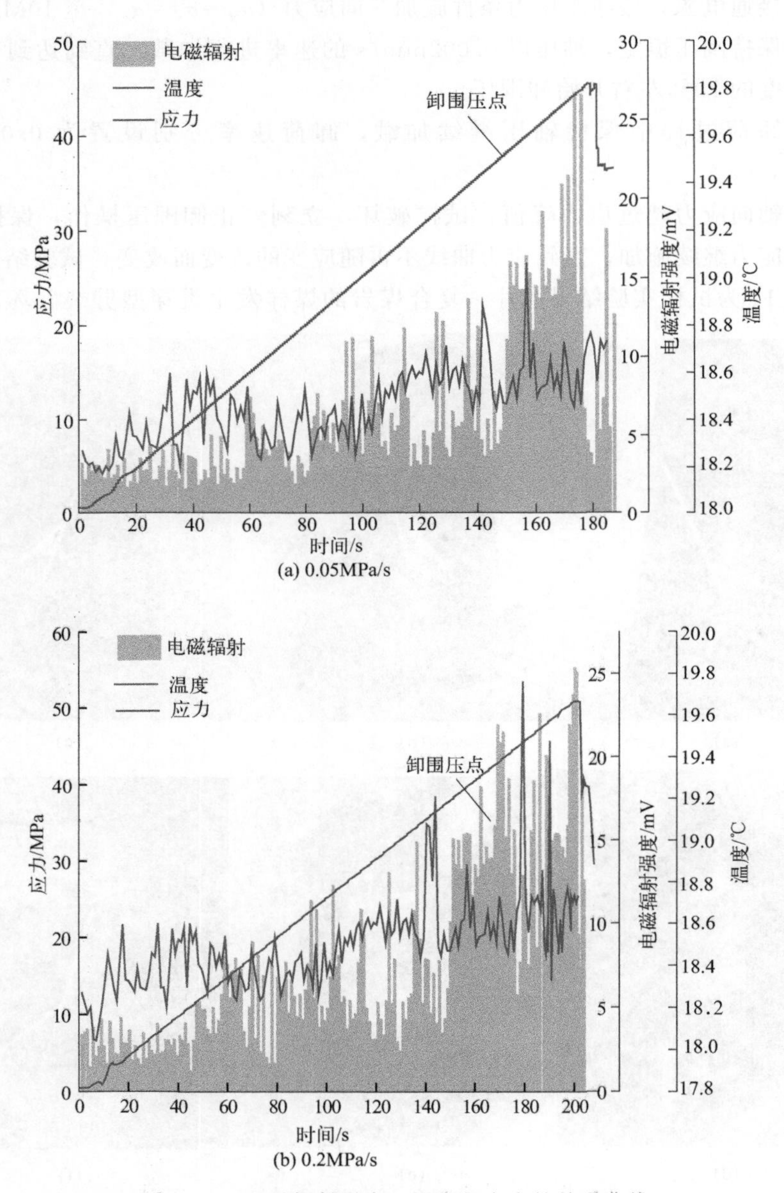

图8.12 电磁辐射强度、温度与应力的关系曲线

有大约 3s；这两个阶段煤体受到压缩内部孔隙闭合，电磁辐射变化较小，温度有所降低。在“加卸”第一阶段，复合煤岩内部电荷快速运动，煤体、岩体相互摩擦，电磁辐射和温度随应力的增大开始有了明显的上升趋势。140s 后进入“加卸”第二阶段，裂隙错动摩擦、微破裂加剧，此时电磁辐射应力的峰值达到最大值，在试样破裂后随着应力的下降，复合煤岩内部电荷运动速率减缓，电磁辐射减弱；由于复合煤岩温度受围压影响明显，在卸围压时经历短暂的过渡期后温度快速达到最大值，随后逐渐降低。围压对三轴抗压强度有影响，但对整个过程中的应力变化趋势无影响，曲线的斜率并未改变。试验测得的红外温度与电磁辐射强度变化趋势和仿真所得结果基本吻合，验证了数值仿真求解的正确性。

8.4 本章小结

本章主要介绍了煤岩多参数监测系统测量指标（电磁辐射、应力、电荷感应信号、红外辐射）的产生机理，详细论述了各个信号的形成过程和理论基础，通过对信号产生过程的研究，探讨其测量原理，为多参数监测系统的硬件设计提供理论基础和方向。研究成果可为煤岩开采动力灾害有效预测预报提供理论基础和新方法。

参考文献

[1] 劳恩 B R，威尔肖 T R. 脆性固体断裂力学 [M]. 陈颐，尹祥础，译. 北京：地震出版社，1985.

[2] 曹文贵，赵明华，刘成学. 基于统计损伤理论的莫尔-库仑岩石强度判据修正方法之研究 [J]. 岩石力学与工程学报，2005 (14)：2403-2408.

[3] 张黎明，王在泉，孙辉，等. 岩石卸荷破坏的变形特征及本构模型 [J]. 煤炭学报，2009，34 (12)：1626-1631.

[4] 肖红飞，何学秋，冯涛，等. 基于力电耦合煤岩特性对煤岩破裂电磁辐射影响的研究 [J]. 岩土工程学报，2004 (5)：663-667.

[5] 李树刚，刘思博，林海飞，等. 分级循环加卸载煤体变形破坏特征试验研究 [J/OL]. 煤炭科学技术，2021，49 (4)：199-205.

[6] 宋义敏，杨小彬. 煤破坏过程中的温度演化特征实验研究 [J]. 岩石力学与工程学报，2013，32 (7)：1344-1349.

[7] Pogacnik J，Elsworth D，O'Sulliyan M，et al. A damage mechanics approach to the simulation of hydraulic fracturing shearing around a geothermal injection well [J]. Computer and Geotechnic，2016，71：338-351.

[8] Kurumatani M，Terada K，Kato J，et al. An isotropic damage model based on fracture mechanics for concrete [J]. Engineering Fracture Mechanics，2016，155：49-66.

[9] 吴贤振，高祥，赵奎，等. 岩石破裂过程中红外温度场瞬时变化异常探究 [J]. 岩石力学与工程学报，

2016，35（8）：1578-1594.

［10］ Colombero C，Comina C，Ferrero A M，et al. An integrated approach for monitoring slow deformations preceding dynamic failure in rock slopes：A preliminary study ［J］. Engineering Geology for Society and Territory，2015，6：699-703.

［11］ Qiao L，Chen L，Dasgupta G，et al. Surface characterization and frictional energy dissipation characteristics of deep granite under high stress conditions ［J］. Rock Mechanics and Rock Engineering，2018，52：1-13.

［12］ Di Y，Wang E. Rock burst precursor electromagnetic radiation signal recognition method and early warning application based on recurrent neural networks ［J］. Rock Mechanics and Rock Engineering，2021，54（3）：1449-1461.

第9章 复合煤岩受载破裂耗散能-辐射能耦合机制

9.1 基于能量损伤理论的复合煤岩受载破裂机理

随着煤层深部开采，冲击地压等煤岩动力灾害防治问题受到了更广泛的关注[1-3]。为减少风险发生与生命财产损失，对受载过程中煤岩动力灾害发生的本质及其加载状态进行深入研究。现存多数研究主要是针对受载过程中直观的物理参数变化规律或耦合关系。李鑫等[4-6] 利用数值模拟与仿真对受载过程中的复合煤岩温度-应力-电磁场耦合机制进行了研究，并基于实验对仿真结论进行验证，建立了复合煤岩多物理场耦合模型与不同卸荷条件下的三轴破坏准则；Wang 等[7] 在工作面上搭建 ESG 微振监测系统，通过采集与分析巷道微振信号的时频特性，获得了煤岩断裂信号主频为 100～200Hz 的结论，有助于有效识别煤岩动力灾害；Zheng 等[8] 基于图像的有限元和离散元模型对动态冲击载荷下的煤岩破坏过程进行了建模，研究认为试样的空间分布、加载方向等对材料强度和破坏模式有影响，并验证了利用 XCT 图像建模是一种有效的分析方法；郭敬远等[9] 基于单轴压缩实验对煤岩的声发射与破坏差异性进行了研究，认为声发射特性可较好地描述煤岩破坏特征，提出了 100～150 的破裂预警值。现有研究虽能在一定程度上揭示受载煤岩的破坏规律，但对煤岩破裂本质的了解仍然不足，对预测煤岩破裂仍存在一定的局限性。

煤岩受载破裂本身为一个热力学过程，其形变状态与内外能量转化有关[10,11]。

为掌握复合煤岩破裂规律与能量转化关系，近年来国内外研究人员对其展开了研究。Li等[12]建立了煤岩弹塑性脆性突变冲击地压模型，并引入了体积能量势函数概念，有效分析了微振和电磁辐射特性；杨磊等[13]对两层煤、岩组合体进行单轴压缩和循环加卸试验，对其受载过程中各能量的演化规律进行研究，初步探讨了煤岩组合体破坏的能量驱动机制；李波波等[14]基于不同温度的三轴压缩实验对力热耦合下的煤岩损伤进行了研究，发现能量演化存在阶段特征，耗散能是造成损伤的主要原因。虽然近年来已有部分研究人员采用实验或理论分析从能量角度预判煤岩形变破裂趋势，并认为耗散能可以用于预判煤岩破裂状态，但耗散能实时测量困难，多数已有成果仅研究了耗散能变化趋势。

近年来，国内外开始分析煤岩破裂过程中红外辐射等耗散能具体形式的变化规律，并取得了一些成果。Li等[15]分析了破裂过程中热红外辐射温度的变化趋势，定义了损伤前兆点与临界前兆点的概念；Liu等[16]研究了潮湿环境中湿度、含水量对岩石破裂时平均红外辐射温度的影响，认为含水量越多岩石破坏越快，越易产生声发射现象，红外辐射温度可作为一种前兆判断指标；陈国庆等[17]研究了岩石真三轴加载破坏时的热前兆信息，认为在预判岩石加载时应引入热红外指标，从而增强判断的准确性；梁冰等[18]认为煤红外辐射响应特征与其破坏形式有关，红外辐射变化与力学变化关系密切；皇甫润等[19]阐释了单轴压缩下岩石的红外辐射变化规律，认为温度与应力间存在很强的线性关系。尽管目前已有部分针对红外辐射的研究，但多数是对单一物理量间的拟合与分析，且其中大部分仍处于初级阶段，少见在能量深层次对红外辐射能量与煤岩耗散能的研究。

随着煤矿开采深度的增加，井下采矿工程的巷道变形失稳、冒顶、冲击地压等工程灾害频发，因此预防煤岩动力灾害的发生成了国内外学者研究的重要内容。煤矿深部开采过程中的灾害不仅仅受煤、岩自身裂隙结构面的影响，更多的是“顶板岩体-煤体-底板岩体”组合结构共同作用的结果。单一的煤与岩石是两种不同的介质，在强度、材质、不均匀性以及细观结构等方面存在较大差异，因此许多学者对复合煤岩进行了大量研究，并在煤岩破裂产生的电荷感应信号、电磁辐射及能量转化规律等变化领域取得了一定进展[20-22]。赵扬锋等[23]研究了不同组合比例煤岩的电荷感应与微振规律试验，结果表明微振和电荷信号是低频信号，信号频谱集中分布在0～80Hz且应力突变与微振信号和电荷信号的产生及变化有较好的一致性，为动力灾害的预测提供了理论支撑。丁鑫等[24]对煤岩进行了单轴破坏实验，通过傅里叶变换方法，研究了不同受载阶段的电荷信号时-频域特征及其变化规律。栗婧等[25]采用自制的煤体表面瞬变电荷与微振信号测试实验系统进行了单轴压缩实验，结果表明煤体表面瞬变电荷和微振信号与应力变化有较强的关联性。吕进国等[26]研究了煤体单轴压缩过程中加载前期与破坏后期电荷信号的频域特征，验证了Lilliefors检验方法能够判识加载初期有效的电荷感应信号。何学秋等[27]研究了不同变质程度煤岩微表面电势及电荷密度等电性参数的变化规律，将煤岩表面微观电性特征研究推进到微纳米尺度，从微观层面进一步揭示了煤岩电磁辐射机理。王恩元等[28] 对电磁辐射监测预警装备及系统等方面进行了分析，提出电磁辐射是一种有效的非接触煤岩动力灾害地球物理监测预警方法。Liu 等[29] 对煤岩进行了单轴压缩实验，分析了电磁辐射信号的 Hurst 指数，结果表明电磁辐射信号与煤岩断裂具有一定的相关性。常乐等[30] 设计了一种电磁辐射信号采集和处理系统，实现对电磁辐射信号采集的稳定性和准确性。杨桢等[31] 对电磁辐射信号和红外辐射信号进行采集，建立了复合煤岩变形破裂力电热耦合模型，通过实验，得到了相关系数。赵伏军等[32] 研究了不同加载速率下的岩石破碎声发射和电磁辐射特征试验，结果表明岩石破碎过程中两信号具有一致性，且随着加载速率的增加，信号逐渐加强。曹佐勇等[33] 应用电磁辐射监测技术研究了煤体在高压水作用下的破煤效果，明确了电磁辐射监测技术可用于水力冲孔破煤过程中煤体的内部破裂和蠕变监测。郭敬远、陈光波等[34,35] 进行单轴压缩实验研究了煤岩不同强度比和不同组合方式时的能量演化规律，进而可有效预防不同地质的煤矿动力灾害。在单轴压缩实验中，可以通过加载仪器对煤岩施加压力，观察煤岩在不同压力下的变形和破裂行为，并记录其能量变化。在煤岩不同强度比和不同组合方式的实验中，可以分别比较不同条件下的能量演化规律，找出不同条件下煤岩的特点和规律，为预防动力灾害提供依据。李成杰等[36] 对煤岩单体和组合体进行冲击压缩实验，得出了复合煤岩体能量集聚程度更高，发生动力灾害所需的能量更低的结论，表明相比于单一煤岩体，复合煤岩体在受到外力冲击时，能更有效地将能量分散和吸收，降低了发生动力灾害的能量阈值。这也说明了复合煤岩体具有更好的抗冲击性能。赵鹏翔等[37] 对不同煤岩厚度的试样进行了单轴载荷实验，结果表明随着煤厚占比增加，试样破坏类型发生变化，耗散能转化率降低。Meng 等[38] 对岩石进行了单轴循环加卸载实验，揭示了弹性能量回弹密度随应力的演化过程和分布规律。刘晓辉等[39] 对不同应变率下的煤岩进行了单轴压缩实验，揭示了不同应变率下煤岩的能量演化规律，提出了利用能量耗散率曲线和横向应变差确定单轴煤岩特征应力的新方法。单鹏飞等[40] 研究了单轴压缩荷载作用下裂隙煤岩体损伤直至破裂的阶段性特征及其能量释放规律，确定了裂隙煤岩破裂应变能与弹性应变能之间的关系。Meng 等[41] 研究了不同加卸载模式下岩石损伤变形过程中的能量积聚和释放特征，从而揭示了能量积聚与耗散在峰前的演化机制和分布规律。Chen 等[42] 对泥岩等分别进行了单轴和三轴压缩试验，基于能量演化机制提出了损伤系数，从能量角度出发分析了岩石力学性质和损伤演化过程。张尧等[43] 在不同围压下对煤岩进行了三轴实验，基于理论分析，建立了能量耗散的煤岩损伤本构模型，研究能量演化规律。侯连浪等[44] 进行了不同围压下的三轴压缩实验，研究了松软煤岩的压缩力学特性及能量演化特征，揭示了耗散能与围压无明确相关关系。徐东等[45] 研究了压裂煤岩破坏过程中的能量演化机理，建立了压裂煤层能量耗散力学模型，结果表明压裂裂隙扩展耗散能与水压及煤层损伤程度成正比。

耗散能是指煤岩受到外力作用时，部分能量被转化为内能或热能而损失掉的能量。耗散能的大小直接影响煤岩破裂的过程和规律。然而，由于耗散能是一种难以直接测量的物理量，目前在实验研究中还存在一些困难和不足。针对这些问题，提出了以耗散能的组成部分——红外辐射能和电磁辐射能为对象进行研究，可以从不同角度来探究耗散能与煤岩破裂的关系。本章在热力学、理论力学、统计理论等基础上尝试建立了受载复合煤岩变形破裂耗散能-红外辐射能耦合模型与受载复合煤岩变形破裂耗散能-电磁辐射能耦合模型，采用实验进一步验证分析，揭示了红外辐射能与复合煤岩耗散能之间以及电磁辐射能与复合煤岩力学状态之间的关系，为预防煤岩动力灾害提供新思路。

9.2 耗散能-辐射能耦合路径与模型建立

9.2.1 耗散能-红外辐射能耦合数学模型

9.2.1.1 微观物理机制

在复合煤岩受载的过程中，外力持续对其做功，导致煤岩内部能量不断积累。此时，煤岩表面温度会随着加载时间的增加而升高，同时外界可测的红外辐射强度也会相应增加。这是因为在煤岩受力的过程中，部分能量会被转化为热能或内能，导致煤岩表面温度升高。同时，这些能量也会以辐射形式向外界传播，从而导致红外辐射强度的增加。通过对煤岩表面温度和红外辐射强度的测量，可以间接反映煤岩内部能量的变化，进而研究复合煤岩的受载特性和力学响应。

微观上，煤岩温度上升与分子热运动有关。煤岩本质为岩土材料，内部结构排列疏松，存在部分原生微裂隙。受载时内部原生裂隙间易发生错动，以致接触面间摩擦做功，从而局部内能增大，产生热量。在分子尺度下，分子的运动状态由其热能决定。当分子受到外部激励时，其内部热能将转化为动能，导致分子的运动速度发生变化。通常情况下，分子的运动状态可以用其温度来表征。当分子受到激励后，其内部能量将增加，从而导致分子的温度升高。同时，分子的运动速度也会随之增加，由低速变为高速。这是因为分子内部的能量转化为动能后，分子的速度将增大，进而导致其动能和热能的平衡状态发生变化。随受载推进，微观接触面表层高速分子无序运动撞击内部深层低速分子致其获得部分或全部动能，促使外部做功能量向整体传递。在加载过程中，外界对煤岩持续施加力，导致内部能量不断积累。随着加载时间的增加，煤岩内部分子运动将越来越频繁和无序，其整体平均动能也会随之增加。同时，内部分子之间的相互作用和碰撞也会变得越来越剧烈，导致内部熵增加。由热力学定律与相关文献中实验可知，此时宏观可见复合煤岩随加载表面平均温度持续上升。

图 9.1 为加载过程中煤岩内部分子运动的变化趋势。初始阶段，内部分子多数处于低速运动状态，外力作用下原生裂隙紧密贴合且具有错动摩擦趋势，促使外力机械能多转化为裂隙表面分子动能，原生裂隙处分子运动加剧，造成局部温度升高，煤岩形成内部热源。加载推进，裂隙处高速分子撞击内侧低速分子概率增大，分子动能由内向外传递，整体平均动能增大，在物体内部，分子之间的热运动会导致其内部能量不断转移和传递。当物体受到外界能量输入时，其内部能量将继续增加，导致热运动变得更加剧烈，同时也使物体的温度升高。通常情况下，用温度来表征物体内部的热运动状态。在低温时，物体内部的分子运动相对较慢，热运动剧烈程度较低，物体呈现蓝色。随着温度的升高，物体内部的分子运动将变得越来越剧烈，热运动剧烈程度也将逐渐增加。此时，物体的颜色将由低温的蓝色逐步变为高温的橙色或红色。同时，随着物体内部能量的增加，其表面温度也将逐步升高，这是因为内部能量将通过传导、辐射等方式向外传递。因此，物体的表面温度也可以用来间接反映其内部能量和热运动状态的变化。为回归稳定各粒子需从高能层跃迁至低能层。由现代量子理论可知，内部粒子在跃迁的过程中会发射大量光子，即产生电磁波辐射。这些因温度变化而产生的电磁辐射即为红外热辐射。红外辐射产生过程如图 9.2 所示。

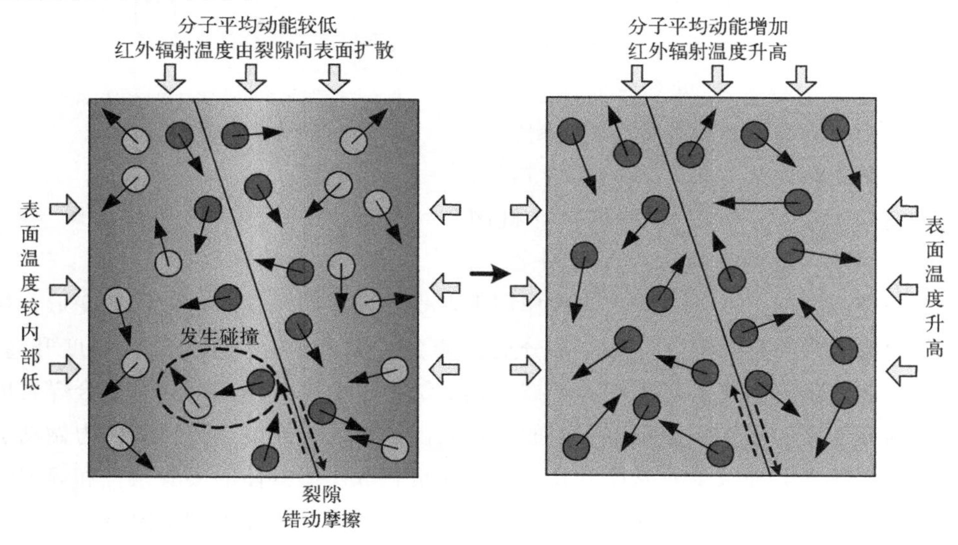

图 9.1 煤岩内部分子运动变化

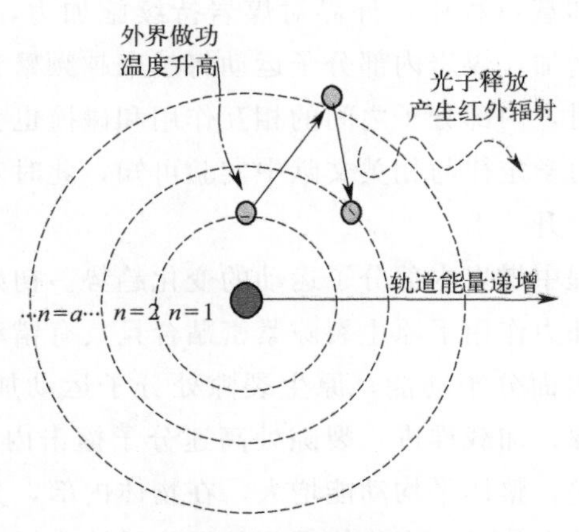

图 9.2 红外辐射产生微观机理

9.2.1.2 应力-温度耦合关系

根据热力学定律可知，物体温度升高的本质是物体间热量的传递[46]。红外辐射能量的产生与温度的变化密切相关，为深入研究耗散能与红外辐射能之间的耦合关系，首先应明确复合煤岩受载过程中应力与温度之间的数学关系。为便于分析煤岩应力与温度间的关系，将复合煤岩试样划分为 n 个单位体积微元，并对任意第 i 个微元进行分析，如图 9.3 所示。

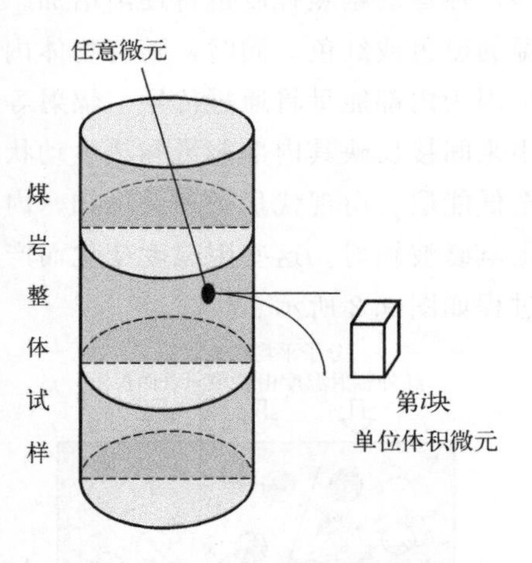

图 9.3 复合煤岩体微元示意图

由文献［47］可知，煤岩内部每块微元的温度升高主要来自两个方面：第一个是热传导。煤岩内部微元之间存在热传导，其中高温微元会向周围低温微元传导热量，使得周围微元温度升高。这种热传导机制是煤岩内部微元温度升高的主要原因之一。第二个是外力做功。在外界施加力的作用下，煤岩内部微元会发生位移和变形，从而引起内部能量转化和损耗。其中部分机械能会转换为热能，使得微元温度升高。这种机械能转换为内能的过程称为摩擦生热。综合以上两种机制可知，复合煤岩内部微元温度升高的热量来源是多方面的。煤岩内部微元之间的热传导和外力做功引起的摩擦生热都会导致微元温度升高，其相对贡献取决于具体的实验条件和煤岩性质等因素。摩擦做功促使内部分子间碰撞概率上升。而热传导加剧了温度上升。以上物理过程均加剧了内部分子的热运动，使第 i 块单位体积煤岩体在任意时刻吸收

的热量 Q_i 持续升高，可表示为

$$Q_i = Q_f + Q_a \tag{9.1}$$

式中，Q_f 为外力做功转换而得的热量，J；Q_a 为其余单位煤岩体对第 i 块煤岩体热传导的热量，J。

根据热传导理论及相关文献［48，49］可知，单位时间 dt 内第 i 块单位体积煤岩体温度升高 ΔT_i K 时，热传导获取的净热量 dQ_a 为

$$dQ_a = \lambda\left(\frac{\partial^2 \Delta T_i}{\partial x^2} + \frac{\partial^2 \Delta T_i}{\partial y^2} + \frac{\partial^2 \Delta T_i}{\partial z^2}\right) dV dt \tag{9.2}$$

式中，λ 为煤岩体的热导率。则对于任意时刻 t 的第 i 块单位体积煤岩体热传导的净热量 Q_a 为

$$\begin{aligned} Q_a &= \lambda\left(\frac{\partial^2 \Delta T_i}{\partial x^2} + \frac{\partial^2 \Delta T_i}{\partial y^2} + \frac{\partial^2 \Delta T_i}{\partial z^2}\right) t dV \\ &= \lambda \nabla^2 (\Delta T_i) t dV \end{aligned} \tag{9.3}$$

式中，∇^2 为拉普拉斯算子，定义为 $\frac{\partial^2}{\partial x^2} + \frac{\partial^2}{\partial y^2} + \frac{\partial^2}{\partial z^2}$。

复合煤岩为岩石组合件，内部各矿物颗粒间虽存在黏着力，但也有部分原生裂纹，其可视为破坏时裂隙的萌芽[31]。受载时当外部合力在裂隙发展方向的分量大于其最大静摩擦力 F_{fm} 时，复合煤岩内部原生裂隙两侧才会发生滑动摩擦，进而摩擦力 F_{fm} 做功产热使复合煤岩局部升温，因而对于不同原生裂纹其滑动摩擦力作用的有效时间 τ 不同，这与原生裂纹方向和材料物性参数有关。当试样为单轴加载时，原生裂隙处的合应力 σ_{all} 为轴向主应力 σ_x，当试样为三轴加载时合应力 σ_{all} 为偏应力，其数值为轴应力与侧应力的差值（$\sigma_x - \sigma_z$）。受载过程中只有当合外力分量大于最大静摩擦力 F_{fm} 时才滑动摩擦生热。根据热力学定理，利用等效速度可以推出 t 时刻时第 i 块单位体积的煤岩体因摩擦生热产生的热量 Q_f 为

$$\begin{aligned} Q_f &= \frac{\sigma_{all} F_{fm} \tau_i^2 \cos\theta_i dS - F_{fm}^2 \tau_i^2}{dm} \\ &= \frac{\sigma_{all} F_{fm} \tau_i^2 \cos\theta_i dS - F_{fm}^2 \tau_i^2}{\rho dV} \end{aligned} \tag{9.4}$$

式中，σ_{all} 为第 i 块煤岩体原生裂隙处所受的合应力，Pa；dS 为摩擦面的单位面积，m^2；θ_i 为合力与原生裂纹发展方向的夹角，°；τ_i 为内部裂隙滑动摩擦作用的有效时间，s；dm 为单位质量，其值为 1kg。

假设第 i 个煤岩体在单位时间 dt 内温度上升 ΔT_i K，则其热源强度 q_i 为

$$q_i = \Delta T_i \rho c\, dx\, dy\, dz \tag{9.5}$$

式中，ρ 为单位体积的煤岩体密度，kg/m^3；c 为单位体积煤岩体的比热容，

J/(kg・K)；$\mathrm{d}x\mathrm{d}y\mathrm{d}z=\mathrm{d}V$，为单位体积，$\mathrm{m}^3$。

在任意时刻 t 第 i 块单位体积煤岩体吸收的热量 Q_i 为

$$
\begin{aligned}
Q_i &= \int_0^t q_i \, \mathrm{d}t = \int_0^t \Delta T_i \rho c \, \mathrm{d}x \mathrm{d}y \mathrm{d}z \mathrm{d}t \\
&= \Delta T_i t \rho c \, \mathrm{d}x \mathrm{d}y \mathrm{d}z
\end{aligned} \tag{9.6}
$$

进而得到任意时刻 t 单位体积的煤岩体温度 T_i 为

$$
T_i = T_0 + \Delta T_i t = T_0 + \frac{Q_i}{\rho c \, \mathrm{d}V} \tag{9.7}
$$

式中，T_0 为煤岩体的初始温度，K。

结合式(9.1)、式(9.3)、式(9.4)，则可推出任意时刻 t 第 i 块单位体积的煤岩体温度 T_i 为

$$
\begin{aligned}
T_i = & \frac{F_{\mathrm{fm}} \tau_i^2 \cos\theta_i}{\rho c \, \mathrm{d}V} \sigma_{\mathrm{all}} \\
& - \frac{F_{\mathrm{fm}}^2 \tau_i^2}{\rho^2 c \, \mathrm{d}V^2} + \frac{\lambda \, \nabla^2 (\Delta T_i) t}{\rho c} + T_0
\end{aligned} \tag{9.8}
$$

式(9.8) 为一偏微分方程，若对第 i 块单位体积的煤岩体列写边值条件即可解出 T_i 项，进而获得单位体积上温度 T_i 与合应力 σ_{all} 的一元函数模型。该模型对从微观上分析裂隙发展具有一定理论意义。根据式(9.8) 可知，宏观复合煤岩体的平均温度 T_{ave} 为

$$
\begin{aligned}
T_{\mathrm{ave}} &= \frac{\sum_{i=1}^{n} T_i}{n} \\
&= \frac{1}{n} \sum_{i=1}^{n} \left(\frac{F_{\mathrm{fm}} \tau_i^2 \cos\theta_i}{\rho c \, \mathrm{d}V} \sigma_{\mathrm{all}} - \frac{F_{\mathrm{fm}}^2 \tau_i^2}{\rho^2 c \, \mathrm{d}V^2} \right) + \frac{\lambda t}{n \rho c} \sum_{i=1}^{n} \nabla^2 (\Delta T_i) + T_0 \\
&= \frac{F_{\mathrm{fm}} \sum_{i=1}^{n} (\tau_i^2 \cos\theta_i)}{n \rho c \, \mathrm{d}V} \sigma_{\mathrm{all}} - \frac{F_{\mathrm{fm}}^2 \sum_{i=1}^{n} \tau_i^2}{n \rho^2 c \, \mathrm{d}V^2} + \frac{\lambda t}{n \rho c} \sum_{i=1}^{n} \nabla^2 (\Delta T_i) + T_0
\end{aligned} \tag{9.9}
$$

式(9.9) 中前两项为摩擦力做功产生的热量引起的升温，最后一项为热传导引起的升温。因加载过程中煤岩试样在理想隔热条件下外部无热交换，所以在宏观上最后一项数值为 0，煤岩体升温仅因为外部做功。由此对平均温度 T_{ave} 进行整理，可得

$$
\begin{aligned}
T_{\mathrm{ave}} &= \frac{F_{\mathrm{fm}} a \tau^2}{cm} \sigma_{\mathrm{all}} - \frac{F_{\mathrm{fm}}^2 \tau^2}{cm} + T_0 \\
&= k \sigma_{\mathrm{all}} - b + T_0
\end{aligned} \tag{9.10}
$$

式中，m 为复合煤岩整体的质量，kg；a 为裂纹夹角平均作用常数；τ 为滑动

摩擦综合作用有效时间，s。a 与 τ 二者均与材料性质有关。设 k 和 b 为复合煤岩加载热力常数，其数值只与材料物性参数有关。

式(9.10) 为复合煤岩温度-应力耦合模型，由其可见复合煤岩加载过程中合应力 σ_{all} 与煤岩平均温度 T_{ave} 呈一次线性关系。

9.2.1.3 耗散能-红外辐射能耦合模型

所有高于绝对零度的物体均会发出红外辐射，其辐射强度与材料性质与温度状态密切相关。复合煤岩在加载过程中因外力做功而产生热能，这种现象称为应变能转化为热能。当复合煤岩内部受到应力作用时，会产生微小的变形，这些变形会导致复合煤岩内部原子和分子的位置和运动状态发生变化。这些变化会导致内部一些原子或分子受热进入激发态，即能级较高的状态，此时这些原子或分子的能量会增加。当这些原子或分子从激发态返回到基态时，会通过发射光子的形式释放出能量。这种发射光子的过程被称为辐射。在复合煤岩内部，这种辐射表现为红外辐射。因此，当复合煤岩内部的原子或分子受到应力作用时，其对外红外辐射强度会发生改变。基于此，可通过非接触式测量红外辐射强度获得试样的温度状态并获得红外辐射耗散能，进而获得煤岩试样的整体力学状态。

复合煤岩试样可视为一种灰体材料。由热力学与现代量子力学及前文分析可知，其辐射能力遵循斯特潘-玻尔兹曼定律，能量来源为发射光子能量。其辐射能力 E_{h} 与体平均温度 T_{ave} 间的关系为

$$E_{\mathrm{h}}=C\left(\frac{T_{\mathrm{ave}}}{100}\right)^{4}=\varepsilon C_{0}\left(\frac{T_{\mathrm{ave}}}{100}\right)^{4} \tag{9.11}$$

式中，C 为灰体的辐射系数，$\mathrm{W/(m^2 \cdot K^4)}$；$\varepsilon$ 为复合煤岩的黑度，其仅与材料自身性质有关，$\varepsilon=\dfrac{E_{\mathrm{h}}}{E_{\mathrm{b}}}\approx 0.96$，$E_{\mathrm{b}}$ 为同温度下黑体的辐射能力，单位为 $\mathrm{W/m^2}$；C_0 为黑体辐射系数，$C_0=5.67\mathrm{W/(m^2 \cdot K^4)}$。

将式(9.10) 与式(9.11) 联立，即得复合煤岩应力-红外辐射能耦合模型：

$$\begin{cases} E_{\mathrm{h}}=\varepsilon C_{0}\left(\dfrac{k\sigma_{\mathrm{all}}-b+T_{0}}{100}\right)^{4} \\ k=\dfrac{F_{\mathrm{fm}}a\tau^{2}}{cm} \\ b=\dfrac{F_{\mathrm{fm}}^{2}\tau^{2}}{cm} \end{cases} \tag{9.12}$$

由上式可见，复合煤岩红外辐射能与合应力之间为一元四次函数关系，当为三轴加载时合应力 σ_{all} 为偏应力，即 $\sigma_{\mathrm{x}}-\sigma_{\mathrm{z}}$。

若煤岩加载过程处于隔热、无外界能量交换的理想环境中，外界应力对煤岩体

的总能量 W 将全部转变为弹性应变能 W_e 与耗散能 W_d，则此时复合煤岩的应变能密度 U 计算公式为

$$U = U_d + U_e = \sum_{i=1}^{3} \int \sigma_i \mathrm{d}\varepsilon_i \tag{9.13}$$

式中，σ_i （$i=$x、y、z）为三向主应力，Pa；ε_i （$i=$x、y、z）为三向应变；U_d 为单位耗散能，其由热能、动能、红外辐射能、电磁辐射能等构成，J/m^3；U_e 为单位弹性应变能，J/m^3。

当复合煤岩处于三轴加载条件下，x 与 y 方向的主应力大小相等，即 $\sigma_2=\sigma_3$，则此时的单位弹性应变能 U_e 计算式为

$$U_e = \frac{1}{2E}\left[\sigma_x^2 + 2\sigma_z^2 - 2\mu\sigma_z(2\sigma_x\sigma_z + \sigma_z)\right] \tag{9.14}$$

式中，E 为加载在弹性阶段的弹性模量；μ 为泊松比。因而可知三轴加载下复合煤岩单位耗散能 U_d 的计算公式为

$$\begin{aligned} U_d = & \int \sigma_x \mathrm{d}\varepsilon_x + 2\int \sigma_z \mathrm{d}\varepsilon_z \\ & - \frac{1}{2E}\left[\sigma_x^2 + 2\sigma_z^2 - 2\mu\sigma_z(2\sigma_x\sigma_z + \sigma_z)\right] \end{aligned} \tag{9.15}$$

将式(9.12) 和式(9.15) 联立并整理，可获得红外辐射能与耗散能之间的耦合关系：

$$\begin{cases} ①\sigma_x = \sigma_z + \dfrac{1}{k}\left[b - T_0 + 100\left(\dfrac{E_h}{\varepsilon C_0}\right)^{\frac{1}{4}}\right] \\ ②U_d = \displaystyle\int \sigma_x \mathrm{d}\varepsilon_x + 2\int \sigma_z \mathrm{d}\varepsilon_z \\ \qquad - \dfrac{1}{2E}\left[\sigma_x^2 + 2\sigma_z^2 - 2\mu\sigma_z(2\sigma_x\sigma_z + \sigma_z)\right] \\ ③k = \dfrac{F_{fm} a \tau^2}{cm} \\ ④b = \dfrac{F_{fm}^2 \tau^2}{cm} \end{cases} \tag{9.16}$$

由式(9.16) 以及式(9.10) 联合可见受载过程中红外辐射能 E_h 与耗散能 U_d 间存在数值关系，但不能用简单的线性函数表示，其与式(9.10) 物理量间的关系不同。将式(9.16) 中的①、③、④代入②可知，当初始围压 σ_z 一定耗散能 U_d 与红外辐射能 E_h 间对应值一一对应且过程中不受加载速率变化影响，即可满足加载实验测试时围压不变的要求。

9.2.2 耗散能-电磁辐射能耦合数学模型

9.2.2.1 物理机制

煤岩体本质上是由原子和电子组成的，当煤岩受到不断增加的外界荷载时，宏观上，可以看到煤岩外形发生变化；微观上，煤岩内部化学键断裂，出现自由电荷。煤岩体的不均匀结构和各向异性以及不断受到的外界压力，导致电荷浓度分布不均匀，为了重新达到平衡状态，自由电荷就会发生移动，带电粒子从高浓度区域向低浓度区域扩散。图 9.4 为带电粒子移动示意图。

图 9.5 为带电粒子在运动过程中产生的电磁场。由于带电粒子的扩散运动，在破裂面积聚表面电荷，构成区域电场，加速了电荷的运迁，在运动转移过程中不断向外界辐射电磁场。图 9.5 中的磁场方向沿顺时针旋转。

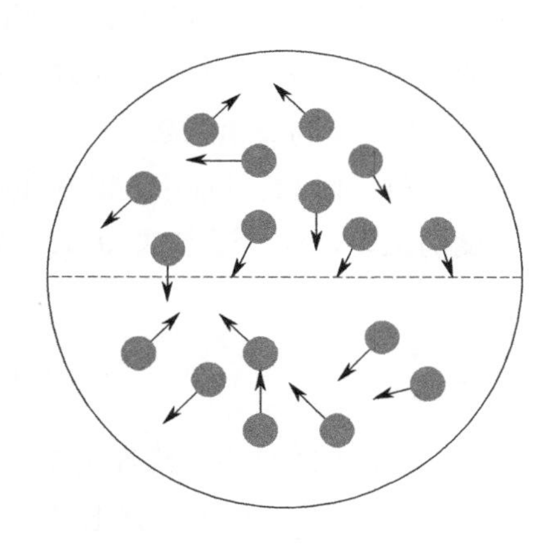

图 9.4 带电粒子移动示意图

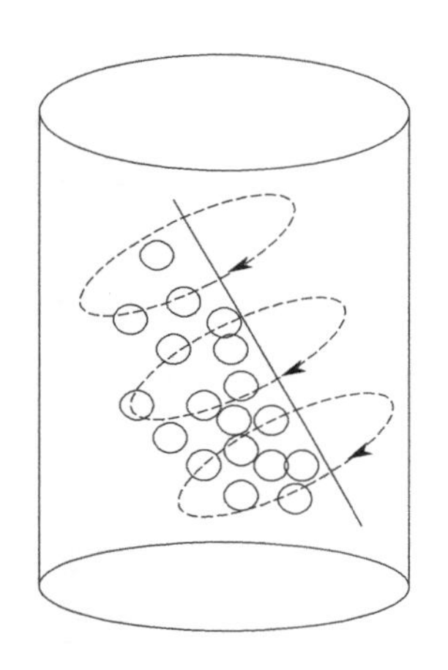

图 9.5 带电粒子产生的电磁场示意图

9.2.2.2 应力-电荷感应信号耦合关系

电磁辐射是指电场和磁场通过空间传播的一种物理现象。这些场的变化引起了电磁能量的传输，其中电场和磁场都具有能量。电场和磁场是相互作用的，即电场的变化会引起磁场的变化，反之亦然。因此，在电磁辐射中，电场和磁场是紧密相关的，二者互相影响、互相转化。电场强度是描述电场大小的物理量，通常用单位正电荷所受的电场力来表示。在电磁辐射中，电场强度可以用来表征电磁辐射的强度和大小。当电荷移动时，会产生电磁辐射，其大小与电荷的运动速度和加速度有关。因此，电磁辐射的大小可以用电场强度来描述。为了深入研究耗散能与电磁辐射能之间的耦合关系，应先明确复合煤岩受载过程中应力与电场强度之间的数学关系。

复合煤岩受载过程中产生电磁辐射的因素有很多，因此将模型视为由无数个圆形平面堆叠而成，如图 9.6 为复合煤岩体圆形平面。

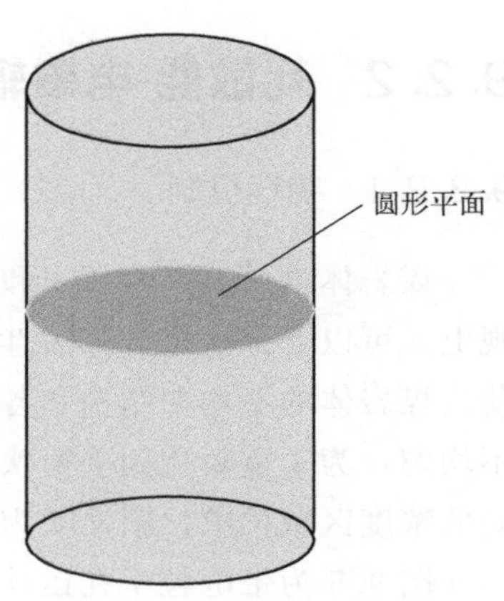

图 9.6 复合煤岩体圆形平面

假设每个平面中的裂隙元体受到压电效应的感应电位相同，在平面上均匀分布。由于复合煤岩受载过程中边界条件可视为机械自由与电学开路，可以使用 g-型压电公式描述材料在机械应力下产生电荷的效应。g-型压电公式表示压电系数与电场强度和应力张量的关系，一般写成如下形式：

$$\begin{cases} ①\varepsilon=\varepsilon^{D}\sigma+g_{t}D \\ ②E=-g\sigma+\beta^{T}D \end{cases} \tag{9.17}$$

$$D=d\sigma+\alpha^{T}E \tag{9.18}$$

式中，σ 为应力，MPa；D 为电位移，C/m；ε 为应变；E 为电场强度，N/C；β 为自由介电常数；g 为压电电压常数，g_t 为 g 的转置；d 为压电应变常数；β^T 为恒应力作用下介质的隔离率；ε^D 为恒电位移柔顺系数；α 为介电常数。

式①为正压电效应，式②为逆压电效应。复合煤岩单轴加载过程中，其压电效应符合式①。式(9.18) 为电位移与应力和电场强度的关系，由式①与式(9.18) 联立可得到电场强度 E 与应力 σ 的耦合模型：

$$E=-\frac{\varepsilon^{D}+dg_{t}}{\alpha^{T}g_{t}}\sigma+\frac{\varepsilon}{\alpha^{T}g_{t}} \tag{9.19}$$

由上式可知，复合煤岩加载过程中，应力 σ 与电场强度 E 呈一次线性关系。

自由电荷在煤岩平面移动产生电压差，形成电荷感应信号，根据匀强电场公式可知

$$E=\frac{U_{\mathrm{ab}}}{d_{\mathrm{ab}}} \tag{9.20}$$

即

$$U_{\mathrm{ab}}=Ed_{\mathrm{ab}}=-\frac{\varepsilon^{D}+dg_{t}}{\alpha^{T}g_{t}}d_{\mathrm{ab}}\sigma+\frac{\varepsilon}{\alpha^{T}g_{t}}d_{\mathrm{ab}} \tag{9.21}$$

式中，U_{ab} 为电荷感应信号，V；d_{ab} 为电荷间距离，mm。由此可知电荷感应信号与电场强度为一次线性关系，即与应力同为一次线性关系。

9.2.2.3 耗散能-电磁辐射能耦合模型

所有本身温度大于绝对零度的物体，都可以发射电磁辐射，电磁辐射强度与电磁源状态和电场强度相关。复合煤岩加载过程中，带电粒子不断移动，使其电磁辐

射强度发生变化。基于此，非接触式电磁辐射检测仪是一种用于测量电磁辐射的仪器，其原理是通过检测电磁辐射的强度来确定电磁辐射的能量。但是，通过仅仅测量电磁辐射强度并不能推断出煤岩整体的力学状态，因为电磁辐射强度仅仅反映煤岩中存在的电磁波的强度，而与煤岩的力学状态并没有直接的联系。要推断煤岩的力学状态，需要对其进行实地勘探，包括岩石物性参数测试、地下水位监测等多项工作，同时还需要结合现场实际情况，进行全面分析和判断。

电磁辐射能量密度公式为

$$W_{\mathrm{e}}=\frac{1}{2}ED \tag{9.22}$$

将式(9.17)、式(9.19) 与式(9.22) 联立，可得到复合煤岩应力-电磁辐射能耦合模型：

$$\begin{cases} W_{\mathrm{e}}=a\sigma^{2}-b\sigma+c \\ a=\dfrac{\varepsilon^{2D}+\varepsilon^{D}g_{t}d}{2g_{t}^{2}\alpha^{T}} \\ b=\dfrac{(2\varepsilon\varepsilon^{D}+\varepsilon g_{t}d)}{2g_{t}^{2}\alpha^{T}} \\ c=\dfrac{\varepsilon^{2}}{2g_{t}^{2}\alpha^{T}} \end{cases} \tag{9.23}$$

对复合煤岩进行单轴加载实验实际是煤岩对外做功过程，此过程包含能量的聚集和耗散。假设煤岩加载过程中与外界无能量交换，根据能量守恒定律可知，煤岩体的应变能将全部转换为弹性应变能与耗散能，则其应变能密度 U 的计算公式为

$$U=U_{\mathrm{d}}+U_{\mathrm{e}}=\int\sigma\mathrm{d}\varepsilon \tag{9.24}$$

式中，U_{d} 为单位耗散能，由动能、热能、红外辐射能、电磁辐射能等组成，$\mathrm{J/m^3}$；U_{e} 为单位弹性应变能，$\mathrm{J/m^3}$。

单位弹性应变能 U_{e} 的大小是由荷载曲线与应变轴围成的面积，则单轴加载下复合煤岩单位弹性应变能 U_{e} 的计算公式为

$$U_{\mathrm{e}}=\int_{\varepsilon_{0}}^{\varepsilon}\sigma\mathrm{d}\varepsilon=\frac{1}{2E_{\mathrm{t}}}\sigma^{2} \tag{9.25}$$

式中，E_{t} 为加载在弹性阶段的弹性模量。因此可知单轴加载下复合煤岩单位耗散能 U_{d} 的计算公式为

$$U_{\mathrm{d}}=\int\sigma\mathrm{d}\varepsilon-\frac{1}{2E_{\mathrm{t}}}\sigma^{2} \tag{9.26}$$

将式(9.23) 与式(9.26) 联立则可获得电磁辐射能与耗散能之间的耦合关系：

$$
\begin{cases}
\sigma = \dfrac{b \pm [b^2 - 4a(c - W_e)]^{\frac{1}{2}}}{2a} \\
U_d = \int \sigma ds - \dfrac{1}{2E_t}\sigma^2 \\
a = \dfrac{\varepsilon^{2D} + \varepsilon^D g_t d}{2g_t^2 \alpha^T} \\
b = \dfrac{(2\varepsilon\varepsilon^D + \varepsilon g_t d)}{2g_t^2 \alpha^T} \\
c = \dfrac{\varepsilon^2}{2g_t^2 \alpha^T}
\end{cases}
\tag{9.27}
$$

由式(9.27) 可见，受载过程中电磁辐射能 W_e 与耗散能 U_d 间存在数值关系。

9.3 实验验证与结果分析

9.3.1 耗散能-红外辐射能实验及结果

9.3.1.1 试样与实验设备

根据前人研究与以往经验，本小节采用的试样为三层煤、岩组合件，试样结构如图 9.7 所示。

图 9.7 实验试样与尺寸

由图 9.7 可见，实验试样由顶板岩、煤、底板岩 3 层组成。按照国际岩石力学学会对实验的要求，把整体试样加工成直径 50mm、高 100mm，组合比为 1∶1∶1 的标准圆柱体试件。试样的煤层采自某矿某深部煤层，顶板岩与底板岩均为砂岩。

为验证前文获得的受载复合煤岩破裂过程中耗散能与红外辐射能之间的耦合关系，实验对所制复合煤岩试样分别在单轴、三轴不同条件下进行加载，用以验证分析加载速率、围压对各能量变化与红外辐射能与耗散能耦合关系。单轴实验现场与三轴实验现场如图 9.8 所示，两种实验系统如图 9.9 所示。由图 9.8 和图 9.9 可见，单轴实验与三轴实验场景所使用设备差别较小，均采用 TAW-2000 型三轴试验系统。该实验系统主要由上位机、电源柜、岩石加载系统、应变传感器组成，实验过程中所有数据均及时发送至上位机进行保存，方便后续分析。

(a) 单轴场景

(b) 三轴场景

图 9.8 实验现场

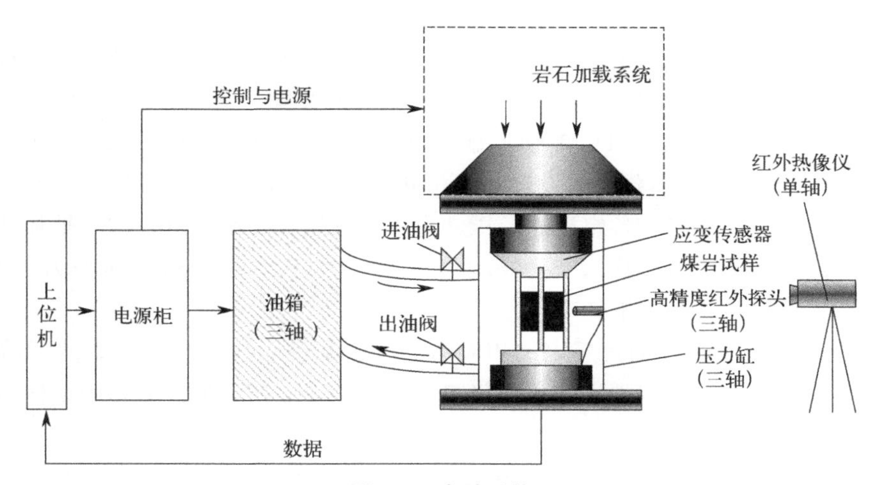

图 9.9 实验系统

进行单轴实验时，为检测试样加载过程中表面的红外辐射，实验选用 ThermoView TM Pi20 型红外热成像仪，其灵敏度为 0.03℃。进行三轴实验时，因外加密闭压力缸且通过注入油加压，使用红外热像仪已不能对试样表面红外辐射进行检测。红外辐射本质是一种电磁信号，其也遵循电磁传播规律。由电磁理论和其他学者的研究可知，在加压用油中，电导率非常低，这意味着这种油具有较好的绝缘性，表面红外辐射能够在其中传播而不会有很大的能量损失。因此，可以在缸内安装一种抗油高精度的红外探头，用于采集加载过程中试样表面的红外辐射变化情况。这个探头的灵敏度非常高，可以检测到0.02℃的温度变化。因加载过程中红外辐射温度微弱，恒压缸内液体流动可能会造成温度散失干扰数据结果。为了降低干扰，在安装探头时，应尽可能地将其安装在距离试样更近的位置。此外，在进行试验之前，还需要让系统在三相加压完毕后静置一段时间，以使系统相对稳定。这有助于减少在试验过程中由于系统变化而引起的误差。这些步骤可以帮助确保实验数据的准确性，并降低因外部因素引起的干扰。通过将探头安装在距离试样更近的位置，并等待系统达到稳定状态，可以最大限度地减少试验过程中的误差。数据采集过程中，原始数据信号须经配套的信号采集系统预处理及数模转换，以便于上位机的进一步数据分析与计算。

9.3.1.2 实验步骤

为研究复合煤岩受载过程中耗散能与红外辐射能间耦合关系，实验分为单轴、常三轴加载两部分。通过对复合煤岩试样进行单轴和常三轴加载，可以采集应力、应变和红外辐射温度等数据。通过分析这些数据，可以计算出试样的耗散能和红外辐射能之间的数值关系。这将有助于验证前文理论推导关系的正确性。为保证实验结果普适性，各实验均设置多个对照组。

单轴加载实验设置9个相同的复合煤岩试样，并按$D_1 \sim D_9$标号；之后将其平均分为3组，各组按照常速、高速、快速进行单轴实验。其中，$D_1 \sim D_3$单轴加载速率为0.1mm/min，$D_4 \sim D_6$单轴加载速率为0.3mm/min，$D_7 \sim D_9$单轴加载速率为1mm/min。三轴加载实验设置9个相同的复合煤岩试样，并按$S_1 \sim S_9$标号；同样将其平均分为3组，各组按照低压、中压、高压三个围压进行常三轴加载。其中，$S_1 \sim S_3$的围压为10MPa，$S_4 \sim S_6$的围压为15MPa，$S_7 \sim S_9$的围压为20MPa。

单轴加载实验步骤如下：

① 将复合煤岩试样的每层之间用胶布黏合，并安装应变传感器，然后将试样固定在试验机上测试。调整红外热像仪镜头对准中心，测量加载过程中试样表面平均温度变化趋势。

② 开始实验前要将与实验无关的设备关闭，并关闭实验室门窗，人员停止非必要走动。

③ 开始实验接通电源，分别设置各组加载速率为0.1mm/min、0.3mm/min、1mm/min，先启动红外热像仪，待显示数值较为稳定后再启动压力机，同时记录

加载过程中的红外辐射温度、应力、应变。

④ 观测实验数据，待轴向应力越过应力峰值，试样破坏，实验结束并保存数据待后续处理。

常三轴加载实验步骤如下：

① 将复合煤岩试样各层间用胶布粘好并加装应变传感器。将其放入压力缸内，并将压力缸推入试验仪中，然后打开油阀注油。

② 接通电源，先开启红外探头记录红外辐射温度，待稳定后再开启压力机。首先按净水压力条件施加三向应力（$\sigma_x = \sigma_y = \sigma_z$）至预定围压值（10MPa、15MPa、20MPa）。

③ 保持围压 σ_z 恒定，采用位移控制方式以 0.1mm/min 的速率加载，同时记录加载过程中的红外辐射温度、应力、应变。

④ 实时观测轴向应力，当轴向应力越过应力峰后停止实验，保存数据待后续处理。

上述 6 组实验完成后，根据式(9.13)～式(9.15) 将各组应力、应变、红外辐射温度等物理参数转化为总能量、耗散能、弹性应变能、红外辐射能，进行进一步分析。鉴于试样组分基本相同且实验条件相同，均从各组 3 个试样数据中选取一个特征最明显的试样数据进行分析。若某组内 3 个试样数据离散度均较高，则须补做同一加载条件下的实验。

9.3.1.3 实验结果

表 9.1 为 D_1～D_9 试样尺寸与实验结果，表 9.2 为 S_1～S_9 试样尺寸与实验结果。可见单轴实验后 9 个试样与三轴实验后 9 个试样破裂趋势相似，因此本书只展示单轴与三轴实验后各 1 个试样破裂图。图 9.10(a) 为单轴加载完毕后的试样图，图 9.10(b) 为三轴加载完毕后的试样图。

表 9.1 单轴试样尺寸与实验结果

编号	高度/mm	直径/mm	加载速率/(mm/min)	抗压强度/MPa
D_1	101.32	49.64	0.10	29.61
D_2	98.68	49.78	0.10	28.35
D_3	100.24	49.12	0.10	30.47
D_4	101.58	49.84	0.30	23.12
D_5	101.10	50.12	0.30	25.63
D_6	100.74	50.04	0.30	28.47
D_7	98.24	49.78	1.00	31.04
D_8	97.78	49.94	1.00	32.72
D_9	99.64	50.24	1.00	29.33

表 9.2　三轴试样尺寸与实验结果

编号	高度/mm	直径/mm	围压/MPa	抗压强度/MPa	偏应力峰值/MPa
S_1	101.64	49.54	10	46.07	36.07
S_2	101.24	49.54	10	45.50	35.50
S_3	101.10	50.12	10	47.57	37.57
S_4	101.32	49.60	15	68.26	53.26
S_5	100.98	49.58	15	63.12	48.12
S_6	100.74	50.04	15	65.56	50.56
S_7	101.52	49.64	20	76.54	56.54
S_8	101.84	49.82	20	79.37	59.37
S_9	101.62	50.12	20	80.12	60.12

(a) 单轴　　(b) 三轴

图 9.10　实验试样图

由图 9.10 可见，单轴和三轴实验中，煤层比岩层更容易产生贯穿裂隙，表明在受载过程中煤层更为脆弱。此外，前期研究表明，在受载过程中，煤体的温度变化相比岩体更为显著。这可能是由于煤层的热导率较低，导致煤体在受载过程中难以有效地传递热量。为针对性分析复合煤岩煤层破裂原因及受载过程中耗散能与红外辐射能的变化及耦合规律，本书在获得红外辐射温度时，仅需获取煤体侧表面的平均红外辐射温度进行分析，并未取岩层内部温度，后不再赘述。

由前人研究成果[31] 及 D_1～D_9 试样实验结果可见，不同加载速率下所有结果趋势一致，单轴加载各组应力-应变曲线上均可见明显的压密、弹性、弹塑性、破裂 4 个阶段，且各加载速率下红外辐射温度变化趋势基本一致。以图 9.11(a) 中 D_1 试样的加载实验结果曲线为例进行分析可见，压密阶段因内部裂隙闭合，温度略有波动（温度波动范围介于 0.01～0.03℃之间），但总体上仍较为平稳，红外辐射能量变化不大；进入弹性阶段后，红外辐射温度开始波动上升，直至进入弹塑性阶段，该过程温度上升幅度介于0.08～0.12℃之间，明显大于之前的变化，红外辐射能量上升；弹塑性阶段内，红外辐射温度处于剧烈波动状态（波动介于0.01～0.03℃之间），平均温度明显高于压密阶段，红外辐射能量变化不大；破裂时温度急速下降，回落至压密阶段的平均温度，红外辐射能量减少。

由 S_1～S_9 各组实验结果可见，三轴加载过程中试样表面红外辐射温度与偏应力在不同加载围压下变化趋势一致。下面以图9.11(b)的10MPa试样 S_2 实验结果为例进行简述。因三轴实验须从静水平状态开始，因而未见单轴实验中的压密阶段，但仍可见弹性、弹塑性、屈服、破裂4个力学阶段，具有较强的阶段性。不同力学阶段试样表面红外辐射温度变化具有阶段特征：弹性阶段，红外辐射温度存在波动，幅值介于0.10～0.15℃之间，较单轴加载更为剧烈，整体趋势较为平稳。弹塑性阶段是试样受到外力作用经历了弹性阶段之后，开始出现一定程度的塑性变形的阶段。在这个阶段，试样会产生复合性应力，即试样内部的各个部分会产生不同方向的应力，导致试样的变形速率加快，这是因为复合应力增加速率较前一阶段增大。此外，红外辐射温度在阶段初期快速波动上升且剧烈，平均温度明显高于弹性阶段，这是因为试样在弹塑性阶段会产生更多的热量（这是由于试样发生了更多的塑性变形，导致试样内部的分子和晶粒之间的摩擦增加）。因此，红外辐射温度会比弹性阶段更高，并且会出现更大的波动。在进入屈服阶段前红外辐射温度出现明显的尖峰。屈服阶段持续时间极短，此阶段试样表面红外辐射温度仍保持一段时间上升趋势，但不剧烈，并在后期出现快速下降趋势直至破裂。

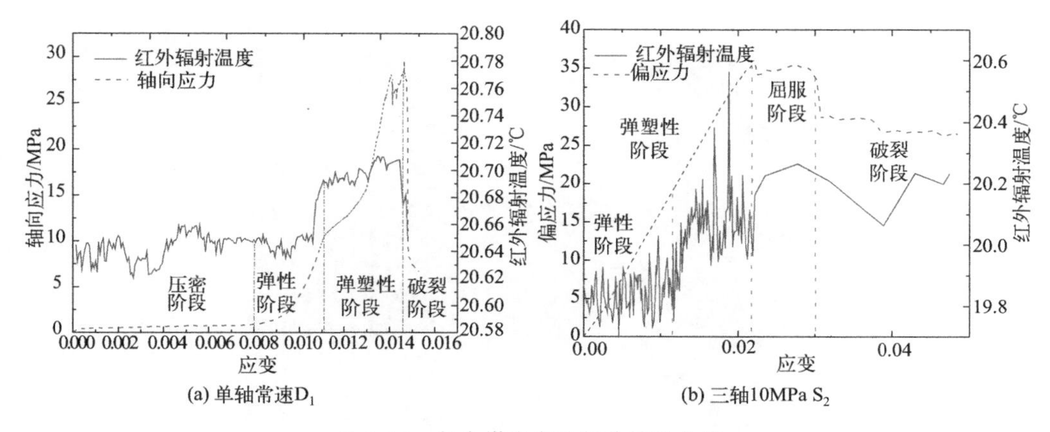

图9.11 复合煤岩实验部分结果曲线

由文献[50]可知在单轴情况下红外辐射温度与应力间呈线性关系，与本书式(5.10)形式一致。对三轴实验三组不同初始条件下 S_2、S_4、S_7 结果中的红外辐射温度与偏应力间进行拟合讨论相关性，拟合结果如表9.3所示，拟合曲线如图9.11所示。由表9.3与图9.11可见，三轴不同受载条件下的复合煤岩试样红外辐射温度与偏应力间呈线性关系（与单轴相似），相关系数在 0.94～0.96 之间，相关性强且形式满足式(9.10)。

表 9.3 拟合结果与相关系数

试样编号	拟合关系式	相关系数
S_2	$T_{ave}=0.02179(\sigma_x-\sigma_z)+19.6697$	0.9414
S_4	$T_{ave}=0.01651(\sigma_x-\sigma_z)+19.6482$	0.9512
S_7	$T_{ave}=0.01774(\sigma_x-\sigma_z)+19.2048$	0.9463

综上所述，前文推导的红外辐射温度与应力间的数学关系具有准确性与可行性。

9.3.2 耗散能-电磁辐射能实验及结果

9.3.2.1 试样制备

本节试样取自大同某煤矿具有典型煤岩动力灾害特征的煤层。依据国际岩石力学学会标准，首先用取芯钻机分别从煤、岩块钻取 50mm、100mm 的圆柱体煤、岩试件，通过锯石机将其切割成所需的高度；然后用平面磨床将其两端磨平，要求各试样两端不平行度不大于 0.03mm，两端直径偏差不大于 0.02mm；最后用白乳胶将顶板砂岩、煤、底板砂岩按高度 1∶1∶1 的比例黏结成直径为 50mm、高为 100mm 的圆柱体复合煤岩试样，如图 9.12 所示。

图 9.12 复合煤岩试样

利用 5E-MACⅢ红外快速煤质分析仪对所采集的煤样进行各项工业分析指标的测定，测定结果如表 9.4 所示。

文献 [51，52] 中对取自不同地区的煤样进行了应力-应变等力学特性研究，揭示了不同煤样的应力-应变曲线变化具有一致性。文献 [52，53] 中的煤样同样取自不同的地方，结果表明煤岩破裂过程中其耗散能变化趋势具有一致性。因此本书选取一种煤样进行实验研究。

表 9.4　煤样工业分析

编号	水分/%	灰分/%	挥发分/%	固定分/%
f_1	1.78	12.56	11.77	73.89
f_2	1.82	11.87	12.87	73.44
f_3	1.69	12.07	12.45	73.79
f_4	1.74	11.93	12.69	73.64
f_5	1.73	12.58	11.98	73.71
f_6	1.81	12.24	12.32	73.63
f_7	1.67	12.20	12.23	73.90
f_8	1.72	12.45	12.13	73.70
f_9	1.78	12.16	12.10	73.96
平均	1.75	12.23	12.28	73.74

9.3.2.2　实验设备

为了验证前文所推导的复合煤岩受载破裂过程中耗散能与电磁辐射能之间的耦合关系，本节对所制煤岩试样进行了单轴加载实验。单轴加载实验现场如图 9.13 所示。

图 9.13　单轴加载实验现场

实验加载系统由 SANS 万能试验压力机（最大载荷为 300kN）、计算机、控制柜及数据采集系统构成。采用自主研制的电荷仪进行电荷采集，其电荷-电压转换比例为 80～100mV/pC。试验在自制的电磁屏蔽室里进行。实验加载系统如图 9.14 所示。

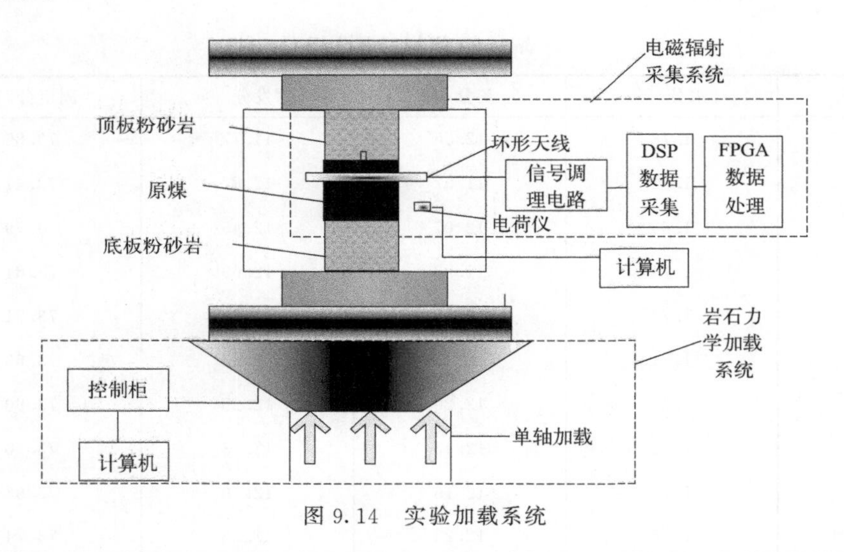

图 9.14　实验加载系统

9.3.2.3　实验步骤

为了研究复合煤岩加载过程中耗散能与电磁辐射能之间的数学关系，通过对复合煤岩试样单轴加载过程中应力、应变和电荷数据进行采集和分析，揭示耗散能与电磁辐射能的数学关系，验证前文理论推导关系的正确性与合理性。为了保证实验结果的普遍性和准确性，共制作 9 个试样，分别记为 f_1～f_9，平分为 3 组，采用 3 种不同加载速率进行试验。加载速率及对应试样分组为：0.1mm/min（f_1～f_3）、0.3mm/min（f_4～f_6）、1.0mm/min（f_7～f_9）。

① 首先将复合煤岩试样的各层固定，并将试样放置在屏蔽罩内；然后将屏蔽罩放置在压力机试验台上，并在中间煤体部分距离试样表面 5mm 的位置放置电荷仪探头。

② 开始实验前，将与实验无关的电气设备及其他需要电源的设备断电，并关闭实验室门、窗，避免人员不必要的走动，以免影响数据结果。

③ 接通电源，设置加载速率分别为 0.1mm/min、0.3mm/min、1.0mm/min，先启动载荷、电荷感应采集系统，再启动压力机，开始加载，并记录应力、应变、电荷数据。

④ 观察煤岩试样加载情况，待电荷感应信号达到峰值后，试样破裂，关闭实验系统，保存数据。

9.3.2.4 实验结果及分析

表 9.5 为单轴加载时 f_1～f_9 试样尺寸与力学实验结果。由于复合煤样顶、底板砂岩的硬度比煤样大很多，绝大部分试样在试验结束后均是中间煤样发生明显破裂，而上、下砂岩只出现微破裂[54,55]。因 9 个煤岩试样破裂趋势相同，故只展示一个试样结果，如图 9.15 所示。

表 9.5　试样尺寸与实验结果

编号	高度/mm	直径/mm	加载速率/(mm/min)	抗压强度/MPa
f_1	100.98	49.87	0.1	28.57
f_2	101.07	51.02	0.1	27.89
f_3	98.87	50.78	0.1	28.14
f_4	100.75	48.78	0.3	23.34
f_5	99.31	51.34	0.3	22.98
f_6	101.16	49.63	0.3	23.67
f_7	99.05	49.34	1	33.43
f_8	101.82	50.07	1	31.67
f_9	98.76	50.25	1	30.23

鉴于试样组分基本相同及变形破裂过程中电荷感应结果变化趋势的一致性，选取不同加载速率下的复合煤岩试样 f_1、f_4、f_7 的试验数据进行分析。图 9.16 (a)～(c)分别为试样 f_1、f_4、f_7 的应力-电荷与时间变化曲线，分别对应加载速率 0.1mm/min、0.3mm/min、1.0mm/min。

图 9.15　结果

由图 9.16 的加载条件可以得到 f_1 抗压强度为 28.57MPa，f_4 抗压强度为 23.34MPa，f_7 抗压强度为 33.43MPa，单轴加载下各组应力-时间曲线上均可见明显的压密、弹性、弹塑性、破裂 4 个阶段。各加载速率下电荷变化趋势基本一致。以图 9.16(b) 为例进行分析：在压密阶段，试样内部裂隙闭合，电荷感应信号较弱，约为 150mV；随着应力的不断增加，进入弹性阶段后，感应电荷出现轻微波动，在 $t=400$s 左右时，电荷感应信号达到 280mV；电荷信号出现波动后开始逐渐上升，进入弹塑性阶段，此阶段煤岩试样逐渐产生裂隙，带电粒子快速运动，在 $t=631$s 时，电荷感应信号达到最大值（851mV），煤岩试样裂隙逐渐加大，当 $t=641$s 时，应力达到峰值，此时煤岩试样破裂。由此可见，电荷感应信号在应力达到峰值前出现最大值。同时根据图 9.16 可见不同加载速率下复合煤岩电荷感应信号变化与应力变化趋势一致，可以得到两者具有一定的相关性。

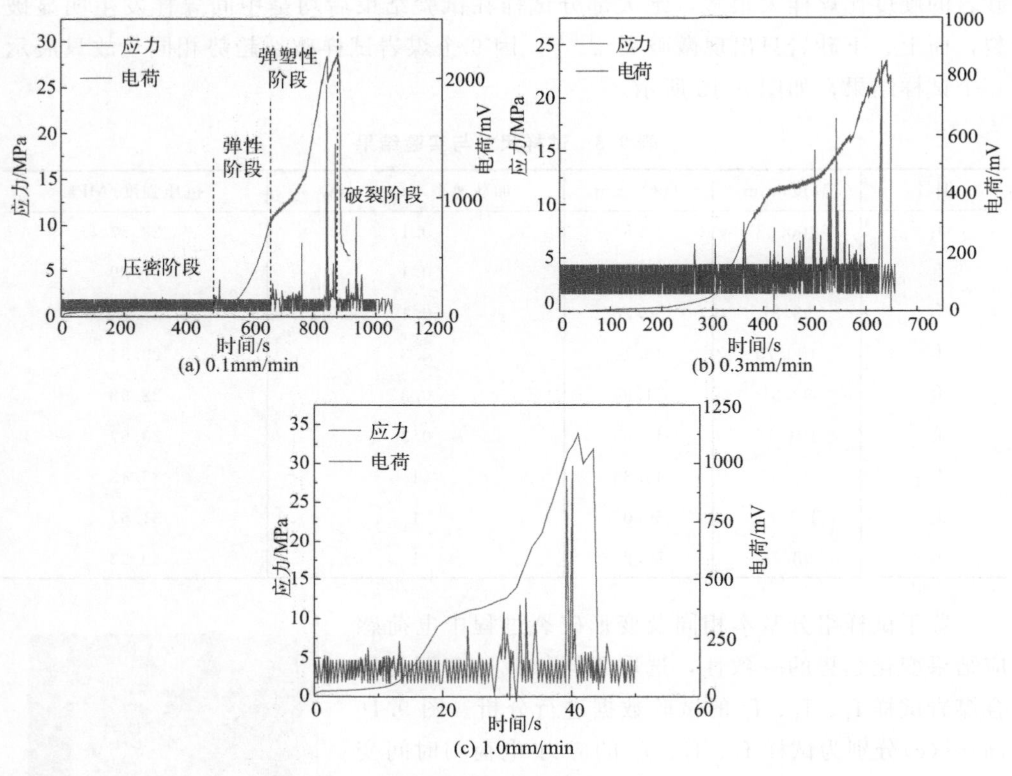

图 9.16　电荷-时间曲线

9.3.2.5　应力、电荷感应信号相关性分析

为验证前文建立的数学关系的正确性，进一步探究电磁辐射能与应变能间的耦合规律，应分析能量对应物理量，即应力、电荷信号之间的相关性。对图 9.15 同一时间下的应力、电荷信号进行线性拟合，拟合结果如表 9.6 所示。拟合结果曲线和拟合所用实验数据如图 9.17 所示。

表 9.6　结果与相关系数

试样编号	拟合关系式	相关系数
f_1	$U_{ab}=47.33733\sigma+467.26259$	0.9354
f_4	$U_{ab}=31.46939\sigma+162.33509$	0.9718
f_7	$U_{ab}=28.83862\sigma+15.58733$	0.9682

由图 9.17 和表 9.6 可见，不同受载条件下的复合煤岩试样电荷感应信号与应力间呈一次函数关系。力学参数增大，试样表面的电荷感应信号同时增大，两者间的相关系数均介于 0.93～0.97 之间，由此可见电荷感应信号与应力间存很强的相关性。

由表 9.6 中的拟合关系式可见，不同受载条件下的试样电荷感应信号 U_{ab} 与应力 σ 间的拟合关系如式(9.28) 所示。

$$U_{ab}=A\sigma+B \tag{9.28}$$

式中，U_{ab} 为试样电荷感应信号，mV；σ 为所受的外力，MPa；A、B 为两个线性拟合系数。

拟合式(9.28) 与前文推导的式(9.5) 形式一致，且相关性高，由此可知前文推导的电荷感应信号与应力的数学关系具有一定的准确性与可行性。

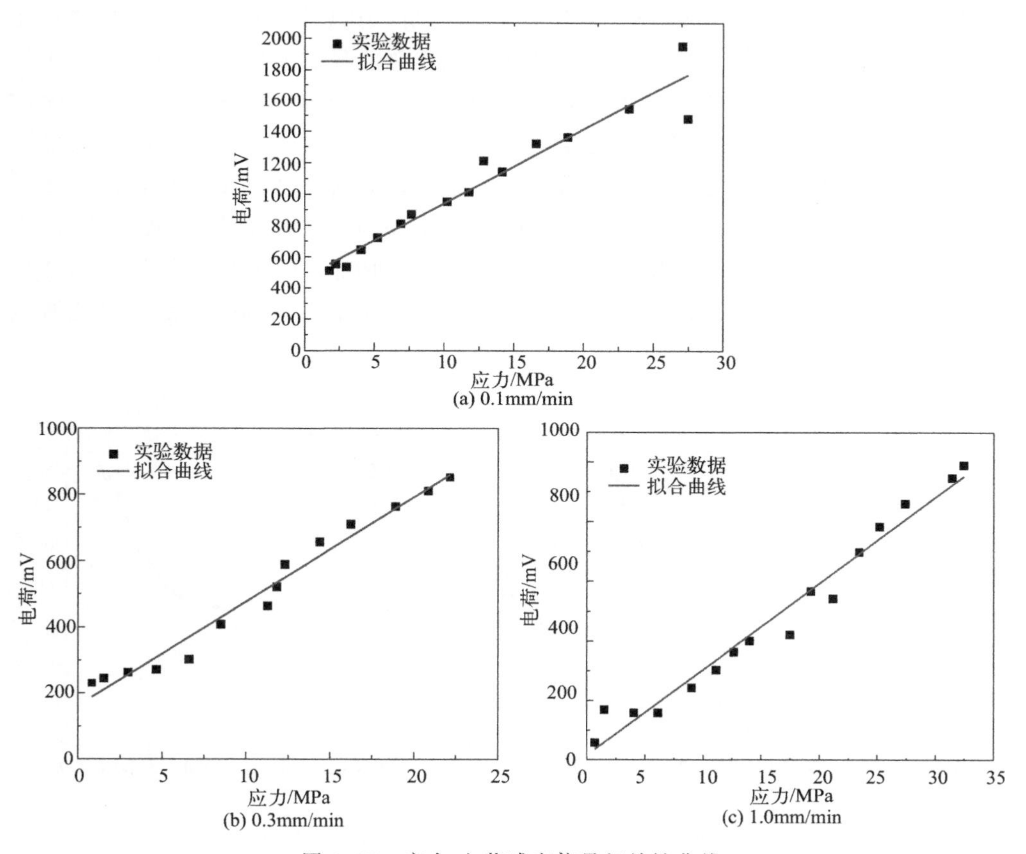

图 9.17　应力-电荷感应信号相关性曲线

9.4 受载煤岩能量变化与耦合规律

9.4.1 红外辐射能变化与耦合规律

复合煤岩受载过程发生形变与功-能转化密切相关，如式(9.13)所示在无其他交换情况下外界做功全部转化为弹性应变能与耗散能。选择不同加载条件各组最具明显特征的实验结果分析，图9.18(a)～(c)分别为单轴加载速率0.1mm/min、0.3mm/min、1mm/min时试样D_1、D_4、D_8各自总能量、耗散能、弹性应变能与应变的变化曲线以及应力-应变曲线。由图9.18(a)～(c)可见，单轴加载下复合煤岩不同力学阶段的总能量转化为各能量的规律不同，加载速率并不影响各阶段的能量转化趋势。对图9.18(a)进行具体分析，压密阶段时，超99%的总能量均转化为弹性应变能，耗散能转化极低，试样总能量缓慢增加，与应力变化趋势相似，此阶段能量多致弹性形变，在末期总能量密度达4.757mJ/mm^3；弹性阶段总能量加速增长，后期增长能量密度达24.3738mJ/mm^3，此阶段总能量大部分仍转化为弹性应变能，但增速明显小于整体，其转化率逐步降低，而转化耗散能明显增多，但总量未超过弹性应变能，末期二者能量密度相同，为12.788mJ/mm^3，此时外部做功仍多用于发生弹性形变，但因岩土材料内部结构复杂，部分区域已达弹性极限，加载推进非弹性占比增多，部分总能量以耗散能消耗。

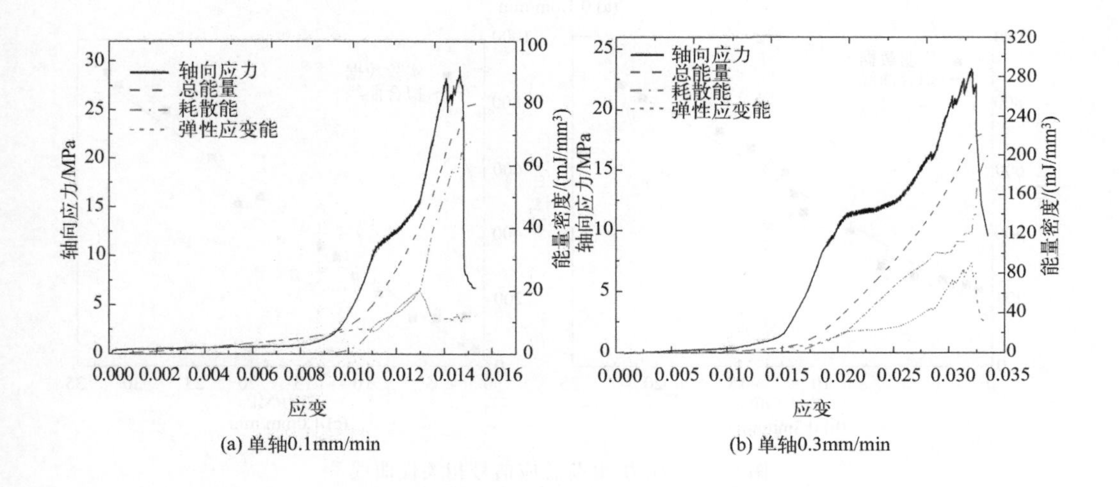

(a) 单轴0.1mm/min
(b) 单轴0.3mm/min

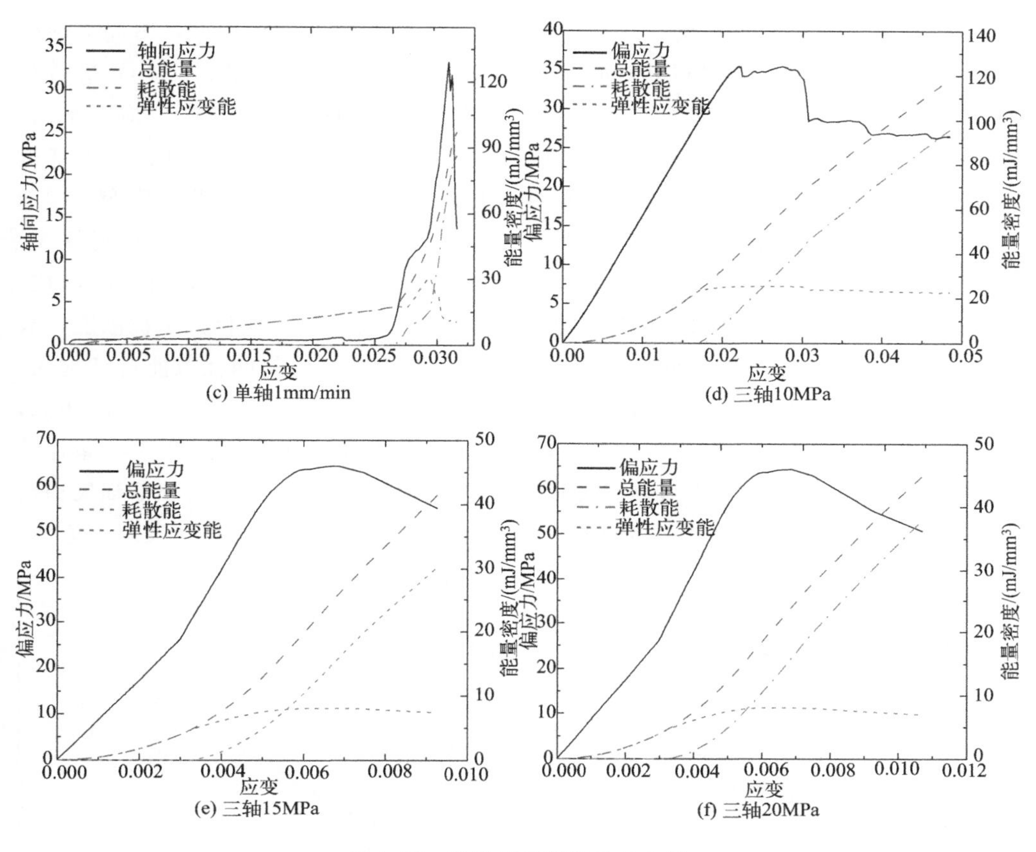

图 9.18 受载过程能量变化曲线

弹塑性阶段总能量保持高速率增长，前期弹性应变能和塑性能几乎以同速率增大，增长速率明显高于前期，为 6931.394mJ/mm^3，转化比例相同直至应变达 0.013，此时弹性应变能达峰为 19.575mJ/mm^3，能量交汇点早于应力峰，之后总能量转化趋势改变，弹性应变能快速降低，最终在破裂前期能量密度稳定在 11.352mJ/mm^3，耗散能密度急速增长速率为 23976.865mJ/mm^3，总能量与多余弹性应变能几乎全部转化为耗散能，由此可知弹塑性阶段初期试样虽仍为弹性形变为主但终至极限，非弹性区域随加载持续增大最终占据主导，其导致大部分剩余能量须转化耗散能释放，此时试样局部有破裂趋势，外界可听到破裂声；进入破裂阶段，试样的弹性应变能保持稳定，总能量几乎全部转为耗散能，其仍保持高速增长，最终达能量峰值（68.046mJ/mm^3），试样破裂，耗散能得以释放。综上，单轴加载总能量转化趋势影响煤岩应力状态，耗散能与弹性应变能变化趋势及转化比与应力状态间存在耦合关系，破裂前期试样耗散能递增明显而弹性应变能力几乎稳定。

图 9.19 为三轴加载围压 10MPa、15MPa、20MPa 时试样 S_2、S_4、S_7 各自总能量、耗散能、弹性应变能与应变的变化曲线以及偏应力-应变曲线。由图 9.18 和

图 9.19 可见，三轴下复合煤岩应力状态与能量间的关系和单轴相似，不同力学阶段总能量转化为各能量的趋势不同，围压不影响转化趋势。对图 9.18(e) 进行具体分析，三轴总能量转化规律与单轴类似，因三轴加载前需加载至三向应力平衡，所以不存在压密阶段；弹性阶段总能量以 2118.563mJ/mm^3 的速率增加，外部做功几乎全部转为弹性应变能，耗散能转化极低，可忽略，外部发生弹性形变；弹塑性阶段总能量高速增长，速率增至 3513.290mJ/mm^3，弹性应变能保持缓慢增大，但增速降低且渐近能量峰（24.319mJ/mm^3），总能量转化为耗散能的速度加快，此阶段类似单轴加载的弹塑性阶段前期，试样的弹性应变能占比仍大于耗散能，表现弹性形变，但内部已有塑性趋势；屈服阶段初期总能量转化的耗散能持续增大，弹性应变能几乎稳定在 7.558mJ/mm^3，并在应变为 0.0056 时二者能量密度相同，为 25.402mJ/mm^3，早于应力峰值，煤岩会逐渐失去弹性并开始消耗这些储存的能量。这些能量最终被转化为热能或其他形式的耗散能，并导致煤岩逐渐损失稳定性。在某个时刻，耗散能会急剧增加，超过煤岩的承受能力，导致其破裂或崩溃。

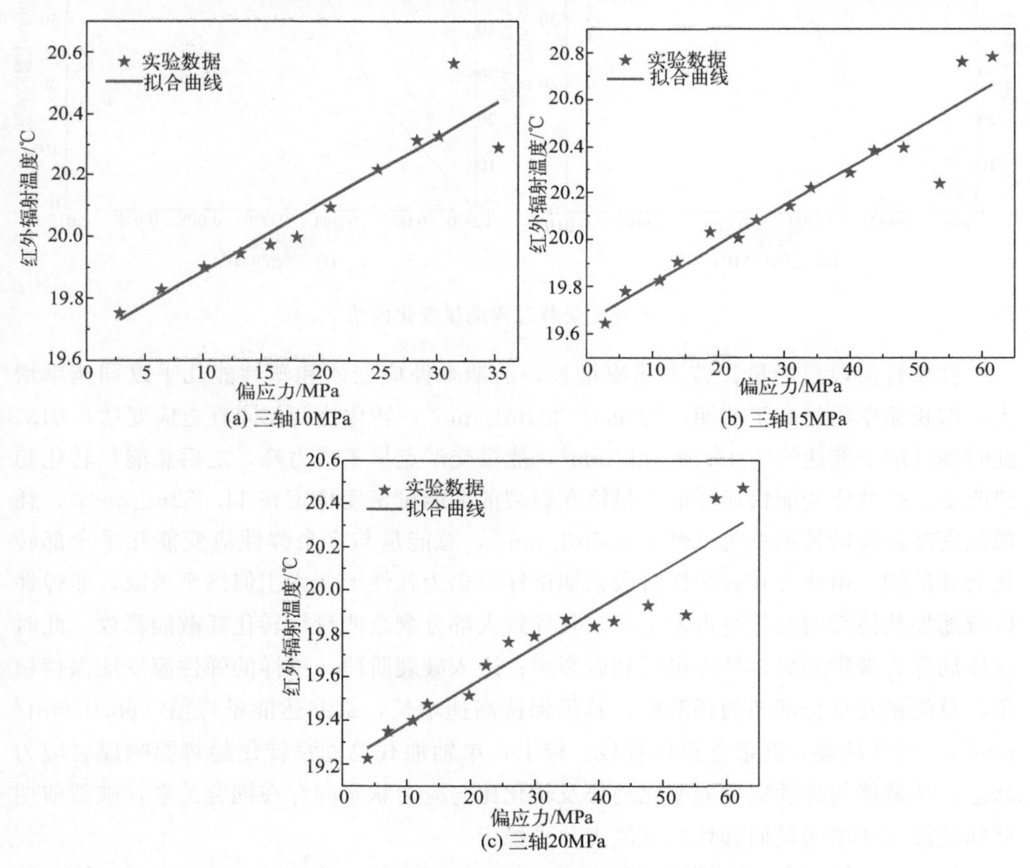

图 9.19 应力-红外辐射温度相关性曲线

此阶段与单轴加载弹塑性阶段后期相同，试样塑性形变趋势逐步大于弹性形变，最终发生塑性形变达到受载强度破裂。综上所述，三轴加载能量转化趋势与应力状态也存在对应关系，在破裂前期与单轴时有相同特征，即耗散能徒增明显弹性应变能保持稳定，因而利用能量特征对煤岩破裂趋势进行预判具有可行性。

复合煤岩受载时表面红外辐射温度发生改变，由能量守恒可知其与功能转换有关。耗散能是指在物体受力变形过程中，总能量由于非弹性应变而转化成的能量。这种能量转化会使得物体内部产生摩擦、热能、声能等形式的能量损失，因此被称为耗散能。红外辐射能为耗散能组成部分，直接影响红外辐射温度变化规律，其与耗散能密度间的关系如式(9.29) 所示。

$$\begin{cases} E_{\mathrm{h}} \propto U_{\mathrm{h}} \\ U_{\mathrm{d}}(\sigma_1,\sigma_3)=U_{\mathrm{h}}(\sigma_1,\sigma_3)+U_{\Delta} \end{cases} \tag{9.29}$$

式中，E_{h} 为红外辐射能，J；U_{h} 为红外辐射能密度，同体积下与红外辐射能成正比，$\mathrm{J/m^3}$；U_{Δ} 为耗散能转化为非红外辐射的能量密度，$\mathrm{J/m^3}$。

由式(9.29) 可知，当试样体积一定时外界红外辐射能与红外辐射能密度成正比，红外辐射能 E_{h} 的变化趋势与红外辐射能密度 U_{h} 的变化趋势一致。因此可通过分析红外辐射能变化得到其能量密度变化规律，有助于深入分析红外辐射能与耗散能、总能量间的关系。利用公式(9.11) 计算可获得单轴、三轴受载过程中复合煤岩红外辐射能的变化规律，因相同加载条件下各试样变化规律相同，仅对单轴 D_1、D_4、D_8 及三轴 S_2、S_4、S_7 分析。图 9.20 为这 6 个试样的能量密度、红外辐射能随应变变化曲线。图 9.20(a)～(c)分别为单轴在 0.1mm/min、0.3mm/min、1mm/min 加载速率下复合煤岩的能量密度、红外辐射能与应变间的变化趋势，图 9.20(d)～(f)分别为三轴在 10MPa、15MPa、20MPa 围压下试样的能量密度、红外辐射能与应变间的变化趋势。通过前文图 9.19 的分析可知，试样表面红外辐射温度趋势与各力学阶段存在对应性。由图 9.20 可见，在单轴或三轴加载下煤岩红外辐射能变化趋势与红外辐射温度变化趋势基本一致，其在单轴或三轴受载的各力学阶段具有相似特征。为归纳加载过程红外辐射能各力学阶段的变化特点，将单轴弹塑性阶前期的应力增加过程统称为弹塑性阶段，后期的短暂应力波动统称为屈服阶段。煤岩破裂是耗散能释放的一种方式，但直接测定耗散能可能性极低，红外辐射能作为耗散能表现形式之一，可非接触测量，有利于用能量特征判定力学状态。

由图 9.20 可见，红外辐射能与耗散能等变化趋势存在关联，下面以图 9.20(a)与图 9.20(e) 为例进行分析。在压密、弹性阶段，总能量以弹性形变能为主，耗散能增长缓慢，总体未见明显增长趋势，红外辐射能量变化平稳，分别在 9.869mJ 与 8.521mJ 左右保持稳定，后期耗散能开始呈上升趋势，同时可见红外辐射能缓步上升，与耗散能变化趋势一致；弹塑性阶段初期，耗散能开始显著增长，速率分

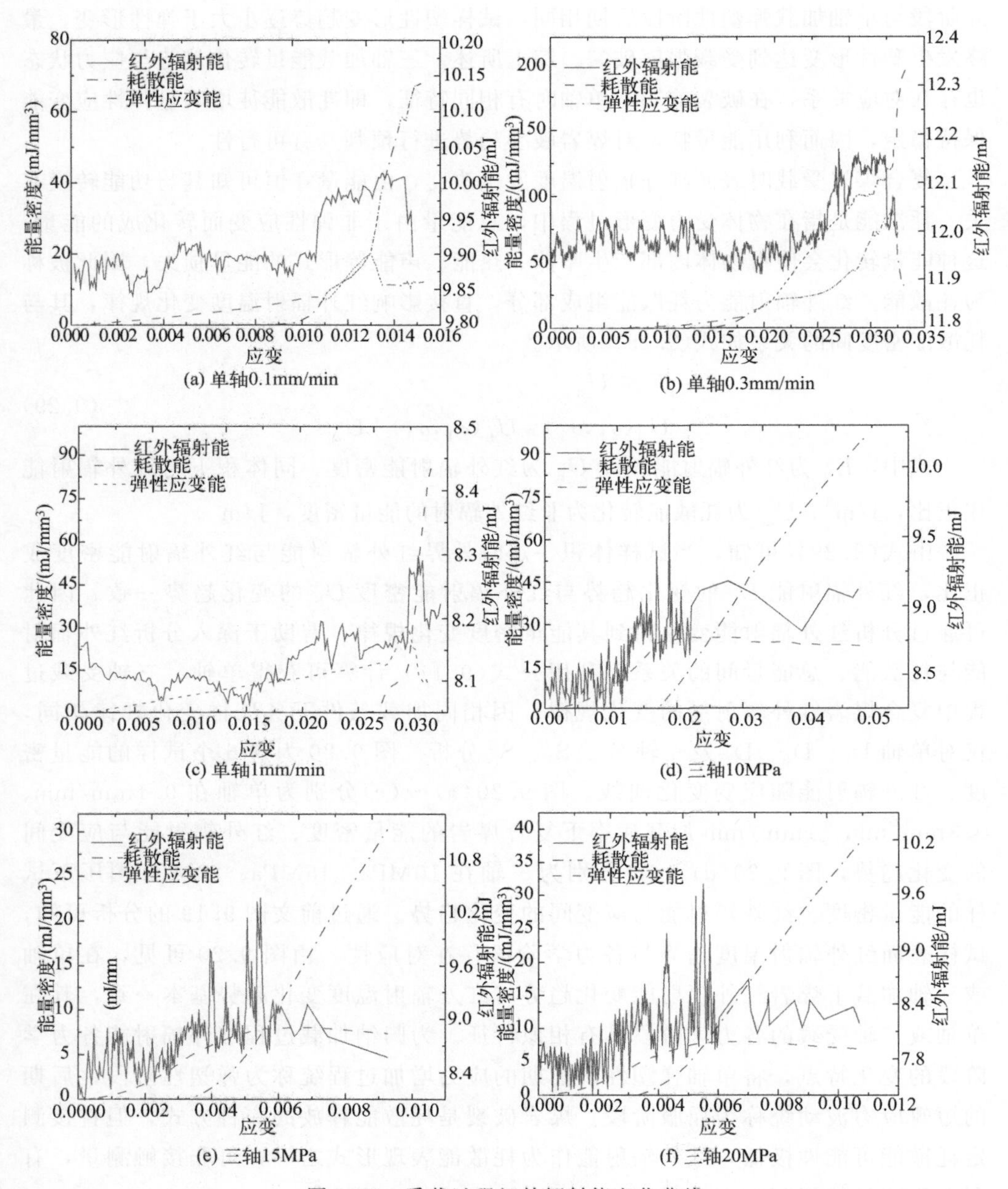

图 9.20 受载过程红外辐射能变化曲线

别为 5826.818mJ/mm^3 与 3772.337mJ/mm^3，此时红外辐射能增长明显，出现明显阶段性，且与耗散能变化保持一致；在弹性应变能与耗散能交叉点附近，耗散能均近线性快速增长，红外辐射能增长至较高能量值 9.996mJ 与 9.796mJ，并出现红外辐射能量峰，根据能量守恒定律与图 9.20 曲线变化可知，此时红外辐射能来源有两部分，主要来自外力做功转化的耗散能，另一部分为弹性应变能转化，造成此时红外辐射能量增长剧烈出现高能量峰；屈服阶段内，总能量主要转化为耗散能释放而非弹性应变能，在初期红外辐射能虽然仍保持高能量值波动（红外辐射能保持在 10mJ 左右），但在后期却发生跌落，明显早于应力峰与破裂阶段。由式(9.17）可知，当耗散能中红外辐射能的占比开始明显下降时，其非红外辐射能密度 U_{Δ}，即动能、塑性形变能等能量占比将显著上升，复合煤岩开始具有破裂形变阶段；在试样的屈服后期，由于应力已经超过了材料的极限，试样开始产生贯穿性裂隙，并逐渐接近破裂阶段。这时，试样内部的能量变化形式也开始发生变化，之前产生的红外辐射能量逐渐不再占据主导地位，而是被其他形式的能量取代。随着贯穿性裂隙的形成，试样开始逐渐失去机械强度，最终导致破裂。在这个过程中，试样内部产生的能量主要以低能量值稳定波动的形式存在，无增长趋势。此时，非红外辐射能占优势，也就是说，其他形式的能量所占的比例更高，如声能、动能等。因此，在试样破裂之前，会发出破裂声，同时产生裂隙。而试样破裂时，产生的能量不再以红外辐射的形式表现，而是以其他形式的能量释放，这些能量的相对贡献使试样达到破裂的临界点。综上，利用红外辐射能变化特征判断复合煤岩耗散能、总能量、破裂状态的方法如图 9.21 所示。图中箭头粗细代表转化能量多少。

由图 9.21 可见，红外辐射能与耗散能耦合度高，在弹塑性阶段前期，红外辐射能作为耗散能重要组成部分之一，与耗散能变化趋势一致；但此后耗散能主要由非红外辐射能，即动能、塑性形变能等组成，红外辐射能发生跌落，出现红外辐射能峰值，且保持低能量的相对稳定，明显早于应力峰与破裂阶段。因此，根据红外辐射能可掌握复合煤岩耗散能状态，辅助判断复合煤岩破裂前兆。

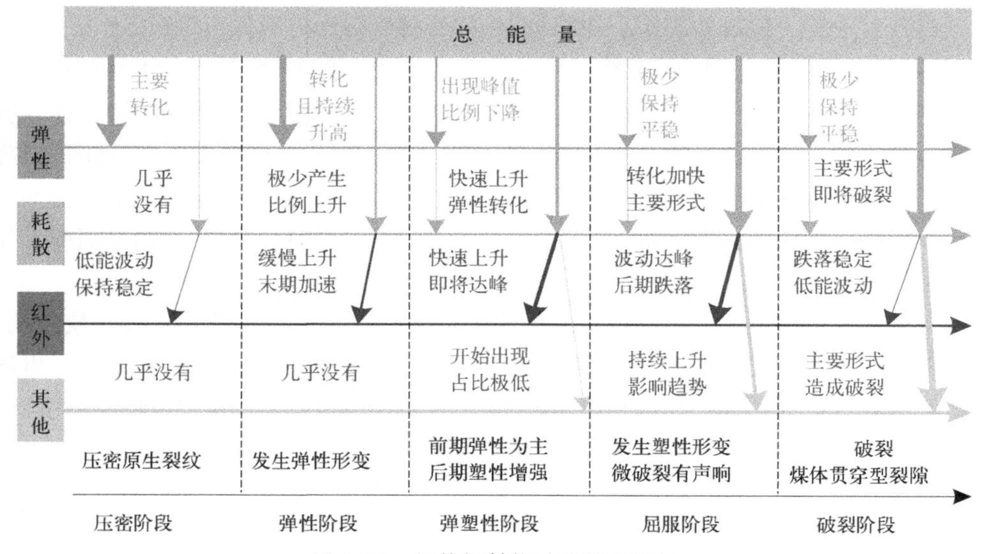

图 9.21　红外辐射能受载状态判断

9.4.2 电磁辐射能变化与耦合规律

复合煤岩受载过程发生形变与功-能转化密切相关，如式(9.24) 所示在无其他交换情况下外界做功全部转化为弹性应变能与耗散能。选择不同加载条件各组最具明显特征的实验结果分析。图 9.22(a)～(c)分别为单轴加载速率 0.1mm/min、0.3mm/min、1.0mm/min 时试样 f_1、f_4、f_7 各自总能量、耗散能、弹性应变能与应变的变化曲线以及应力-应变曲线。由图 9.22 可见，复合煤岩不同力学阶段的总能量转化为各能量的规律不同，但不同加载速率下变化趋势一致。对图 9.22(a) 进行具体分析，压密阶段时，绝大部分总能量均转化为弹性应变能，耗散能转化极低，试样总能量缓慢增加，与应力变化趋势相似，此阶段能量多致弹性形变，在末期总能量密度达 0.0068mJ/mm^3；弹性阶段总能量加速增长，后期增长率达 0.01657mJ/mm^3，此阶段总能量大部分仍转化为弹性应变能，但增速明显小于整体，其转化率逐步降低，而转化耗散能明显增多，但总量未超过弹性应变能，末期二者能量密度相同，为 0.01312mJ/mm^3，此时外部做功仍多用于发生弹性形变，但因岩土材料内部结构复杂，部分区域已达弹性极限，加载推进非弹性占比增多，部分总能量以耗散能消耗；弹塑性阶段总能量保持高速率增长，前期弹性应变能和塑性能持续增加，耗散能增长速率明显大于弹性应变能，且总量大于弹性应变能，在应变达到 0.0146 时，弹性应变能到达峰值 (0.0297mJ/mm^3)，在 0.08597mJ/mm^3 之前，早于应力峰值，之后总能量转化趋势改变，弹性应变能快速降低，最终在破裂前期能量密度稳定在 0.00546mJ/mm^3，耗散能密度急速增长至 0.08mJ/mm^3，总能量与多余弹性应变能几乎全部转化为耗散能，由此可知弹塑性阶段初期试样虽仍以弹性形变为主但终至极限，非弹性区域随加载持续增大最终占据主导，其导致大部分剩余能量须转化耗散能释放，此时试样局部有破裂趋势，外界可听到破裂声；进入破裂阶段，试样的弹性应变能保持稳定，总能量几乎全部转为耗散能，其仍保持高速增长，最终达能量峰值 (0.08597mJ/mm^3)，试样破裂，耗散能得以释放。综上，单轴加载总能量转化趋势影响煤岩应力状态，耗散能与弹性应变能变化趋势及转化比与应力状态间存在耦合关系，破裂前期试样耗散能徒增明显而弹性应变能占比极少。

复合煤岩受载时电荷感应信号发生改变，由能量守恒可知其与功能转换有关。耗散能是指在物体受力变形过程中，总能量由于非弹性应变而转化成的能量。电磁辐射能为耗散能的一部分，直接影响电荷感应信号变化规律，其与耗散能密度间的关系如式(9.30) 所示。

$$\begin{cases} W_e \propto U_c \\ U_d = U_c + U_\Delta \end{cases} \tag{9.30}$$

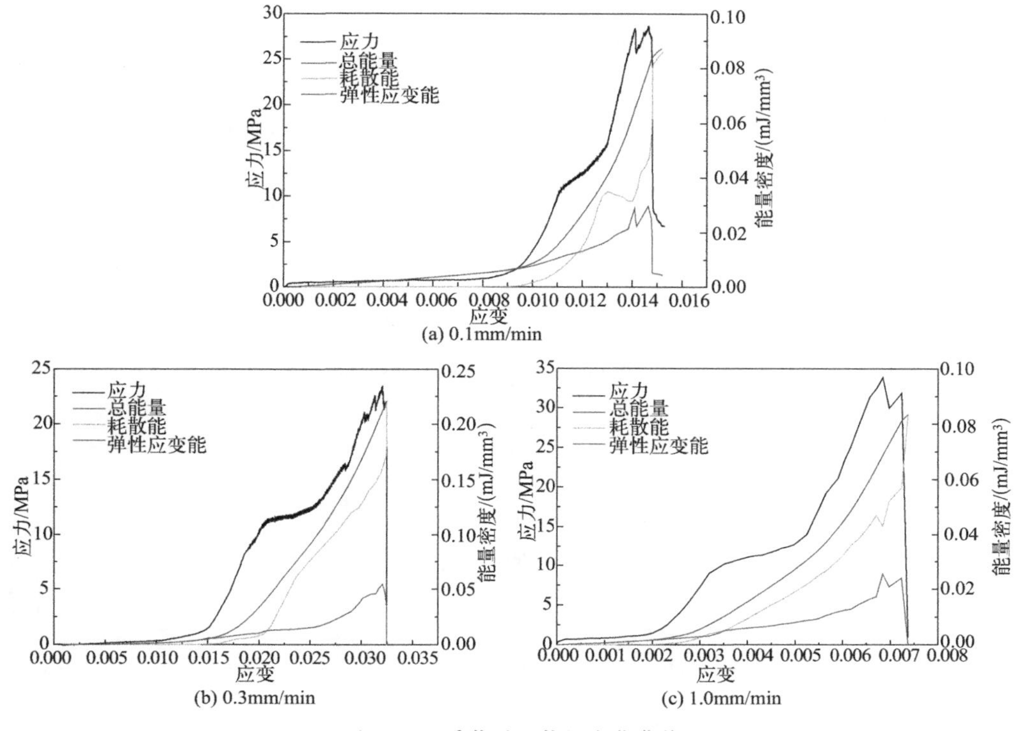

图 9.22 受载过程能量变化曲线

式中，W_e 为电磁辐射能，J；U_c 为电磁辐射能密度，同体积下与电磁辐射能成正比，J/m^3；U_Δ 为耗散能转化为非电磁辐射的能量密度，J/m^3。

由式(9.30)可知，当试样体积一定时外界电磁辐射能与电磁辐射能密度成正比，电磁辐射能 W_e 的变化趋势与电磁辐射能密度 U_c 的变化趋势一致。因此可通过分析电磁辐射能变化得到其能量密度变化规律，有助于深入分析电磁辐射能与耗散能、总能量间的关系。利用公式(9.22)计算可获得受载过程中复合煤岩电磁辐射能的变化规律，因相同加载条件下各试样变化规律相同，所以仅对 f_1、f_4、f_7 进行分析。图 9.23 为 0.1mm/min、0.3mm/min、1.0mm/min 加载速率下复合煤岩的能量密度、电磁辐射能与应变变化曲线。通过前文的分析可知，试样电荷感应信号趋势与各力学阶段存在对应性。由图 9.23 可见，在单轴加载下煤岩电磁辐射能变化趋势与电荷感应信号变化趋势基本一致。

煤岩破裂是耗散能释放的一种方式，但直接测定耗散能可能性极低，电磁辐射能作为耗散能表现形式之一，可非接触测量，有利于用能量特征判定力学状态。由图 9.23 可见，电磁辐射能与耗散能、弹性应变能变化趋势存在关联。在压密阶段，以弹性应变能增长为主，耗散能增长缓慢，电磁辐射能变化较平稳，总体未见明显增长趋势，其与耗散能变化趋势基本一致；弹性阶段，耗散能开始增长，弹性应变

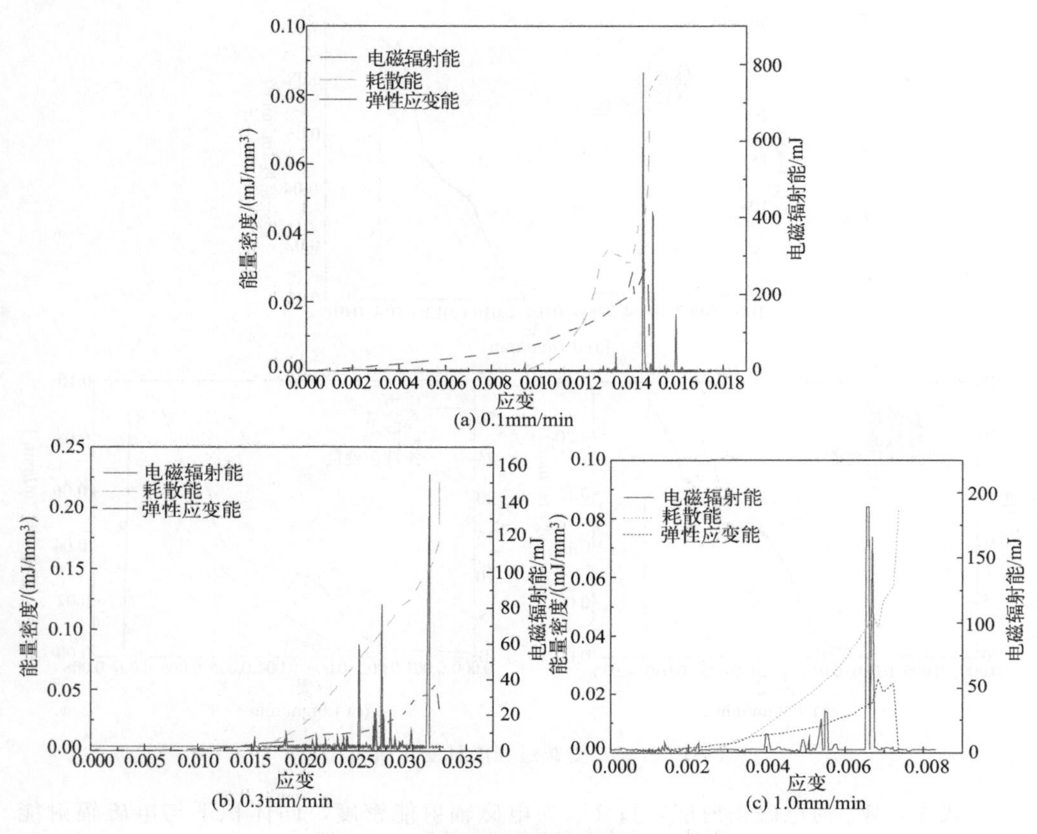

图 9.23　受载过程电磁辐射能变化曲线

能增长速率变慢，小于耗散能增长速率，但其总体能量仍高于耗散能；进入弹塑性阶段初期，耗散能持续显著增长，弹性应变能增长缓慢，此时电磁辐射能增长明显，与耗散能趋势一致；在弹性应变能与耗散能交叉点附近，所有加载条件下耗散能均快速增长，弹性应变能增长缓慢，电磁辐射能增长至较高水平，具备出现电磁辐射能峰值的特征，根据能量守恒定律，此时电磁辐射能可认为由两部分转化而成，一部分为外力做功转化的耗散能，另一部分为弹性应变能的转化，因而此时电磁辐射能量增长开始加快；弹塑性阶段后期，弹性应变能降低，总能量主要转化为耗散能释放，电磁辐射能发生跌落，明显早于应力峰与破裂阶段。由式(9.30) 可知，当耗散能中电磁辐射能的占比开始明显下降时，其非电磁辐射能密度 U_{Δ} 的占比将显著上升，即动能、塑性形变能等能量占比快速上升，复合煤岩进入具有破裂趋势的形变阶段；根据前文分析可知，此时在外部可听到试样破裂声并产生裂隙，直至破裂阶段产生贯穿性裂隙，在弹塑性阶段后期与破裂阶段耗散能表现主要以动能、塑性形变能等非电磁辐射能为主，电磁辐射能始终保持低能量值稳定波动，不再具备增长趋势。

综上，电磁辐射能与耗散能耦合度高，在弹塑性阶段前期，电磁辐射能作为耗散能重要组成部分之一，与耗散能变化趋势一致；但此后耗散能主要由动能、塑性应变能等非电磁辐射能组成，电磁辐射能发生跌落，出现电磁辐射能峰值，且保持相对的低能量稳定，明显早于应力峰与破裂阶段。因此，根据电磁辐射能量可掌握复合煤岩耗散能状态，辅助判断复合煤岩破裂前兆。利用电磁辐射能变化特征判断复合煤岩耗散能、总能量、破裂状态的方法如图 9.24 所示。图中圆形小球多少代表转化能量多少。

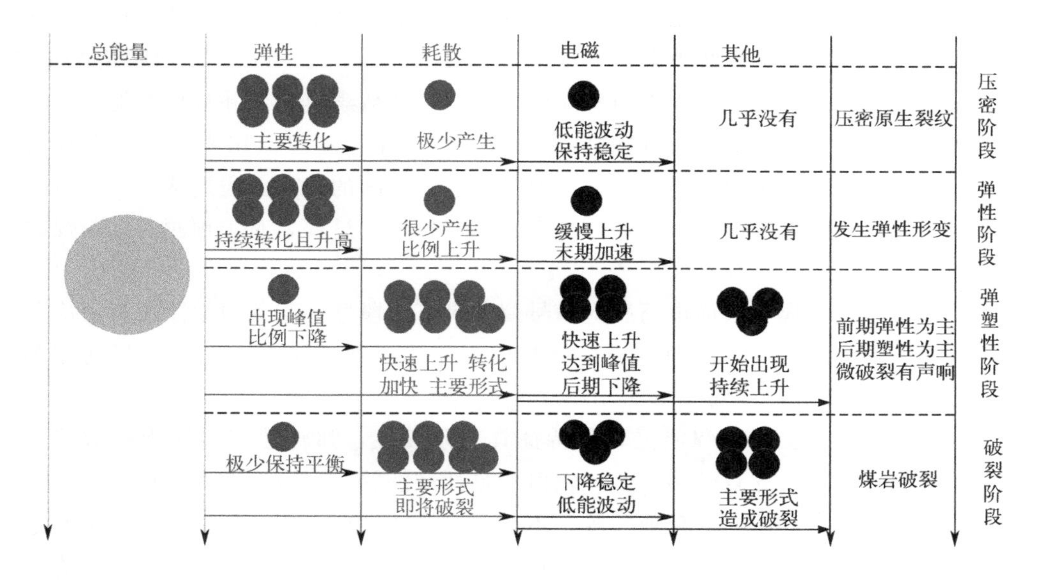

图 9.24 电磁辐射能受载状态判断

9.5 本章小结

(1) 当受载做功的机械能转化为复合煤岩内能时，会导致局部分子动能增大，使得摩擦处高速分子持续撞击内部低速分子，导致分子热运动加剧。同时，局部温度升高形成热源，持续向外传导热。在此过程中，分子受热进入激发态向低能级跃迁，发射出红外辐射。这个过程可以使用微元分析，基于摩擦生热与热传导建立合应力与红外辐射温度一次线性数学模型。此外，基于能量理论、量子力学及四次方定律，可以进一步推导建立耗散能-红外辐射能耦合模型，从而描述这个过程的能量转化和辐射现象。

(2) 不同受载条件下复合煤岩实验试样都出现了破裂现象，同时表面红外辐射温度变化也具有阶段性，并且与各力学阶段有对应关系。此外，这种红外辐射温度变化与加载速率无关，红外辐射温度峰早于应力峰，且红外辐射温度与应力呈线性关系，相关性强，相关系数均大于0.94，这些都符合所建立的数学模型。

(3) 复合煤岩受载过程总能量转化、耗散能、红外辐射能变化均具有阶段性，弹塑性后期总能量多转为耗散能耗散，塑性形变加剧，导致破裂。弹塑性前期红外辐射能为耗散能主要组成并与其趋势一致，之后不再作为主要组成，跌落后稳定。此时耗散能主要以非红外辐射能量组成，该特征明显早于煤岩破裂阶段。利用红外辐射能变化可判定耗散能及应力状态，为预防煤岩动力灾害提供了新方法。

(4) 受载复合煤岩能量增大会导致内部自由电荷向低浓度区域跃迁，打破内部平衡，进而在破裂表面聚集电荷，形成区域电场，产生电磁辐射。在这种情况下，可以基于压电效应建立应力与电荷感应信号一次线性数学模型，并且根据能量理论和电磁学推导建立耗散能-电磁辐射能耦合模型。这个模型可以用来研究复合煤岩在受载条件下的电磁辐射行为，以及探究其与应力之间的关系。通过该模型，可以进一步了解复合煤岩受力时内部的物理变化和能量转换过程，对于预测和诊断煤矿安全问题具有一定的指导意义。

(5) 受载复合煤岩表面电荷感应信号变化具有阶段性，与各力学阶段有对应关系，其峰值早于应力峰。电荷感应信号与应力间均呈线性关系，具有很强的相关性，与所建立数学模型吻合。

(6) 复合煤岩受载过程能量转化特征具有阶段性，弹塑性期多转为耗散能释放，塑性形变加剧，导致破裂。电磁辐射能是耗散能的一部分，在弹塑性前期其与耗散能趋势一致，峰值之后急速跌落，不再是耗散能主要组成，耗散能主要由其他导致形变的破坏性能量组成。利用电磁辐射能变化可判定耗散能及应力状态，为预防煤岩动力灾害提供了新方法。

参考文献 ▶▶

[1] 窦林名，赵从国，杨思光，等．煤矿开采与冲击矿压灾害防治［M］．徐州：中国矿业大学出版社，2006.

[2] 郭军，王凯旋，蔡国斌，等．声发射信号研究进展及其在煤温感知领域应用前景［J］．煤炭科学技术，2022 (11)：84-92.

[3] 贾建称，巩泽文，靳德武，等．煤炭地质学“十三五”主要进展及展望［J］．煤田地质与勘探，2021，49 (1)：32-44.

[4] 赵伏军，李玉，陈珂，等．岩石破碎声发射和电磁辐射特征试验研究［J］．地下空间与工程学报，2019，15 (2)：345-351，364.

[5] 李鑫，李昊，杨桢，等．基于FLAC3D的复合煤岩卸荷破裂数值模拟［J］．安全与环境学报，2020，20 (6)：2187-2195.

[6] Li X, Li H, Yang Z, et al. Experimental study on triaxial unloading failure of deep composite coal-rock [J]. Advances in Civil Engineering, 2021 (1): 1-14.

[7] Wang Y J, Lei D J, Zheng Y Y, et al. Study on response characteristics of surrounding rock rupture microseismic events during coal roadway excavation [J]. Shock and Vibration, 2021 (9): 1-12.

[8] Zheng K H, Qiu B J, Wang Z Y, et al. Modelling heterogeneous coal-rock (HCR) failure patterns under dynamic impact loads using image-based finite element (FE) and discrete element (DE) model [J]. Powder Technology, 2020, 360: 673-682.

[9] 郭敬远，张玉柱．煤单轴压缩破坏过程声发射特征分析 [J]．煤炭技术，2021，40 (4)：129-132.

[10] 杨磊，高富强，王晓卿．不同强度比组合煤岩的力学响应与能量分区演化规律 [J]．岩石力学与工程学报，2020，39 (S2)：3297-3305.

[11] 李利萍，潘一山．深部煤岩超低摩擦效应能量特征试验研究 [J]．煤炭学报，2020，45 (S1)：202-210.

[12] Li X L, Chen S J, Wang E Y, et al. Rockburst mechanism in coal rock with structural surface and the microseismic (MS) and electromagnetic radiation (EMR) response [J]. Engineering Failure Analysis, 2021, 124 (3): 105396.

[13] 杨磊，高富强，王晓卿，等．煤岩组合体的能量演化规律与破坏机制 [J]．煤炭学报，2019，44 (12)：3894-3902.

[14] 李波波，张尧，任崇鸿，等．力热耦合作用下煤岩损伤的能量特征 [J]．中国安全科学学报，2019，29 (12)：91-96.

[15] Li Z H, Lou Q, Wang E Y, et al. Study on acoustic-electric-heat effect of coal-rock failure processes under uniaxial compression [J]. Journal of Geophysics and Engineering, 2018, 15: 71-80.

[16] Liu X X, Liang Z Z, Zhang Y B, et al. Experimental study on the monitoring of rockburst in tunnels under dry and saturated conditions using AE and infrared monitoring [J]. Tunnelling and Underground Space Technology, 2018, 82: 517-528.

[17] 陈国庆，张岩，李阳，等．岩石真三轴加载破坏的热-声前兆信息链初探 [J]．岩石力学与工程学报，2021，40 (9)：1764-1776.

[18] 梁冰，赵航，孙维吉，贾立锋，李存洲，纪宇轩．不同位移加载速率下突出煤的红外辐射温度变化规律 [J]．实验力学，2019，34 (04)：659-665.

[19] 皇甫润，闫顺玺，李傲，等．单轴压缩下岩石红外辐射试验研究 [J]．华北理工大学学报（自然科学版），2020，42 (4)：30-35.

[20] Kong B, Wang E, Li Z, et al. Electromagnetic radiation characteristics and mechanical properties of deformed and fractured sandstone after high temperature treatment [J]. Engineering Geology, 2016, 209: 82-92.

[21] 朱小景，王爱文，李祁，等．煤与瓦斯复合体受载变形破坏特征及微震-电荷感应规律 [J]．煤炭学报，2020，45 (5)：1719-1725.

[22] 李杨杨，张士川，文志杰，等．循环载荷下煤样能量转化与碎块分布特征 [J]．煤炭学报，2019，44 (5)：1411-1420.

[23] 赵扬锋，李兵，张超，等．不同组合比例煤岩的电荷感应与微震规律试验研究 [J]．中国安全生产科学技术，2019，15 (1)：107-112.

[24] 丁鑫，肖晓春，吕祥锋，等．煤岩破裂过程电荷信号时-频域特性及降噪研究 [J]．煤炭学报，2018，43 (3)：657-666.

[25] 栗婧，关城，汪振，等．型煤受载破坏表面电荷和微震响应特征及相关性分析 [J]．矿业科学学报，2020，5 (2)：179-186.

[26] 吕进国，张建卓，丁鑫，等．煤体单轴压缩感应电荷时频演化规律与失稳破坏电荷评价指标 [J]．煤炭学报，2019，44 (7)：2074-2086.

[27] 何学秋，宋大钊，柳先锋，等．不同变质程度煤岩微表面电性特征 [J]．煤炭学报，2018，43 (9)：2367-2375.

[28] 王恩元，孔彪，梁俊义，等．煤受热升温电磁辐射效应实验研究 [J]．中国矿业大学学报，2016，45 (2)：205-210.

[29] Liu X F，Zhang Z B，Wang E Y，et al. Characteristics of electromagnetic radiation signal of coal-rock under uniaxial compression and its field application [J]. Journal of Earth System Science：Published by the Indian Academy of Sciences 2019，129 (6)：34.

[30] 常乐，谢涛，陈天华，等．煤岩破裂电磁辐射信号采集与处理系统设计 [J]．传感器与微系统，2020，39 (6)：103-106.

[31] B R 劳恩，T R 威尔肖．脆性固体断裂力学 [M]．陈颐，尹祥础，译．北京：地震出版社，1985：148-152.

[32] 赵伏军，李玉，陈珂，等．岩石破碎声发射和电磁辐射特征试验研究 [J]．地下空间与工程学报，2019，15 (2)：345-351，364.

[33] 曹佐勇，王恩元，汪皓，等．近距离煤层水力冲孔破煤时电磁辐射信号响应特征研究 [J]．煤炭科学技术，2019，47 (11)：90-96.

[34] 郭敬远，张玉柱．煤单轴压缩破坏过程声发射特征分析 [J]．煤炭技术，2021，40 (04)：129-132.

[35] 陈光波，李谭，杨磊，等．不同煤岩比例及组合方式的组合体力学特性及破坏机制 [J]．采矿与岩层控制工程学报，2021，3 (2)：84-94.

[36] 李成杰，徐颖，叶洲元．冲击荷载下类煤岩组合体能量耗散与破碎特性分析 [J]．岩土工程学报，2020，42 (5)：981-988.

[37] 赵鹏翔，何永琛，李树刚，等．类煤岩材料煤岩组合体力学及能量特征的煤厚效应分析 [J]．采矿与安全工程学报，2020，37 (5)：1067-1076.

[38] Meng Q B，Zhang M W，Zhang Z Z，et al. Research on non-linear characteristics of rock energy evolution under uniaxial cyclic loading and unloading conditions [J]. Environmental Earth Sciences 2019，78 (23)：1-20.

[39] 刘晓辉，郝齐钧，胡安奎，等．准静态应变率下单轴煤岩特征应力确定方法研究 [J]．岩石力学与工程学报，2020，39 (10)：2038-2046.

[40] 单鹏飞，来兴平，崔峰，等．采动裂隙煤岩破裂能量耗散特性及机理 [J]．采矿与安全工程学报，2018，35 (4)：834-842.

[41] Meng Q，Zhang M，Zhang Z，et al. Experimental research on rock energy evolution under uniaxial cyclic loading and unloading compression [J]. Geotechnical Testing Journal，2017，41 (4)：717-729.

[42] Chen Z，He C，Ma G，et al. Energy damage evolution mechanism of rock and its application to brittleness evaluation [J]. Rock Mechanics and Rock Engineering，2019，52 (4)：1265-1274.

[43] 张尧，李波波，许江，等．基于能量耗散的煤岩三轴受压损伤演化特征研究 [J]．岩石力学与工程学报，2021，40 (8)：1614-1627.

[44] 侯连浪，刘向君，梁利喜，等．滇东黔西松软煤岩三轴压缩力学特性及能量演化特征 [J]．中国安全生产科学技术，2019，15 (2)：105-110.

[45] 徐东，邓广哲，刘华，等．压裂煤岩分区破坏能量耗散机理与应用 [J]．采矿与安全工程学报，2021，38 (2)：404-410，418.

[46] 张雪岩，周勃，李鹤．基于三维热传导模型的风力机叶片缺陷深度检测 [J]．仪器仪表学报，2021，42 (1)：174-182.

[47] 杨桢，苏小平，李鑫．复合煤岩变形破裂应力-电荷-温度耦合模型研究 [J]．煤炭学报，2019，44 (9)：2733-2740.

[48] 张培，何天虎．考虑非局部效应和记忆依赖微分的广义热弹问题 [J]．力学学报，2018，50 (3)：508-516.

[49] 熊勇林，朱合华，张升，等．考虑围压效应的修正软岩热弹黏塑性本构模型 [J]．岩石力学与工程学报，2016，35 (2)：225-230.

[50] Tao Y，Li Z H，Cheng Z H，et al. Deformation and failure characteristics of composite coal mass [J]. Environmental Earth Sciences，2021，80 (3)：1-9.

[51] Wang G F，Pang Y H. Surrounding rock control theory and longwall mining technology innovation [J]. International Journal of Coal Science & Technology，2017，4 (4)：301-309.

[52] Yuan R F，Shi B W. Acoustic emission activity in directly tensile test on marble specimens and its tensile damage constitutive model [J] . International Journal of Coal Science & Technology，2018，5 (3)：295-304.

[53] 李波波，张尧，任崇鸿，等．三轴应力下煤岩损伤-能量演化特征研究 [J]．中国安全科学学报，2019，29 (10)：98-104.

[54] Zhang B A，Li X M，Zhang D M. Study on mechanical and permeability characteristics of containing gas coal-rock under conventional triaxial compression [J] . Geotechnical and Geological Engineering，2021，39 (8)：5775-5786.

[55] He Y，Zhao P，Li S，et al. Mechanical properties and energy dissipation characteristics of coal-rock-like composite materials subjected to different rock-coal strength ratios [J] . Natural Resources Research，2021，30 (3)：2179-2193.

结语

我国是世界上煤岩动力灾害最严重的国家，随着采掘深度的不断延深，该问题日趋严重。预测和防治煤与瓦斯突出、冲击矿压等煤岩瓦斯动力灾害是矿山最主要的安全工作。本书通过国内调研和查阅，采用理论研究、试验研究、数值模拟等方式，通过试验设计复合煤岩受载破裂多参数采集系统，改进实验系统，研究应力、温度、电磁、电荷信号变化规律，主要结论及研究成果如下：

（1）研究多物理场演化及耦合机制。复合煤岩在加卸荷过程中会出现多种物理场，如应力、应变、温度、水压等，这些物理场之间会发生相互作用和耦合，影响着煤岩的变形和破裂过程。在复合煤岩的加卸荷变形破裂过程中，微裂纹的产生和扩展是一个重要的研究方向。微裂纹的产生是由于煤岩内部存在的裂纹、孔隙、缺陷等结构不均匀性，在外部加荷作用下，这些结构不均匀性会受到应力的集中作用，从而导致微观裂纹产生。微裂纹的扩展是由于在加卸荷过程中，这些微观裂纹会继续受到应力的作用，扩大并相互连接，最终导致宏观煤岩的破裂。在加卸荷过程中复合煤岩的三个物理场均发生规律性变化；煤岩在卸荷时存在一个过渡期温度突增达到最大值，随后由于其承载能力逐渐下降，温度降低；电磁场在煤体表面最强，在空气中传播呈指数衰减，且在煤体与空气的交界处出现小幅度波动。复合煤岩内部红外辐射温度在加卸荷初期由于排出内部气体导致温度下降，在“加卸”第一阶段随着应力的增长而增加，并在卸荷后短时间内温度突增。电磁辐射在初期波动幅值较小，在应力即将到达峰值时电磁辐射强度突增达到峰值，随后煤岩破裂，应力减小，电磁辐射减弱。

（2）研究复合煤岩循环加卸荷能量演化机制，需要综合考虑多个物理场的作用，如应力、应变、温度、水压等，并且需要采用多种测试方法对复合煤岩的变形和破裂过程进行监测和分析。在实验中，可以采用 TAW -2000 岩石三轴试验机对组合比为 1∶1∶1 的复合煤岩进行循环加卸荷试验，通过测量试样的应力、应变等物理量来研究复合煤岩的力学性能和变形特征。另外，还可以采用长波热像仪 FLIR SC7000 进行红外辐射检测，监测复合煤岩表面的温度变化。通过监测复合煤岩不同部分的表面平均红外温度及能量演化规律及能量变化，可以研究复合煤岩在加卸荷过程中能量的转化和分布规律。加卸荷期间，煤体和岩体表面平均温度均发生变化，且煤体温度变化比岩体明显，二者变化趋势一致。在复合煤岩加卸荷过程中会出现一个快速升温阶段（*CM* 段），加卸速率越大，*CM* 段温升越高。弹性能密度与轴向荷载正相关，塑性耗散能与加卸荷速率正相关。各能量与轴向荷载呈二次相关性，相关系数均在0.98以上。各能量与煤体温度三次相关性较强，相关系数均在0.88以上。

（3）受载做功致煤岩内能增大激励裂隙处分子运动速度加快，内部高速分子连续撞击低速分子致热运动持续加剧温度升高产生热源，分子受热进入激发态后向低能级跃迁释放红外辐射能；不同受载条件下复合煤岩表面红外辐射温度存在阶段特征，且与力学状态对应，温度峰早于应力峰出现；实验红外辐射温度与应力之间呈强线性相关性，符合所建数学关系；受载过程总能量转化有阶段性，弹塑性后期多转为耗散能，试样塑性形变加剧至破裂；红外辐射能趋势在弹塑性前期与耗散能一致且为主要组成形式，后期红外辐射能跌落稳定直至破裂，耗散能主要以非红外辐射能为主致破裂失稳。

（4）研究煤岩受载破裂电磁辐射、应力、电荷感应信号、红外辐射信号产生机理，为多参数监测系统的硬件设计及后续多物理耦合模型构建提供理论基础。煤岩受载电磁辐射频带很宽，不同的频带产生的机理均有差异，受载破裂宏、微观机制也比较复杂。应力诱导电偶极子、裂隙扩展和摩擦、摩擦热效应、压电效应等作用产生的分离电荷的变速运动、裂隙避免震荡 RC 回路的能量耗散、分离电荷的弛豫、高速粒子碰撞裂隙壁面产生的轫致辐射，震电效应产生双电层效，加上电子自旋主要贡献高频电磁辐射，压磁效应贡献低频电磁辐射等综合作用产生电磁辐射。应力在煤岩被开挖轴向上逐渐增加，分为四个典型阶段。复合煤岩受载破裂红外辐射主要来源于微观裂缝面的错动摩擦及煤岩颗粒的摩擦热效应及热弹效应。

（5）考虑所检测的信号不太容易采集，采用DSP芯片TMS320F2812作为多参数监测系统的主控芯片，设计了外围电路，包括电源电路、时钟电路、复位电路、仿真接口电路、存储器电路等。针对信号特点，分别设计了电磁、电荷、温度信号监测模块，并设计了软件。提出了基于自适应集合经验模态分解（AEEMD）和改进小波阈值去噪（IWT）的电磁辐射信号去噪算法，通过试验分析了电磁辐射信号的基本特征、背景噪声特征、频谱特征和能量分布，仿真、试验结果显示去噪效果良好。

（6）复合煤岩能量增大，内部自由电荷自高浓度区域向低浓度区域跃迁，在破裂表面聚集电荷，构成区域电场，产生电磁辐射；受载复合煤岩表面电荷感应信号变化具有阶段性，与各力学阶段有对应关系，其峰值出现早于应力峰；电荷感应信号与应力间均呈线性关系，具有很强的相关性，与所建数学模型吻合；复合煤岩受载过程能量转化特征具有阶段特征，弹塑性期多转为耗散能释放，塑性形变加剧，导致破裂；电磁辐射能是耗散能的一部分，在弹塑性前期，耗散能主要以电磁辐射能形式存在，二者变化趋势一致，峰值之后急速跌落，耗散能主要由其他导致形变的破坏性能量组成。

（7）电磁辐射、电荷感应、温度变化产生机制并不完全相同，但三者信号的形成和发展紧密联系。只要有电磁辐射产生，就一定会出现电荷分离，但是，电荷的分离并不一定产生电磁辐射。摩擦生热导致温度上升的同时也加强了电磁、电荷信号。电磁辐射脉冲数与电荷感应电压呈二次相关性关系，相关系数为0.8以上。结合复合煤岩受载变形破裂的 SET 耦合模型，推导 SCT 耦合模型。针对 12 组试样进行试验，数据拟合结果表明，SCT 模型参数 n、b' 的数据拟合精度较 SET 耦合模型参数 m、b 稍高，复相关系数基本均在 0.9 以上。

由于在煤矿现场电荷感应检测受到的干扰相对于电磁辐射要小很多，故可考虑采用 SCT 耦合模型进行灾害预测预报。

(8) 煤岩动力灾害涉及多个物理场的演化，包括应力场、温度场、电磁场等。当复合煤岩受载时，会出现微观分子链的断裂，产生带电粒子和释放能量，这些带电粒子在电场作用下加速运动，同时也会辐射出磁场信号。应力场的增长还会带动温度和磁场能量的增加。为了研究这些复杂的物理场之间的相互作用关系，研究者们将应力场作为连接多物理场的关键因素，利用损伤力学、电磁场理论等交叉学科理论，推导了复合煤岩变形破裂温度场、应力场、电磁场多物理场耦合数学模型，并建立了多场仿真模型，通过数值模拟和实验验证。仿真结果表明，复合煤岩内部应力突变，微观角度而言，旧分子链断裂形成新的分子链，释放热量，同时，带电粒子在区域电场的作用下变速运动产生电磁辐射。宏观而言，煤体的抗压强度弱于岩体，煤岩体内出现裂隙，煤体应力、温度和电磁场能量明显高于岩体，在裂隙尖端应力和温度最大，磁场能量随仿真加载时长增加不断增强，磁感应强度沿逆时针旋转，由内向外不断衰减。

(9) 针对多场耦合，实验结果表明，复合煤岩内部红外辐射温度随应力的增长呈现阶梯式上升趋势，在应力峰值附近温度达到最高。电磁辐射在加载初期缓慢增长，在应力峰值附近，电磁辐射突增至峰值，继续加载至煤岩破裂，电磁辐射急剧衰减直至消失。复合煤岩单轴加载实验中，随应力的阶段性增长，红外温度和电磁辐射信号呈现出微小波动、平稳上升、快速增长至峰值、能量骤降至消失四个阶段。应力、红外温度和电磁辐射强度变化趋势与 ANSYS 仿真结果趋于一致。

采用应力场-温度场-电磁场耦合来解释煤岩破裂机制，研究成果可为煤岩开采动力灾害预测预报提供理论基础和新方法。

本书所介绍的研究只是一个开端，大量的研究工作有待进一步展开。未来将在以下几个方面进一步深入研究：

① 复合煤岩受载变形破坏产生电磁辐射机理非常复杂，煤岩在受载破裂时会产生光、电磁辐射、红外辐射、电荷感应、声发射等现象，下一步将研究受载复合煤岩应力、应变、红外辐射、电磁辐射、声发射等特征参数高效检测方法，改进优化前期研制的煤岩受载破裂多参数监测实验平台。

② 本书的试样主要取自大同、阜新煤矿，下一步将针对具有动力灾害特点的不同煤矿进行取样测试，模拟现场实际开采环境，开展不同高压环境、加载速率的多组深部复合煤岩三轴/单轴受载破坏实验。

③ 针对建立的仿真模型，由于复合煤岩本身组成的复杂性，不同煤层煤质情况的具体参数会有所差异。后续将针对不同煤矿参数建立仿真模型，增强成果普适性。